演習
すぐわかる微分積分

石村園子著

東京図書

R〈日本複製権センター委託出版物〉

◎本書を無断で複写複製(コピー)することは,著作権法上の例外を除き,禁じられています.本書をコピーされる場合は,事前に日本複製権センター(電話:03-3401-2382)の許諾を受けてください.

はじめに

　21世紀の幕開けには，人類の叡智によりこの世から争いはなくなり平和な時代がようやくやってくると多くの人がバラ色の未来を想像していました．あれから早15年，人類は地球の王者になれるほど賢くはなく，いや地球を崩壊させてしまうほど愚かなのではないかという危惧すら抱く昨今です．

　我が国では少子高齢化がますます進む一方，半数以上の高校生が大学に進学しています．大学で学ぶ数学は微分積分が圧倒的です．高校で微分積分が苦手だった方，ちょっと不安ですね．

　でも安心して下さい．本書は，微分積分の入門書『改訂版すぐわかる微分積分』の演習書として書かれています．扱う内容は少し多くなっていますが，各セクションの初めには学習内容の流れと［確認事項］として定義，定理，公式等が書かれ，一部注意が必要な箇所には「考え方」も示してあります．それに続く例題では公式や性質を［CHECK！］で示し，解法の［STEP］も示してありますので，無理なく公式や性質を覚えながら問題が解けるようになっています．各例題には必ず演習がついていますので，どのくらい理解したかチャレンジしてください．巻末には演習の解答を省略なしで載せてあります．また，≪本書利用のStep≫を次ページに載せてありますので，学習の参考にしてください．

　数学の学習は，数学の知識そのものを獲得するばかりではありません．問題を解こうとあれこれ考えているときには「想像する力」「論理的に考える力」「抽象的に考える力」「事柄を分析する力」など，様々な力が同時に訓練されています．将来，微分積分の知識を直接仕事に使う人はごく少数でしょう．しかし，学習することは自分の頭脳を作っていることと思えば，学生時代の勉強が如何に大切かがわかると思います．学習量がその人の頭脳を左右し，人生を左右すると言っても過言ではないでしょう．

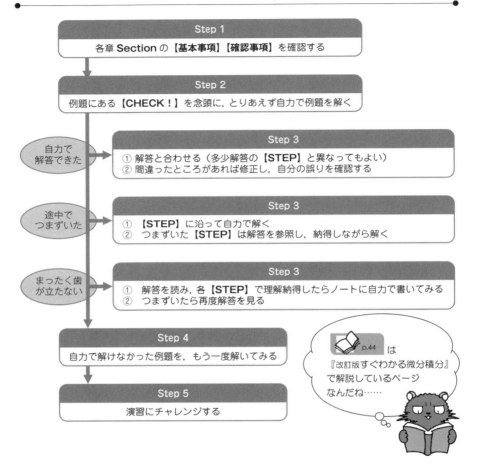

　本書の執筆と校正は諸々の事情によりなかなか進まず，東京図書の宇佐美敦子さんと市川由子さんには大変ご迷惑をかけてしまいました．忍耐強く待って頂き，どうもありがとうございました．またこの場を借りまして，解りやすい数学の本の出版に一生を捧げ，著者にも初めて執筆の機会をくださいました，今は亡き編集部長・須藤静雄氏のご冥福を心よりお祈り申し上げます．

　2015 年 3 月吉日

石 村 園 子

目　次

はじめに　　iii

第1章　微分　　1

第1章の流れ ･･･ 2
Section 1．　関数の極限 ････････････････････････････････ 4
Section 2．　導関数 ･･･････････････････････････････････ 20
Section 3．　高階導関数とマクローリン級数展開 ･･････････ 42
Section 4．　グラフの概形 ･････････････････････････････ 56
●総合演習 1 ･･ 64

第2章　積分　　65

第2章の流れ ･･ 66
Section 1．　不定積分 ･････････････････････････････････ 68
Section 2．　定積分 ･･････････････････････････････････ 102
Section 3．　広義積分と無限積分 ･･････････････････････ 114
Section 4．　面積，回転体の体積，曲線の長さ ･･････････ 120
●総合演習 2 ･･･････････････････････････････････････ 136

第3章　偏微分　　137

第3章の流れ ･･ 138
Section 1．　偏導関数 ････････････････････････････････ 140
Section 2．　全微分と接平面 ･･････････････････････････ 156
Section 3．　合成関数の偏微分 ････････････････････････ 160
Section 4．　極値問題 ････････････････････････････････ 166
●総合演習 3 ･･･････････････････････････････････････ 172

第 4 章　重積分　　173

第 4 章の流れ　　174
Section 1.　重積分と累次積分　　176
Section 2.　重積分における変数変換　　184
Section 3.　立体の体積，曲面の面積　　190
● 総合演習 4　　196

解　答　　197

■装幀　　戸田ツトム
■イラスト　いずもり　よう

第 1 章
微分

第 1 章では基本的な関数の確認から始まり，微分計算の習熟を目指します．さらに，応用としてよく使われる級数展開なども勉強します．第 1 章でしっかり実力をつけるかどうかが第 2 章以降の学習を大きく左右しますので，着実に力をつけましょう．

Differential

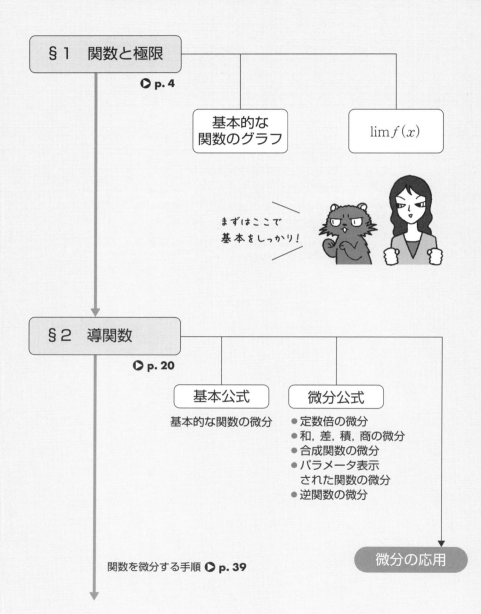

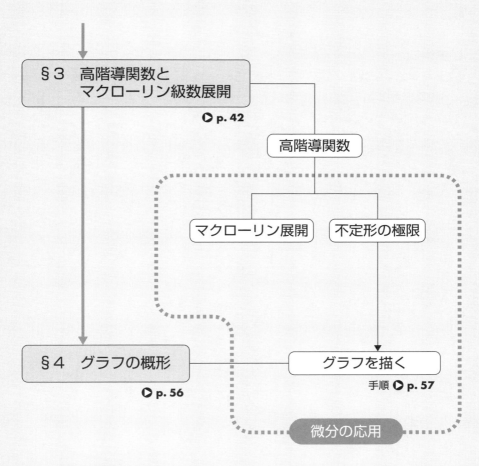

Section 1. 関数と極限

■ 基本事項

【1】基本的な関数とグラフ

● ベキ乗関数

$y = x^\alpha$ （α：実定数）

$y = x^{2n}$	$y = \sqrt[2n]{x}$	$y = \dfrac{1}{x^2}$
グラフ：$y=x^2, y=x^4, y=x^6$	グラフ：$y=\sqrt{x}, y=\sqrt[4]{x}, y=\sqrt[6]{x}$	グラフ

$y = x^{2n-1}$	$y = \sqrt[2n-1]{x}$	$y = \dfrac{1}{x}$
グラフ：$y=x^3, y=x^5, y=x^7$	グラフ：$y=\sqrt[3]{x}, y=\sqrt[5]{x}$	グラフ

あまり描いたことがない
グラフもあるぞ……

- 指数関数

    $y = a^x$ （a：正の定数，$a \neq 1$）

p.40

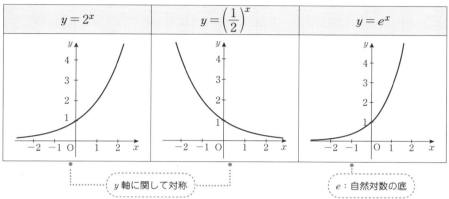

- 対数関数（指数関数の逆関数）

    $y = \log_a x$ （a：正の定数，$a \neq 1$）

p.44

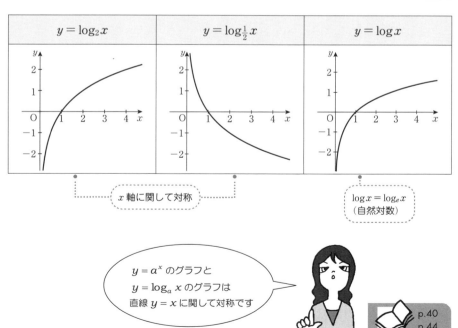

$y = a^x$ のグラフと $y = \log_a x$ のグラフは直線 $y = x$ に関して対称です

p.40
p.44

Section 1. 関数と極限

- 三角関数

    $y = \sin x$

    $y = \cos x$

    $y = \tan x$

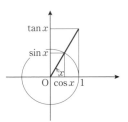

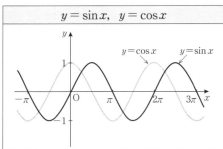

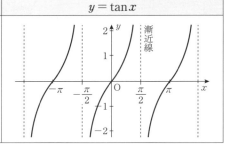

- 逆三角関数（三角関数の逆関数）

    $y = \sin^{-1} x \quad \left(-1 \leqq x \leqq 1, \ -\dfrac{\pi}{2} \leqq y \leqq \dfrac{\pi}{2} \right)$

    $y = \cos^{-1} x \quad \left(-1 \leqq x \leqq 1, \ 0 \leqq y \leqq \pi \right)$

    $y = \tan^{-1} x \quad \left(-\infty < x < \infty, \ -\dfrac{\pi}{2} < y < \dfrac{\pi}{2} \right)$

● 2次曲線

円錐を平面で切ったときに現れる曲線

　　放物線，楕円，双曲線

を2次曲線といいます．

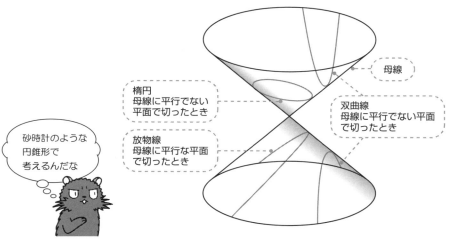

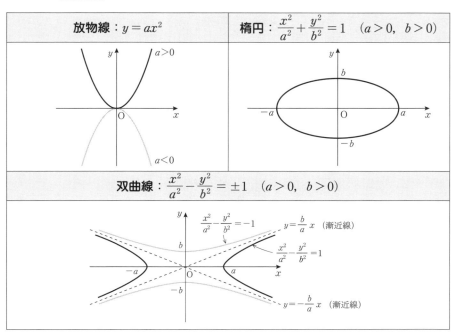

【2】パラメータ表示された曲線

● パラメータ t により，
$$\begin{cases} x = f(t) \\ y = g(t) \end{cases}$$
と表示された曲線

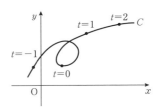

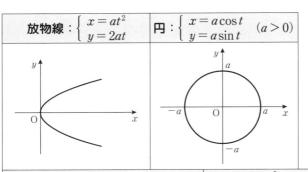

放物線：$\begin{cases} x = at^2 \\ y = 2at \end{cases}$

円：$\begin{cases} x = a\cos t \\ y = a\sin t \end{cases}$ $(a > 0)$

1つの曲線 C について
パラメータ表示は
一通りでは
ありません

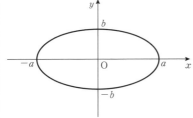

楕円：$\begin{cases} x = a\cos t \\ y = b\sin t \end{cases}$ $(a > 0,\ b > 0)$

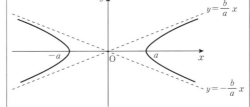

双曲線：$\begin{cases} x = \dfrac{a}{\cos t} \\ y = b\tan t \end{cases}$ $(a > 0,\ b > 0)$

サイクロイド：$\begin{cases} x = a(t - \sin t) \\ y = a(1 - \cos t) \end{cases}$ $(a > 0)$

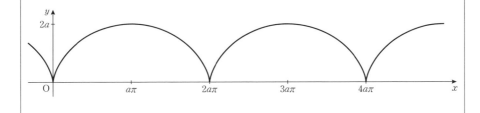

アステロイド：$\begin{cases} x = a\cos^3 t \\ y = a\sin^3 t \end{cases} (a>0)$	リサージュ曲線：$\begin{cases} x = \sin nt \\ y = \cos mt \end{cases}$
	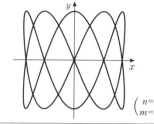

【3】極方程式で表された曲線

● 極座標 (r, θ) と直交座標 (x, y) の関係

$$\begin{cases} x = r\cos\theta \\ y = r\sin\theta \end{cases}$$

● 極方程式：曲線の極座標に関する方程式

$$r = f(\theta) \quad \text{または} \quad f(r, \theta) = 0$$

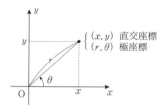

直線：$\theta = \alpha$	円：$r = a \quad (a > 0)$
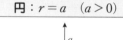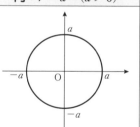	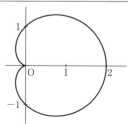

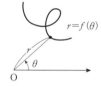

アルキメデスの螺線：$r = \theta$	カージオイド：$r = 1 + \cos\theta$	正葉曲線：$r = \sin m\theta$
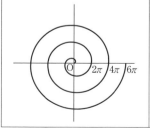		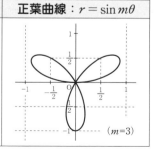 ($m=3$)

Section 1. 関数と極限

【4】関数の極限

- $\lim_{x \to a} f(x) = \alpha$

    $x \to a$ のとき $f(x)$ は α に収束（α：極限値）

- $\lim_{x \to a} f(x) = +\infty \ (-\infty)$

    $x \to a$ のとき $f(x)$ は $+\infty \ (-\infty)$ に発散

関数の極限の性質

$\lim_{x \to a} f(x) = \alpha, \ \lim_{x \to a} g(x) = \beta$ のとき

(1) $\lim_{x \to a} kf(x) = k\alpha$ （k は定数）

(2) $\lim_{x \to a} \{f(x) \pm g(x)\} = \alpha \pm \beta$

(3) $\lim_{x \to a} f(x)g(x) = \alpha\beta$

(4) $\lim_{x \to a} \dfrac{f(x)}{g(x)} = \dfrac{\alpha}{\beta}$ （ただし $\beta \neq 0$）

【5】右側極限と左側極限

- $\lim_{x \to a+0} f(x)$：$x = a$ における右側極限

    x を a より大きい方から a へ限りなく近づけたときの極限

- $\lim_{x \to a-0} f(x)$：$x = a$ における左側極限

    x を a より小さい方から a へ限りなく近づけたときの極限

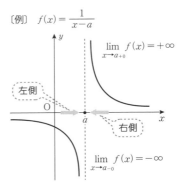

〔例〕 $f(x) = \dfrac{1}{x-a}$

$\lim_{x \to a+0} f(x) = +\infty$

$\lim_{x \to a-0} f(x) = -\infty$

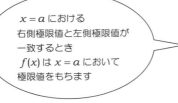

$x = a$ における
右側極限値と左側極限値が
一致するとき
$f(x)$ は $x = a$ において
極限値をもちます

【6】基本的な関数の極限

- $\lim_{x \to 0_{+0}} \dfrac{1}{x} = +\infty$
- $\lim_{x \to 0_{-0}} \dfrac{1}{x} = -\infty$
- $\lim_{x \to 0} \dfrac{1}{x}$: 発散
- $\lim_{x \to +\infty} e^x = +\infty$
- $\lim_{x \to -\infty} e^x = 0$
- $\lim_{x \to 0_{+0}} \log x = -\infty$
- $\lim_{x \to +\infty} \log x = +\infty$
- $\lim_{x \to \frac{\pi}{2}-0} \tan x = +\infty$
- $\lim_{x \to \frac{\pi}{2}+0} \tan x = -\infty$
- $\lim_{x \to +\infty} \tan^{-1} x = \dfrac{\pi}{2}$
- $\lim_{x \to -\infty} \tan^{-1} x = -\dfrac{\pi}{2}$

関数のグラフを思い浮かべよう

【7】極限公式

- $\lim_{x \to 0} \dfrac{\sin x}{x} = 1$ （p.20）
- $\lim_{x \to 0} (1+x)^{\frac{1}{x}} = e$
- $\lim_{x \to +\infty} \left(1 + \dfrac{1}{x}\right)^x = e$
- $\lim_{x \to -\infty} \left(1 + \dfrac{1}{x}\right)^x = e$
- $\lim_{x \to 0} \dfrac{e^x - 1}{x} = 1$ （p.40）

【8】関数の連続性

- $\lim_{x \to a} f(x) = f(a)$ が成立するとき，$f(x)$ は $x = a$ において**連続**であるという．

> **関数の連続性の性質**
>
> $y = f(x)$，$y = g(x)$ が $x = a$ において連続であるとき，次の関数も $x = a$ において連続である．
>
> (1) $y = kf(x)$ （k は定数）
> (2) $y = f(x) \pm g(x)$
> (3) $y = f(x)g(x)$
> (4) $y = \dfrac{f(x)}{g(x)}$ （ただし $g(a) \neq 0$）

例題 ▶ 1.1　$\dfrac{1}{x^n}$ に関する極限

次の関数の極限について調べよう．

(1) $\displaystyle\lim_{x\to 0}\dfrac{x}{|x|}$　　(2) $\displaystyle\lim_{x\to 0}\dfrac{\sqrt{1+x}-\sqrt{1-x}}{x}$

(3) $\displaystyle\lim_{x\to +\infty}\dfrac{3x^2}{2x^2-x+1}$

CHECK

❶ $|x| = \begin{cases} x & (x \geq 0) \\ -x & (x < 0) \end{cases}$

❷ $\displaystyle\lim_{x\to +\infty}\dfrac{1}{x^n} = 0$
　　$(n = 1, 2, 3, \cdots)$

STEP
① $x \to a$ のとき，関数の各部分はどのような状態になるのか見定める．

② $\dfrac{0}{0}$, $\dfrac{\infty}{\infty}$, $(+\infty)-(+\infty)$ などの不定形になる場合には，極限が定まるよう変形を工夫する．

解　(1) ① $x \to 0$ のとき，分子 $\to 0$，分母 $\to 0$ になる．

② 全体では $x \to 0$ のとき，$\dfrac{0}{0}$ の不定形になっているので，式の変形が必要となる．分子に絶対値がついているので $x > 0$, $x < 0$ 別々に考えてみると

$x > 0$ のとき　$\dfrac{x}{|x|} = \dfrac{x}{x} = 1$

$x < 0$ のとき　$\dfrac{x}{|x|} = \dfrac{x}{-x} = -1$

となるので，$x=0$ における右側極限と左側極限をとると

$\displaystyle\lim_{x\to 0+0}\dfrac{x}{|x|} = \lim_{x\to 0+0}\dfrac{x}{x} = \lim_{x\to 0+0} 1 = 1$

$\displaystyle\lim_{x\to 0-0}\dfrac{x}{|x|} = \lim_{x\to 0-0}\dfrac{x}{-x} = \lim_{x\to 0-0}(-1) = -1$

$x=0$ における右側極限と左側極限が異なるので，極限値なし．

> $x = 0$ では一定の値に近づきません

(2) ① $x \to 0$ のとき，分子 $\to 0$，分母 $\to 0$ になる．

② 全体では $x \to 0$ のとき，$\dfrac{0}{0}$ の不定形になるので，分母，分子に

$\left(\sqrt{1+x}+\sqrt{1-x}\right)$

をかけて，極限が確定するかどうか調べる．

$$与式 = \lim_{x \to 0} \frac{(\sqrt{1+x} - \sqrt{1-x})(\sqrt{1+x} + \sqrt{1-x})}{x(\sqrt{1+x} + \sqrt{1-x})} \quad \cdots (a+b)(a-b) = a^2 - b^2$$

$$= \lim_{x \to 0} \frac{(\sqrt{1+x})^2 - (\sqrt{1-x})^2}{x(\sqrt{1+x} + \sqrt{1-x})} = \lim_{x \to 0} \frac{(1+x) - (1-x)}{x(\sqrt{1+x} + \sqrt{1-x})}$$

$$= \lim_{x \to 0} \frac{2x}{x(\sqrt{1+x} + \sqrt{1-x})} = \lim_{x \to 0} \frac{2}{\sqrt{1+x} + \sqrt{1-x}}$$

ここで，$x \to 0$ のとき，分子 $\to 2$，分母 $\to \sqrt{1+0} + \sqrt{1-0} = 2$ となり全体の極限も確定するので

$$= \frac{2}{2} = 1 \quad \cdots 収束$$

(3) ① 分子，分母とも 2 次関数なので，$x \to +\infty$ のとき，分子 $\to +\infty$，分母 $\to +\infty$ となる．

② 全体としては $\frac{+\infty}{+\infty}$ の不定形なので，このままでは極限は確定できない．

分母，分子を x^2 で割って変形していくと

$$与式 = \lim_{x \to +\infty} \frac{\frac{1}{x^2} \times 3x^2}{\frac{1}{x^2} \times (2x^2 - x + 1)} = \lim_{x \to +\infty} \frac{3}{2 - \frac{1}{x} + \frac{1}{x^2}}$$

ここで $x \to +\infty$ を考えると

$$\frac{1}{x} \to 0, \quad \frac{1}{x^2} \to 0$$

なので

$$= \frac{3}{2 - 0 + 0} = \frac{3}{2} \quad \cdots 収束$$

【解終】

演習 ▶ 1.1 解答 p.198

次の極限を調べよ．

(1) $\displaystyle\lim_{x \to 1} \frac{|x-1|}{x^2 - 1}$ (2) $\displaystyle\lim_{x \to 0} \frac{\sqrt{x^2 + 4} - 2}{x^2}$ (3) $\displaystyle\lim_{x \to -\infty} \frac{2x+1}{x^2 + x - 1}$

例題 ▶ 1.2 $\sin x$ に関する極限

次の極限を調べよう.

(1) $\displaystyle\lim_{x\to 0}\frac{\sin 2x}{x}$ (2) $\displaystyle\lim_{x\to +\infty} x\sin\frac{1}{x}$

(3) $\displaystyle\lim_{x\to 0} x\sin\frac{1}{x}$

CHECK

❶ $\displaystyle\lim_{x\to 0}\frac{\sin x}{x}=1$

❷ $\displaystyle\lim_{x\to +\infty}\sin x$：収束しない
（振動）

STEP
1. $x\to a$ のとき，関数の各部分がどのような振るまいをするか見定める.
  このとき，$|\sin x|\leqq 1$ に注意する.
2. 関数を変形して，極限公式❶が使えそうなら使う.
  極限公式が使えないときは，$x\to a$ のときの全体の振るまいを推測し，
  それを示す方向で変形する.

解　(1) 1. $x\to 0$ のとき，$2x\to 0$ なので極限公式が使えそうである.

2. 分母と sin の中を同じにして極限公式が使えるように変形すると

$$与式=\lim_{x\to 0}\frac{\sin 2x}{2x}\times 2=1\times 2=2$$ ……（収束）

(2) 1. $x\to +\infty$ のとき

$$\frac{1}{x}\to 0 \quad\text{より}\quad \sin\frac{1}{x}\to 0$$

となるので，$\infty\times 0$ の不定形となり，このままでは確定できない.

2. x を分母におろすと

$$与式=\lim_{x\to +\infty}\frac{\sin\dfrac{1}{x}}{\dfrac{1}{x}}$$

となるので，極限公式が使えそうである.

$\dfrac{1}{x}=t$ とおくと，$x\to +\infty$ のとき $t\to 0_{+0}$ ……（正の方から 0 に近づく）

となるので，t に関する式に書きかえると

$$与式=\lim_{t\to 0_{+0}}\frac{\sin t}{t}=1$$ ……（収束）

(3) ① $x \to 0$ のとき,$\dfrac{1}{x}$ は発散し $\sin\dfrac{1}{x}$ は定まらない.

② (2)と同様に変形してみると

$$与式 = \lim_{x \to 0} \dfrac{\sin\dfrac{1}{x}}{\dfrac{1}{x}}$$

となるが,$x \to 0$ のとき $\dfrac{1}{x}$ は発散してしまうので,極限公式は使えない.

しかし,x がどんな値でも $\left|\sin\dfrac{1}{x}\right| \leqq 1$ に注目すると

$$0 \leqq \lim_{x \to 0}\left|x\sin\dfrac{1}{x}\right| = \lim_{x \to 0}|x| \cdot \left|\sin\dfrac{1}{x}\right| \leqq \lim_{x \to 0}|x| \cdot 1 = \lim_{x \to 0}|x| = 0$$

$$\therefore \lim_{x \to 0} x\sin\dfrac{1}{x} = 0 \quad \cdots\cdots \text{（収束）}$$

【解終】

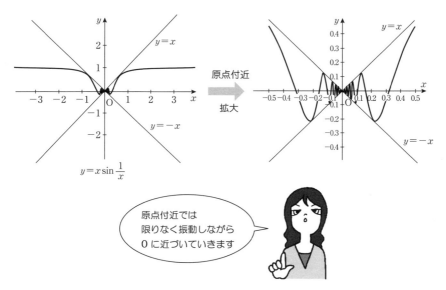

原点付近では限りなく振動しながら 0 に近づいていきます

演習 ▶ 1.2　　　　解答 p.198

次の極限を調べよ.

(1) $\displaystyle\lim_{x \to 0}\dfrac{x}{\sin 3x}$　　(2) $\displaystyle\lim_{x \to +\infty}\sin\dfrac{1}{x}$　　(3) $\displaystyle\lim_{x \to +\infty}\dfrac{\sin x}{x^2}$

例題 ▶ 1.3　e^x に関する極限

次の極限を調べよう．

(1) $\displaystyle\lim_{x\to+\infty}\left(1+\frac{2}{x}\right)^x$ 　　(2) $\displaystyle\lim_{x\to 0}\left(1+\frac{x}{2}\right)^{\frac{1}{x}}$

(3) $\displaystyle\lim_{x\to 0+0}\frac{1+e^{\frac{1}{x}}}{1-e^{\frac{1}{x}}}$

CHECK

❶ $\displaystyle\lim_{x\to+\infty}\left(1+\frac{1}{x}\right)^x=e$

❷ $\displaystyle\lim_{x\to-\infty}\left(1+\frac{1}{x}\right)^x=e$

❸ $\displaystyle\lim_{x\to 0}(1+x)^{\frac{1}{x}}=e$

❹ $\displaystyle\lim_{x\to+\infty}e^x=+\infty$

❺ $\displaystyle\lim_{x\to-\infty}e^x=0$

STEP
① $x\to a$ のとき，関数の各部分がどのような振るまいをするのか見定める．
② 極限の基本公式が使えそうなら変形して使う．
　$\dfrac{0}{0},\ \dfrac{\infty}{\infty},\ (+\infty)-(+\infty)$ などの不定形の場合には，確定できるよう変形を工夫する．

解　(1)　① $x\to+\infty$ のとき，$1+\dfrac{2}{x}\to 1$ なので，極限公式❶が使えそうであるが，このままでは使えない．

② ❶の式と比較して変形すると

$$与式=\lim_{x\to+\infty}\left(1+\frac{1}{\frac{x}{2}}\right)^x$$

ここで $t=\dfrac{x}{2}$ とおくと $x=2t$．また，$x\to+\infty$ のとき $t\to+\infty$ となるので

$$与式=\lim_{t\to+\infty}\left(1+\frac{1}{t}\right)^{2t}=\lim_{t\to+\infty}\left\{\left(1+\frac{1}{t}\right)^t\right\}^2$$

❶を使えば

$$=e^2 \quad\cdots\text{収束}$$

(2)　① $x\to 0$ のとき，$1+\dfrac{x}{2}\to 1$ なので，極限公式❸が使えそうである．

② $t=\dfrac{x}{2}$ とおくと $x=2t$．また，$x\to 0$ のとき $t\to 0$ となるので

$$与式=\lim_{t\to 0}(1+t)^{\frac{1}{2t}}$$

❸が使えるように変形すると

$$= \lim_{t \to 0}\left\{(1+t)^{\frac{1}{t}}\right\}^{\frac{1}{2}}$$
$$= e^{\frac{1}{2}}$$
$$= \sqrt{e} \quad \cdots\cdots\cdots\cdots\text{収束}$$

（指数法則）
$p^{ab} = (p^a)^b$

(3) ① $x \to 0_{+0}$ のとき，$\dfrac{1}{x} \to +\infty$ なので，$e^{\frac{1}{x}} \to +\infty$ となり，

$\dfrac{\infty}{\infty}$ の不定形となっている．

② 分子，分母に $e^{-\frac{1}{x}}$ をかけて変形すると

$$\text{与式} = \lim_{x \to 0_{+0}} \frac{e^{-\frac{1}{x}}(1+e^{\frac{1}{x}})}{e^{-\frac{1}{x}}(1-e^{\frac{1}{x}})}$$
$$= \lim_{x \to 0_{+0}} \frac{e^{-\frac{1}{x}}+e^{-\frac{1}{x}}e^{\frac{1}{x}}}{e^{-\frac{1}{x}}-e^{-\frac{1}{x}}e^{\frac{1}{x}}}$$

（指数法則）
$p^a p^b = p^{a+b}$

指数法則を使って

$$= \lim_{x \to 0_{+0}} \frac{e^{-\frac{1}{x}}+e^0}{e^{-\frac{1}{x}}-e^0} = \lim_{x \to 0_{+0}} \frac{e^{-\frac{1}{x}}+1}{e^{-\frac{1}{x}}-1} \quad\cdots\cdots\cdots e^0 = 1$$

ここで，$x \to 0_{+0}$ のとき $-\dfrac{1}{x} \to -\infty$ なので，$e^{-\frac{1}{x}} \to 0$ となる．

ゆえに

$$\text{与式} = \frac{0+1}{0-1} = -1 \quad \cdots\cdots\cdots\text{収束}$$

【解終】

演習 ▶ 1.3　　　　　　　　　　　　　　　　　　　　　　　　解答 p.199

次の極限を調べよ．

(1) $\displaystyle\lim_{x \to 0}(1+3x)^{\frac{1}{x}}$　　(2) $\displaystyle\lim_{x \to 0_{-0}} \frac{e^{-\frac{1}{x}}}{e^{\frac{1}{x}}+e^{-\frac{1}{x}}}$

例題 ▶ 1.4 関数の連続性

次の関数は $x=0$ で連続かどうか調べよう．

(1) $f(x) = \begin{cases} 1 & (x \geq 0) \\ -1 & (x < 0) \end{cases}$

(2) $f(x) = \begin{cases} \dfrac{x^2+x}{x} & (x \neq 0) \\ 0 & (x = 0) \end{cases}$

(3) $f(x) = \begin{cases} \dfrac{\sin x}{x} & (x \neq 0) \\ 1 & (x = 0) \end{cases}$

CHECK

❶ $\lim_{x \to a} f(x) = f(a)$

が成立するとき，$y=f(x)$ は $x=a$ で連続である．

❷ $\lim_{x \to 0} \dfrac{\sin x}{x} = 1$

なるべく関数のグラフを描いてみましょう

STEP
1. グラフがすぐに描けるようなら描いてみる．
2. $\lim_{x \to a} f(x)$ を調べる．
3. $f(a)$ の値を求め，$\lim_{x \to a} f(x) = f(a)$ が成立するかしないかで判定する．

解　(1) 1 x の範囲に注意してグラフを描くと右図のようになる．

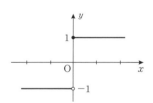

2 $x=0$ の右側と左側とでは関数の式が異なるので，はじめに右側極限と左側極限を調べると

$$\lim_{x \to 0_{+0}} f(x) = \lim_{x \to 0_{+0}} 1 = 1$$

$$\lim_{x \to 0_{-0}} f(x) = \lim_{x \to 0_{-0}} (-1) = -1$$

これより $\lim_{x \to 0} f(x)$ は存在しないので

$x=0$ で連続ではない．

$f(0)$ は存在して $f(0)=1$ なんだが……

(2) ①　この関数もすぐに描ける．

$x \neq 0$ のとき
$$f(x) = \frac{x(x+1)}{x} = x+1$$
となるので，グラフは右図のようになる．

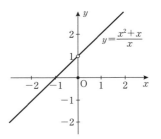

② $\lim_{x \to 0} f(x)$ を調べる．

$$\lim_{x \to 0} f(x) = \lim_{x \to 0} \frac{x^2+x}{x} = \lim_{x \to 0} \frac{x(x+1)}{x}$$
$$= \lim_{x \to 0} (x+1) = 1$$

③ $f(x)$ の定義式より，$f(0) = 0$ なので
$$\lim_{x \to 0} f(x) \neq f(0)$$
となり，$x=0$ で連続ではない．

(3) ① $f(x)$ のグラフを描くのはむずかしい．

パソコンで描くと右図のようなグラフとなる．

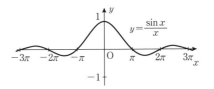

② $\lim_{x \to 0} f(x)$ を調べる．

極限公式❷より，$\displaystyle \lim_{x \to 0} f(x) = \lim_{x \to 0} \frac{\sin x}{x} = 1$

③ 一方，$f(x)$ の定義式より $f(0) = 1$ なので
$$\lim_{x \to 0} f(x) = f(0)$$
が成立する．したがって，$x=0$ で連続である．

【解終】

演習 ▶ 1.4　　　　　　　　　　　　　　　　　解答 p.199

次の関数は $x=0$ で連続かどうか調べよ．

(1) $f(x) = \begin{cases} x-1 & (x \geq 0) \\ -x & (x < 0) \end{cases}$
(2) $f(x) = \begin{cases} x \sin \dfrac{1}{x} & (x \neq 0) \\ 0 & (x = 0) \end{cases}$

Section 2. 導関数

■ 確認事項

【1】関数の微分可能性

- $\displaystyle\lim_{h\to 0}\frac{f(a+h)-f(a)}{h}$ が存在するとき，$f(x)$ は $x=a$ で**微分可能**であるという．
- $f(x)$ が $x=a$ で微分可能なら $x=a$ で連続である．

p.6

【2】微分係数と導関数

- 微分係数

$$f'(a)=\lim_{h\to 0}\frac{f(a+h)-f(a)}{h}$$

- 導関数（微分）

$$f'(x)=\lim_{h\to 0}\frac{f(x+h)-f(x)}{h}$$

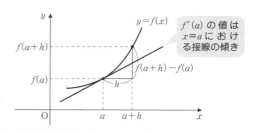

$f'(a)$ の値は $x=a$ における接線の傾き

導関数の性質
$\{kf(x)\}'=kf'(x)$　　$(k：定数)$
$\{f(x)\pm g(x)\}'=f'(x)\pm g'(x)$
$\{f(x)\cdot g(x)\}'=f'(x)\cdot g(x)+f(x)\cdot g'(x)$　　（積の微分公式）
$\left\{\dfrac{f(x)}{g(x)}\right\}'=\dfrac{f'(x)\cdot g(x)-f(x)\cdot g'(x)}{\{g(x)\}^2}$　　（商の微分公式）

p.10

【3】基本的な関数の導関数

p.48
p.41, p.45

- $(x^\alpha)'=\alpha x^{\alpha-1}$　$(\alpha：実定数)$

- $(e^x)'=e^x$　　　　$(e^{ax})'=ae^{ax}$　　　　$(\log x)'=\dfrac{1}{x}$　　　　$(\log|x|)'=\dfrac{1}{x}$

- $(\sin x)'=\cos x$　　$(\cos x)'=-\sin x$　　$(\tan x)'=\dfrac{1}{\cos^2 x}$

p.21

- $(\sin ax)'=a\cos ax$　　　　$(\cos ax)'=-a\sin ax$　　　　$(\tan ax)'=\dfrac{a}{\cos^2 ax}$

★ $(\sin^{-1} x)' = \dfrac{1}{\sqrt{1-x^2}}$　　★ $(\cos^{-1} x)' = -\dfrac{1}{\sqrt{1-x^2}}$　　★ $(\tan^{-1} x)' = \dfrac{1}{1+x^2}$

- $(\sin^{-1} ax)' = \dfrac{a}{\sqrt{1-(ax)^2}}$　　- $(\cos^{-1} ax)' = -\dfrac{a}{\sqrt{1-(ax)^2}}$

★例題 1.13，演習 1.13 を参照

- $(\tan^{-1} ax)' = \dfrac{a}{1+(ax)^2}$　　（いずれも $a \neq 0$）

p.34

【4】合成関数の微分公式

- $y = f(g(x))$, $u = g(x)$ のとき

$$\dfrac{dy}{dx} = f'(u)\, g'(x), \quad \dfrac{dy}{dx} = \dfrac{dy}{du}\dfrac{du}{dx}$$

p.11

【5】パラメータ表示された関数の微分公式

- $x = f(t)$, $y = g(t)$ のとき

$$\dfrac{dy}{dx} = \dfrac{\dfrac{dy}{dt}}{\dfrac{dx}{dt}}$$

$\dfrac{dx}{dt} = \dot{x},\ \dfrac{dy}{dt} = \dot{y}$ と表すことも多い

【6】逆関数の微分公式

- $y = f(x)$, $x = f^{-1}(y)$ のとき

$$\dfrac{dy}{dx} = \dfrac{1}{\dfrac{dx}{dy}}$$

f^{-1} は f の逆関数

【7】平均値の定理

- $f(x)$ が $[a, b]$ で連続，(a, b) で $f'(x)$ が存在するとき

$$\dfrac{f(b) - f(a)}{b - a} = f'(c) \quad (a < c < b)$$

となる c が存在する．

p.62

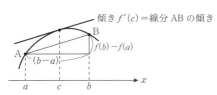

$[a, b]$ は $a \leq x \leq b$ である x の区間，(a, b) は $a < x < b$ である x の区間のことです

例題 ▶ 1.5 定義に従って導関数を求める(1)

定義に従って導関数 $f'(x)$ を求めよう．
(1) $f(x) = x^2$
(2) $f(x) = \sqrt{x} \quad (x > 0)$
(3) $f(x) = \dfrac{1}{x} \quad (x \neq 0)$

CHECK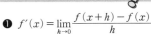

❶ $f'(x) = \lim\limits_{h \to 0} \dfrac{f(x+h) - f(x)}{h}$
❷ $f(x+h)$
　$f(x)$ の x に $(x+h)$ を代入した関数

STEP
① $f'(x)$ の定義に従って極限の式を立てる．
② $h \to 0$ のとき，式の各部分がどのような振るまいをするか見定める．
③ $\dfrac{0}{0}$ の不定形を確認したら，基本的な極限公式などが使えるように変形して極限を求める．

$\lim\limits_{h \to 0} f(x) = \lim\limits_{h \to 0} g(x) = 0$ のとき
$\lim\limits_{h \to 0} \dfrac{f(x)}{g(x)}$ はすぐには求まりません
このような形を
$\dfrac{0}{0}$ の不定形
といいます

解 (1) ① $f'(x)$ の定義❶より

> x^2 の x に $(x+h)$ を代入

$$f'(x) = \lim_{h \to 0} \frac{(x+h)^2 - x^2}{h}$$

② $h \to 0$ のとき，分子 $\to 0$，分母 $\to 0$

③ $\dfrac{0}{0}$ の不定形なので，分子を展開して計算すると

$$= \lim_{h \to 0} \frac{(x^2 + 2xh + h^2) - x^2}{h} = \lim_{h \to 0} \frac{2xh + h^2}{h}$$

$$= \lim_{h \to 0} \frac{h(2x + h)}{h}$$

分子と分母の h を約して

$$= \lim_{h \to 0} (2x + h) = 2x$$

おっ！ちゃんと $(x^2)' = 2x$ になったぞ

(2) ① $f'(x)$ の定義❶より

> $\sqrt{x}$ の x に $(x+h)$ を代入

$$f'(x) = \lim_{h \to 0} \frac{\sqrt{x+h} - \sqrt{x}}{h}$$

② $h \to 0$ のとき，式の分子 $\to 0$，分母 $\to 0$.

③ $\dfrac{0}{0}$ の不定形である．分子と分母に $(\sqrt{x+h}+\sqrt{x})$ をかけて変形すると

$$= \lim_{h \to 0} \frac{(\sqrt{x+h}-\sqrt{x})(\sqrt{x+h}+\sqrt{x})}{h(\sqrt{x+h}+\sqrt{x})}$$ ……… $(a+b)(a-b)=a^2-b^2$

$$= \lim_{h \to 0} \frac{(\sqrt{x+h})^2-(\sqrt{x})^2}{h(\sqrt{x+h}+\sqrt{x})} = \lim_{h \to 0} \frac{(x+h)-x}{h(\sqrt{x+h}+\sqrt{x})}$$

例題 1.1 参照

$$= \lim_{h \to 0} \frac{h}{h(\sqrt{x+h}+\sqrt{x})}$$

分子と分母の h を約して

$$= \lim_{h \to 0} \frac{1}{\sqrt{x+h}+\sqrt{x}} = \frac{1}{\sqrt{x}+\sqrt{x}} = \frac{1}{2\sqrt{x}}$$

(3) ① $f'(x)$ の定義❶ より ……… $\dfrac{1}{x}$ の x に $(x+h)$ を代入

$$f'(x) = \lim_{h \to 0} \frac{\dfrac{1}{x+h}-\dfrac{1}{x}}{h}$$

② ここで $h \to 0$ とすると，分子 $\to 0$，分母 $\to 0$.

③ $\dfrac{0}{0}$ の不定形である．分子を通分して計算していくと

$$= \lim_{h \to 0} \frac{1}{h}\left(\frac{1}{x+h}-\frac{1}{x}\right)$$

$$= \lim_{h \to 0} \frac{1}{h} \cdot \frac{x-(x+h)}{(x+h)x} = \lim_{h \to 0} \frac{1}{h} \cdot \frac{-h}{(x+h)x}$$

分子と分母の h を約して極限をとると

$$= \lim_{h \to 0} \frac{-1}{(x+h)x} = \frac{-1}{x \cdot x} = -\frac{1}{x^2}$$

【解終】

演習 ▶ 1.5　　　　　　　　　　　　　　　　　　　　　　　　　　解答 p.199

定義に従って $f'(x)$ を求めよ．

(1) $f(x)=x^3$　　(2) $f(x)=\dfrac{1}{\sqrt{x}}$ $(x>0)$　　(3) $f(x)=\dfrac{1}{x^2}$

例題 ▶ 1.6 定義に従って導関数を求める(2)

定義に従って $f'(x)$ を求めよう.
(1) $f(x) = \sin 2x$
(2) $f(x) = \cos 3x$

CHECK
❶ $f'(x) = \lim_{h \to 0} \dfrac{f(x+h) - f(x)}{h}$
❷ $\lim_{h \to 0} \dfrac{\sin h}{h} = 1$

STEP
① $f'(x)$ の定義に従って,極限を求める式を立てる.
② $h \to 0$ のとき,関数の各部分がどういう振るまいをするか見定める.
③ $\dfrac{0}{0}$ の不定形であることを確認し,極限公式❷が使えるように変形して極限を求める.

解 (1) ① $f'(x)$ の定義❶より

$$f'(x) = \lim_{h \to 0} \dfrac{\sin 2(x+h) - \sin 2x}{h}$$

> $\sin 2x$ の x に $(x+h)$ を代入

② $h \to 0$ のとき,分子 $\to 0$,分母 $\to 0$ となる.

③ $\dfrac{0}{0}$ の不定形である.

三角関数の差を積に直す公式を使って変形すると

$$= \lim_{h \to 0} \dfrac{1}{h} \cdot 2\cos \dfrac{2(x+h) + 2x}{2} \cdot \sin \dfrac{2(x+h) - 2x}{2}$$

> 下の公式❸で
> $\alpha = 2(x+h)$
> $\beta = 2x$

$$= \lim_{h \to 0} \dfrac{2}{h} \cos \dfrac{4x + 2h}{2} \cdot \sin \dfrac{2h}{2}$$

$$= \lim_{h \to 0} \dfrac{2}{h} \cos(2x + h) \cdot \sin h$$

> $h \to 0$ のとき
> $\cos(2x+h) \to \cos 2x$
> $\sin h \to \sin 0 = 0$

極限公式❷が使えるように変形して極限を求めると

$$= 2 \lim_{h \to 0} \cos(2x+h) \cdot \dfrac{\sin h}{h}$$

$$= 2 \cdot \cos 2x \cdot 1 = 2\cos 2x$$

差を積に

❸ $\sin \alpha - \sin \beta = 2\cos \dfrac{\alpha + \beta}{2} \sin \dfrac{\alpha - \beta}{2}$

❹ $\cos \alpha - \cos \beta = -2\sin \dfrac{\alpha + \beta}{2} \sin \dfrac{\alpha - \beta}{2}$

(2) ① $f'(x)$ の定義❶より
$$f'(x) = \lim_{h \to 0} \frac{\cos 3(x+h) - \cos 3x}{h}$$

> $\cos 3x$ の x に $(x+h)$ を代入

② $h \to 0$ のとき，分子 $\to 0$，分母 $\to 0$ となる．

③ $\frac{0}{0}$ の不定形である．

> 左ページの公式❹で
> $\alpha = 3(x+h)$
> $\beta = 3x$

三角関数の差を積に直す公式を使って変形していくと

$$= \lim_{h \to 0} \frac{1}{h} \cdot \left\{ -2\sin \frac{3(x+h)+3x}{2} \cdot \sin \frac{3(x+h)-3x}{2} \right\}$$

$$= \lim_{h \to 0} \left(-\frac{2}{h} \right) \sin \frac{6x+3h}{2} \cdot \sin \frac{3h}{2}$$

極限公式❷が使えるように変形して極限を求めると

> $h \to 0$ のとき
> $\sin \frac{6x+3h}{2} \to \sin \frac{6x}{2} = \sin 3x$
> $\sin \frac{3h}{2} \to \sin 0 = 0$

$$= -2 \lim_{h \to 0} \sin \frac{6x+3h}{2} \cdot \frac{\sin \frac{3h}{2}}{h}$$

$$= -2 \lim_{h \to 0} \sin \frac{6x+3h}{2} \cdot \frac{\sin \frac{3h}{2}}{\frac{3h}{2}} \cdot \frac{1}{\frac{2}{3}}$$

$$= -2 \cdot \frac{3}{2} \lim_{h \to 0} \sin \frac{6x+3h}{2} \cdot \frac{\sin \frac{3h}{2}}{\frac{3h}{2}}$$

$$= -3 \cdot \sin \frac{6x}{2} \cdot 1 = -3 \sin 3x$$

【解終】

> ❷が使えるように
> 分母の係数を調節する
> 必要があるんだな……

演習 ▶ 1.6　　　　　　　　　　　　　　　　　　　解答 p.200

定義に従って $f'(x)$ を求めよ．
(1) $f(x) = \cos 2x$　　　(2) $f(x) = \sin 3x$

例題 ▶ 1.7 定義に従って導関数を求める(3)

定義に従って $f'(x)$ を求めよう．

(1) $f(x) = e^{-x}$

(2) $f(x) = \log(x-1)$ $(x > 1)$

CHECK

❶ $f'(x) = \lim_{h \to 0} \dfrac{f(x+h) - f(x)}{h}$

❷ $\lim_{x \to 0}(1+x)^{\frac{1}{x}} = e$

❸ $\lim_{x \to 0} \dfrac{e^x - 1}{x} = 1$

STEP
1. $f'(x)$ の定義に従って，極限を求める式を立てる．
2. $h \to 0$ のとき，関数の各部分がどのような振るまいをするのか見定める．
3. $\dfrac{0}{0}$, ∞^0 などの不定形であれば，極限公式が使えるように変形して極限を求める．

解 (1) ① $f'(x)$ の定義 ❶ より

$$f'(x) = \lim_{h \to 0} \dfrac{e^{-(x+h)} - e^{-x}}{h}$$

（e^{-x} の x に $(x+h)$ を代入）

② $h \to 0$ のとき，分子 $\to 0$，分母 $\to 0$ となる．

③ $\dfrac{0}{0}$ の不定形なので，分子を変形して極限公式を使えるように変形する．

分子第 1 項の指数の部分の（ ）をはずして変形すると

$$= \lim_{h \to 0} \dfrac{e^{-x-h} - e^{-x}}{h} = \lim_{h \to 0} \dfrac{e^{-x} e^{-h} - e^{-x}}{h}$$

$$= \lim_{h \to 0} \dfrac{e^{-x}(e^{-h} - 1)}{h} = \lim_{h \to 0} e^{-x} \cdot \dfrac{e^{-h} - 1}{h}$$

（指数法則 $p^{a+b} = p^a p^b$）

極限公式 ❸ を使えるように係数を調整して

$$= \lim_{h \to 0} e^{-x} \cdot \dfrac{e^{-h} - 1}{-h} \cdot (-1) = e^{-x} \cdot 1 \cdot (-1) = -e^{-x}$$

(2) ① $f'(x)$ の定義 ❶ に当てはめて

$$f'(x) = \lim_{h \to 0} \dfrac{\log\{(x+h) - 1\} - \log(x-1)}{h}$$

（$\log(x-1)$ の x に $(x+h)$ を代入）

対数法則を使って log をまとめると

$$= \lim_{h \to 0} \dfrac{1}{h} \log \dfrac{(x+h) - 1}{x - 1}$$

（対数法則
$\log a + \log b = \log ab$
$\log a - \log b = \log \dfrac{a}{b}$
$\log a^b = b \log a$）

② $h \to 0$ のとき

$$\log \frac{(x+h)-1}{x-1} \to \log \frac{x-1}{x-1} = \log 1 = 0$$

となる．

③ $f'(x)$ の式は $\dfrac{0}{0}$ の不定形である．$\log$ の中の式をさらに変形して

（分数を分ける）

$$= \lim_{h \to 0} \frac{1}{h} \log \frac{(x-1)+h}{x-1} = \lim_{h \to 0} \frac{1}{h} \log\left(\frac{x-1}{x-1} + \frac{h}{x-1}\right)$$

$$= \lim_{h \to 0} \frac{1}{h} \log\left(1 + \frac{h}{x-1}\right) = \lim_{h \to 0} \log\left(1 + \frac{h}{x-1}\right)^{\frac{1}{h}}$$

（$\dfrac{1}{h}$ を $\log$ の中に入れる）

$\log$ の中は極限公式 ❷ の式に似てきたが，このままではまだ使えない．
極限公式 ❷ が使えるように，さらに変形して

$$= \lim_{h \to 0} \log\left\{\left(1 + \frac{h}{x-1}\right)^{\frac{x-1}{h}}\right\}^{\frac{1}{x-1}}$$

$$= \lim_{h \to 0} \frac{1}{x-1} \log\left(1 + \frac{h}{x-1}\right)^{\frac{1}{\frac{h}{x-1}}}$$

x を定数と考えて $t = \dfrac{h}{x-1}$ とおくと，$h \to 0$ のとき $t \to 0$ となるので，

$$= \lim_{t \to 0} \frac{1}{x-1} \log(1+t)^{\frac{1}{t}}$$

（極限公式 ❷ の x を t にかえると
❷ $\lim\limits_{t \to 0}(1+t)^{\frac{1}{t}} = e$）

極限公式 ❷ より

$$= \frac{1}{x-1} \log e = \frac{1}{x-1} \cdot 1 = \frac{1}{x-1}$$

【解終】

演習 ▶ 1.7　　　　　　　　　　　　　　　　　　　　　　　　　解答 p.201

定義に従い $f'(x)$ を求めよ．

(1) $f(x) = e^{2x}$　　(2) $f(x) = \log(2x-1)$　$\left(x > \dfrac{1}{2}\right)$

例題 ▶ 1.8　微分基本公式の確認

次の関数を微分してみよう．

(1) $y = x\sqrt{x}$　　(2) $y = e^{-2x}$

(3) $y = 3\sin 2x - 2\cos 3x$

(4) $y = x^2 \tan 2x$　　(5) $y = x^3 \log x$

(6) $y = \dfrac{x}{x^2+1}$　　(7) $y = \dfrac{\log x}{x^3}$

CHECK

❶ $(x^\alpha)' = \alpha x^{\alpha-1}$
❷ $(e^{ax})' = a e^{ax}$
❸ $(\log x)' = \dfrac{1}{x}$
❹ $(\sin ax)' = a\cos ax$
❺ $(\cos ax)' = -a\sin ax$
❻ $(\tan ax)' = \dfrac{a}{\cos^2 ax}$
❼ $\{kf(x)\}' = kf'(x)$
❽ $\{f(x)+g(x)\}' = f'(x)+g'(x)$
❾ $\{f(x)\cdot g(x)\}'$
　$= f'(x)\cdot g(x) + f(x)\cdot g'(x)$
❿ $\left\{\dfrac{f(x)}{g(x)}\right\}'$
　$= \dfrac{f'(x)\cdot g(x) - f(x)\cdot g'(x)}{\{g(x)\}^2}$

STEP
① 関数をよく見て，どの公式を使って微分するか考える．
② 必要があれば式を変形してから微分する．

解　(1) ① 変形すれば x^α の形になるので❶を使う．
② $\sqrt{x} = x^{\frac{1}{2}}$ なので
$$y = x^1 \cdot x^{\frac{1}{2}} = x^{1+\frac{1}{2}} = x^{\frac{3}{2}}$$

❶を使って微分すると
$$y' = (x^{\frac{3}{2}})' = \frac{3}{2}x^{\frac{3}{2}-1} = \frac{3}{2}x^{\frac{1}{2}} = \frac{3}{2}\sqrt{x}$$

(1) は x と $\sqrt{x}$ の積とみなして❾を使っても求まります

(2) ① ❷が直接使える．
② ❷より
$$y' = (e^{-2x})' = -2e^{-2x}$$

(3) ① ❼❽と❹❺を使って微分できる．
② $y' = 3(\sin 2x)' - 2(\cos 3x)'$
$= 3(2\cos 2x) - 2(-3\sin 3x) = 6\cos 2x + 6\sin 3x$

(4) ① 2つの関数の積になっているので❾と❶❻を使って微分する．
② $y' = (x^2)'\cdot \tan 2x + x^2 \cdot (\tan 2x)'$
$= 2x\cdot \tan 2x + x^2 \cdot \dfrac{2}{\cos^2 2x} = 2x\tan 2x + \dfrac{2x^2}{\cos^2 2x}$

(5) ① 2つの関数の積になっているので，❾と❸を使って微分する．

② $y' = (x^3)' \cdot \log x + x^3 \cdot (\log x)'$
$= 3x^2 \cdot \log x + x^3 \cdot \dfrac{1}{x} = 3x^2 \log x + x^2 = x^2(3\log x + 1)$

(6) ① 2つの関数の商の形なので，はじめは❿を使うと

$$y' = \dfrac{x' \cdot (x^2+1) - x \cdot (x^2+1)'}{(x^2+1)^2}$$

② 分子は❽と❶を使って微分すると

$$= \dfrac{1 \cdot (x^2+1) - x \cdot 2x}{(x^2+1)^2} = \dfrac{x^2+1-2x^2}{(x^2+1)^2} = \dfrac{1-x^2}{(x^2+1)^2}$$

(7) ① 2つの関数の商の形なので，はじめは❿を使って

$$y' = \dfrac{(\log x)' \cdot x^3 - \log x \cdot (x^3)'}{(x^3)^2}$$

② ❶，❸を使って微分していくと

$$= \dfrac{\dfrac{1}{x} \cdot x^3 - \log x \cdot 3x^2}{x^6} = \dfrac{x^2 - 3x^2 \log x}{x^6}$$

$$= \dfrac{x^2(1 - 3\log x)}{x^6} = \dfrac{1 - 3\log x}{x^4}$$

$(x^m)^n = x^{mn}$
$\dfrac{x^m}{x^n} = x^{m-n}$

【解終】

演習 ▶ 1.8　　　　　　　　　　　　　　　　　　解答 p.201

(1) $y = \dfrac{1}{\sqrt{x}}$　　(2) $y = \tan 3x$　　(3) $y = 2e^{3x} + \dfrac{1}{e^{2x}}$

(4) $y = \sin 3x \cos 2x$　　(5) $y = x^3 e^{-x}$

(6) $y = \dfrac{\cos 3x}{\sin 2x}$　　(7) $y = \dfrac{x^3}{\log x}$

例題 ▶ 1.9 積と商の微分

積と商の微分公式を使い，次の関数を微分してみよう．

(1) $y = (x^2 - x + 1)e^{-2x}$

(2) $y = (\sqrt{x} + 1)\log x$

(3) $y = \dfrac{\sin x}{1 + \cos x}$

(4) $y = \dfrac{1}{x \log x}$

CHECK

❶ $\{f(x) \cdot g(x)\}' = f'(x) \cdot g(x) + f(x) \cdot g'(x)$

❷ $\left\{\dfrac{f(x)}{g(x)}\right\}' = \dfrac{f'(x) \cdot g(x) - f(x) \cdot g'(x)}{\{g(x)\}^2}$

❸ $\left\{\dfrac{1}{g(x)}\right\}' = -\dfrac{g'(x)}{\{g(x)\}^2}$

もう一度積と商の微分の練習です

STEP
① 関数がどのような関数の積または商になっているのか見定める．
② 微分公式に従って微分していく．

解 (1) ① y は関数 $(x^2 - x + 1)$ と e^{-2x} の積の形をしている．
② 積の微分公式❶で微分すると

$$y' = (x^2 - x + 1)' \cdot e^{-2x} + (x^2 - x + 1) \cdot (e^{-2x})'$$
$$= (2x - 1)e^{-2x} + (x^2 - x + 1) \cdot (-2e^{-2x})$$

$(e^{ax})' = ae^{ax}$

さらに e^{-2x} でくくってきれいにすると

$$= \{(2x - 1) - 2(x^2 - x + 1)\}e^{-2x}$$
$$= (2x - 1 - 2x^2 + 2x - 2)e^{-2x} = (-2x^2 + 4x - 3)e^{-2x}$$

(2) ① y は関数 $(\sqrt{x} + 1)$ と $\log x$ の積の形をしている．
② 積の微分公式❶で微分すると

$$y' = (\sqrt{x} + 1)' \cdot \log x + (\sqrt{x} + 1) \cdot (\log x)'$$
$$= \dfrac{1}{2\sqrt{x}} \log x + (\sqrt{x} + 1) \cdot \dfrac{1}{x} = \dfrac{1}{2\sqrt{x}} \log x + \dfrac{\sqrt{x}}{x} + \dfrac{1}{x}$$

$(\sqrt{x})' = \dfrac{1}{2\sqrt{x}}$

$$= \dfrac{\sqrt{x}}{2x} \log x + \dfrac{\sqrt{x}}{x} + \dfrac{1}{x} = \dfrac{1}{2x}(\sqrt{x} \log x + 2\sqrt{x} + 2)$$

ここからの変形は自由です

(3) ① y は関数 $\sin x$ と $1+\cos x$ の商の形をしている．
② 商の微分公式❷で微分していくと

$$y' = \left(\frac{\sin x}{1+\cos x}\right)' = \frac{(\sin x)' \cdot (1+\cos x) - \sin x \cdot (1+\cos x)'}{(1+\cos x)^2}$$

$$= \frac{\cos x(1+\cos x) - \sin x(-\sin x)}{(1+\cos x)^2}$$

$(\sin ax)' = a\cos ax$
$(\cos ax)' = -a\sin ax$
$(\tan ax)' = \dfrac{a}{\cos^2 ax}$

（ ）をはずして分子を計算していく．

$$= \frac{\cos x + \cos^2 x + \sin^2 x}{(1+\cos x)^2} = \frac{\cos x + 1}{(1+\cos x)^2}$$

$\sin^2 \theta + \cos^2 \theta = 1$

約分して

$$= \frac{1}{1+\cos x}$$

(4) ① 分子が1である商の形．
② 商の微分公式❸を使って微分すると

$$y' = \left(\frac{1}{x\log x}\right)' = -\frac{(x\log x)'}{(x\log x)^2}$$

$(\log x)' = \dfrac{1}{x}$

分子は関数 x と $\log x$ の積になっているので，積の微分公式❶で微分していくと

$$= -\frac{x' \cdot \log x + x \cdot (\log x)'}{(x\log x)^2}$$

$$= -\frac{1 \cdot \log x + x \cdot \dfrac{1}{x}}{(x\log x)^2} = -\frac{\log x + 1}{x^2(\log x)^2}$$

【解終】

演習 ▶ 1.9　　　　　　　　　　　　　　　　　　　　　　　　　　　　解答 p.202

次の関数を微分せよ．

(1)　$y = \sin^3 2x \cdot \cos^2 3x$　　(2)　$y = \dfrac{x}{\sqrt{1+x^2}}$　　(3)　$y = \dfrac{1}{1+(\log x)^2}$

例題 ▶ 1.10 合成関数の微分

次の関数を合成関数の微分公式を使って微分してみよう（右の❺参照）.

(1) $y = \sqrt{x^2+x+1}$ （❷を使って）

(2) $y = \log(x+\sqrt{x^2+1})$ （❶を使って）

(3) $y = \sin^3 2x$ （❶を使って）

CHECK

❶ $(x^\alpha)' = \alpha x^{\alpha-1}$
　特に $(\sqrt{x})' = \dfrac{1}{2\sqrt{x}}$

❷ $(\log x)' = \dfrac{1}{x}$

❸ $(\sin ax)' = a\cos ax$

❹ $(\cos ax)' = -\sin ax$

❺ 合成関数の微分公式
　$y = f(g(x))$：
　$g(x)$ と $f(x)$ の合成関数
　❶ $y' = f'(g(x)) \cdot g'(x)$
　❷ $u = g(x)$ とおくと
　　$y = f(u)$ となり
　　$\dfrac{dy}{dx} = \dfrac{dy}{du}\dfrac{du}{dx}$

STEP
① 関数がどのような関数の合成でできているのかよく見定める.
② 合成関数の微分公式に従って微分する.

解　(1) ① y は次の $g(x)$ と $f(x)$ の合成関数.
$g(x) = x^2+x+1, \quad f(x) = \sqrt{x}$

② $u = x^2+x+1$ とおくと $y = \sqrt{u}$.

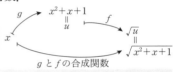

g と f の合成関数

x と u でそれぞれ微分しておくと

$\dfrac{du}{dx} = 2x+1, \quad \dfrac{dy}{du} = \dfrac{1}{2\sqrt{u}}$　……❶を使った

これらより合成関数の微分公式❷を使うと

$\dfrac{dy}{dx} = \dfrac{dy}{du}\dfrac{du}{dx} = \dfrac{1}{2\sqrt{u}}(2x+1)$

u を x に直すと

$= \dfrac{2x+1}{2\sqrt{x^2+x+1}}$

$\dfrac{dy}{dx} = \dfrac{dy}{du}\dfrac{du}{dx}$ は分数計算と同じだったな

(2) ① y は次の $g(x)$ と $f(x)$ の合成関数.
$g(x) = x+\sqrt{x^2+1}$
$f(x) = \log x$

② 合成関数の微分公式❶（右ページの"使い方"参照）と❷を使って微分すると

g と f の合成関数

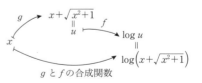

$$y' = \{\log(x+\sqrt{x^2+1})\}' = \frac{1}{x+\sqrt{x^2+1}} \cdot (x+\sqrt{x^2+1})'$$

- 頭の中でuとおく
- $(\log u)' = \frac{1}{u}$
- u'

$$= \frac{1}{x+\sqrt{x^2+1}} \cdot \{x' + (\sqrt{x^2+1})'\}$$

$(\sqrt{x^2+1})'$に再度，合成関数の微分公式❷と❶を使って計算していくと

$$= \frac{1}{x+\sqrt{x^2+1}} \left\{1 + \frac{1}{2\sqrt{x^2+1}} \cdot (x^2+1)'\right\}$$

- (x^2+1)を頭の中でuとおく

$$= \frac{1}{x+\sqrt{x^2+1}} \left(1 + \frac{2x}{2\sqrt{x^2+1}}\right)$$

- u'

$$= \frac{1}{x+\sqrt{x^2+1}} \left(1 + \frac{x}{\sqrt{x^2+1}}\right)$$

- $(\sqrt{u})' = \frac{1}{2\sqrt{u}}$

（ ）の中を通分するとうまく約分ができて

$$= \frac{1}{x+\sqrt{x^2+1}} \cdot \frac{\sqrt{x^2+1}+x}{\sqrt{x^2+1}} = \frac{1}{\sqrt{x^2+1}}$$

(3) ①　$y=(\sin 2x)^3$ とかけるので，y は次の $g(x)$ と $f(x)$ の合成関数．

$$g(x) = \sin 2x, \quad f(x) = x^3$$

② ❷と❶を使って微分すると

$$y' = 3(\sin 2x)^2 \cdot (\sin 2x)'$$
$$= 3(\sin 2x)^2 \cdot 2\cos 2x$$
$$= 6\sin^2 2x \cdot \cos 2x$$

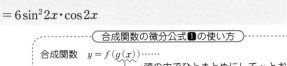

gとfの合成関数

【解終】

┌─ 合成関数の微分公式❶の使い方 ─┐
合成関数　$y = f(g(x))$ ……
　　　　　　　　→頭の中でひとまとめにしてuとおく
微分公式　$y' = f'(g(x)) \cdot g'(x)$
　　　　　　　　u
　　　　$= f'(u) \cdot u'$
　　　　　　　　└ uをxで微分
　　　　　　　└ $f(u)$をuで微分
└────────────────┘

演習 ▶ 1.10　　　　　　　　　　　　　解答 p. 203

(1) は❷，(2) (3) は❶の合成関数の微分公式を使って微分せよ．

(1) $y = \sqrt[3]{1+\sqrt{x}}$　　(2) $y = \log(\sqrt{x^2+1} - x)$　　(3) $y = \cos^4 3x$

例題 ▶ 1.11 対数微分法

対数微分法を使って，次の関数を微分してみよう．
(1) $y = x^x$
(2) $y = (x+2)^3 \cdot \sqrt[3]{(x+1)^2}$

CHECK
対数微分法：両辺の自然対数をとってから微分する方法

指数を使った形の関数やいくつもの関数の積や商で構成された関数を微分するときに有効です

STEP
① 両辺の自然対数をとり，対数法則を使ってきれいな形に変形する．
② 両辺を x で微分する．
③ 変形して y' を x の式で表す．

解 (1) ① 両辺の自然対数をとり，対数法則を使って変形する．
$$\log y = \log x^x$$
$$\log y = x \log x$$

対数法則
$\log ab = \log a + \log b$
$\log \dfrac{a}{b} = \log a - \log b$
$\log a^b = b \log a$

② 両辺を x で微分する．
$$(\log y)' = (x \log x)'$$
左辺の微分は x が表面に現れていないので，合成関数の微分公式を使う．
左辺は
$$(\log y)' = \frac{d}{dx}(\log y)$$ ($\log y$ を x で微分)
$$= \frac{d}{dy}(\log y) \frac{dy}{dx}$$ 合成関数の微分公式において y を $\log y$ に u を y にかえる
$$= \frac{1}{y} \cdot y'$$

合成関数の微分公式
$$\frac{dy}{dx} = \frac{dy}{du} \frac{du}{dx}$$

右辺は積の微分公式より
$$(x \log x)' = x' \cdot \log x + x \cdot (\log x)'$$
$$= 1 \cdot \log x + x \cdot \frac{1}{x} = \log x + 1$$

積の微分公式
$\{f(x) \cdot g(x)\}'$
$= f'(x) \cdot g(x) + f(x) \cdot g'(x)$

これらより $\dfrac{1}{y} y' = \log x + 1$

$(\log x)' = \dfrac{1}{x}$

③ $y' =$ に直して，$y = x^x$ を代入すると
$$y' = y(\log x + 1) = x^x(\log x + 1)$$

(2) y は負になることもあるので,絶対値をつけ

$$|y| = \left|(x+2)^3 \cdot \sqrt[3]{(x+1)^2}\right|$$

としておく.

① 上式の自然対数をとり,対数法則を使って形を整える. 〔指数を使った表現に直す〕

$$\log|y| = \log\left|(x+2)^3 \cdot \sqrt[3]{(x+1)^2}\right| = \log\left|(x+2)^3(x+1)^{\frac{2}{3}}\right|$$
$$= \log|x+2|^3 + \log|x+1|^{\frac{2}{3}} = 3\log|x+2| + \frac{2}{3}\log|x+1|$$

② 両辺を x で微分する. 〔合成関数の微分公式 $\{f(g(x))\}' = f'(g(x)) \cdot g'(x)$〕

$$(\log|y|)' = \left\{3\log|x+2| + \frac{2}{3}\log|x+1|\right\}'$$

左辺は(1)の途中の結果を使い,右辺は合成関数の微分公式を使うと 〔$(\log|x|)' = \dfrac{1}{x}$〕

$$\frac{1}{y}y' = 3 \cdot \frac{1}{x+2} \cdot (x+2)' + \frac{2}{3} \cdot \frac{1}{x+1} \cdot (x+1)' = 3 \cdot \frac{1}{x+2} + \frac{2}{3} \cdot \frac{1}{x+1}$$

③ $y' =$ に直し,y を x で表すと

$$y' = y\left(3 \cdot \frac{1}{x+2} + \frac{2}{3} \cdot \frac{1}{x+1}\right) = (x+2)^3 \cdot \sqrt[3]{(x+1)^2}\left\{\frac{3}{x+2} + \frac{2}{3(x+1)}\right\}$$

【解終】

〔しっかり区別しよう!
$y = x^a$:ベキ乗関数 (a:0以外の定数)
$y = a^x$:指数関数 (a:正の定数)
$y = x^x$:上の2つとは異なる関数
(定義域は $x > 0$)〕

〔x 軸と y 軸のスケールはかえてあります〕

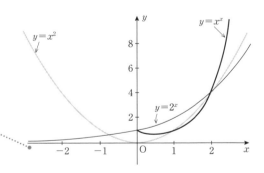

演習 ▶ 1.11　　　　　　　　　　　　　　　　　　　　　　　解答 p.203

対数微分法により微分せよ.

(1) $y = x^{\frac{1}{x}}$ 　　(2) $y = x\sqrt{\dfrac{1-x}{1+x}}$

例題 ▶ 1.12 パラメータ表示された関数の微分

次のパラメータ表示された関数について，$\dfrac{dy}{dx}$ を t を用いて表そう．

(1) $\begin{cases} x = 3\cos t \\ y = 2\sin t \end{cases}$ (2) $\begin{cases} x = t - \sin t \\ y = 1 - \cos t \end{cases}$

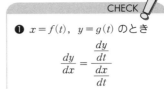

CHECK

❶ $x = f(t)$, $y = g(t)$ のとき
$$\dfrac{dy}{dx} = \dfrac{\dfrac{dy}{dt}}{\dfrac{dx}{dt}}$$

この式も分数計算と同じ…

STEP
① x, y をそれぞれパラメータ t で微分し，$\dfrac{dx}{dt}$, $\dfrac{dy}{dt}$ を求める．

② パラメータ表示された関数の微分公式❶に代入して $\dfrac{dy}{dx}$ を求める．

解

(1) ① x と y をそれぞれ t で微分すると

$$\dfrac{dx}{dt} = (3\cos t)' = -3\sin t$$

$$\dfrac{dy}{dt} = (2\sin t)' = 2\cos t$$

$(\sin t)' = \cos t$
$(\cos t)' = -\sin t$

② 微分公式❶より

$$\dfrac{dy}{dx} = \dfrac{2\cos t}{-3\sin t} = -\dfrac{2\cos t}{3\sin t}$$

(2) ① x と y をそれぞれ t で微分すると

$$\dfrac{dx}{dt} = (t - \sin t)' = 1 - \cos t$$

$$\dfrac{dy}{dt} = (1 - \cos t)' = 0 - (-\sin t) = \sin t$$

② 微分公式❶より

$$\dfrac{dy}{dx} = \dfrac{\sin t}{1 - \cos t}$$

【解終】

例題のパラメータ表示された曲線はそれぞれ右ページのような形をしています

【補足】

(1) 2つの式より t を消去すると
$$\frac{x^2}{3^2} + \frac{y^2}{2^2} = 1$$
となるので，曲線は右のような楕円となります．

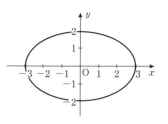

(2) 2つの式より t を消去すると複雑になるので，数表を作って曲線の概形を描いてみましょう．
サイクロイドと呼ばれる曲線です．

t	…	$-\frac{\pi}{2}$	$-\frac{\pi}{3}$	$-\frac{\pi}{4}$	$-\frac{\pi}{6}$	0	$\frac{\pi}{6}$	$\frac{\pi}{4}$	$\frac{\pi}{3}$	$\frac{\pi}{2}$
x	…	$-\frac{\pi}{2}+1$	$-\frac{\pi}{3}+\frac{\sqrt{3}}{2}$	$-\frac{\pi}{4}+\frac{1}{\sqrt{2}}$	$-\frac{\pi}{6}+\frac{1}{2}$	0	$\frac{\pi}{6}+\frac{1}{2}$	$\frac{\pi}{4}+\frac{1}{\sqrt{2}}$	$\frac{\pi}{3}+\frac{\sqrt{3}}{2}$	$\frac{\pi}{2}+1$
y	…	1	$\frac{1}{2}$	$1-\frac{1}{\sqrt{2}}$	$1-\frac{\sqrt{3}}{2}$	0	$1-\frac{\sqrt{3}}{2}$	$1-\frac{1}{\sqrt{2}}$	$\frac{1}{2}$	1

t	$\frac{2}{3}\pi$	$\frac{3}{4}\pi$	$\frac{5}{6}\pi$	π	$\frac{7}{6}\pi$	$\frac{5}{4}\pi$	$\frac{4}{3}\pi$	$\frac{3}{2}\pi$	…
x	$\frac{2}{3}\pi-\frac{\sqrt{3}}{2}$	$\frac{3}{4}\pi-\frac{1}{\sqrt{2}}$	$\frac{5}{6}\pi-\frac{1}{2}$	π	$\frac{7}{6}\pi+\frac{1}{2}$	$\frac{5}{4}\pi+\frac{1}{\sqrt{2}}$	$\frac{4}{3}\pi+\frac{\sqrt{3}}{2}$	$\frac{3}{2}\pi+1$	…
y	$\frac{3}{2}$	$1+\frac{1}{\sqrt{2}}$	$1+\frac{\sqrt{3}}{2}$	2	$1+\frac{\sqrt{3}}{2}$	$1+\frac{1}{\sqrt{2}}$	$\frac{3}{2}$	1	…

($\pi \fallingdotseq 3.14$, $\sqrt{2} \fallingdotseq 1.41$, $\sqrt{3} \fallingdotseq 1.74$)

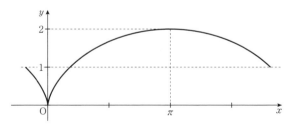

【補足終】

演習 ▶ 1.12

次のパラメータ表示された関数について，$\dfrac{dy}{dx}$ を t を用いて表せ．

(1) $\begin{cases} x = t^2 \\ y = 2t \end{cases}$ (2) $\begin{cases} x = \dfrac{3}{\cos t} \\ y = 2\tan t \end{cases}$

例題 ▶ 1.13 逆関数の微分

逆関数の微分公式を使って，次の微分公式を導いてみよう．

$$(\sin^{-1}x)' = \frac{1}{\sqrt{1-x^2}} \quad (|x|<1)$$

CHECK

❶ $y = \sin^{-1}x \iff x = \sin y$
$\left(-\dfrac{\pi}{2} \leqq y \leqq \dfrac{\pi}{2}\right)$

❷ $y = \cos^{-1}x \iff x = \cos y$
$(0 \leqq x \leqq \pi)$

❸ $y = \tan^{-1}x \iff x = \tan y$
$\left(-\dfrac{\pi}{2} < y < \dfrac{\pi}{2}\right)$

❹ 逆関数の微分公式
$$\frac{dy}{dx} = \frac{1}{\dfrac{dx}{dy}}$$

STEP
1. $y = \sin^{-1}x$ とおき，$x = f(y)$ の形に直す．
2. $\dfrac{dx}{dy}$ を求め，x を使って表す．
3. 逆関数の微分公式を使って $\dfrac{dy}{dx}$ を求める．

この公式も分数計算と同じさ

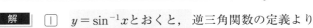

解

1. $y = \sin^{-1}x$ とおくと，逆三角関数の定義より

$$x = \sin y \quad \left(-\frac{\pi}{2} \leqq y \leqq \frac{\pi}{2}\right), \quad |x| \leqq 1$$

2. 両辺を y で微分すると

$$\frac{dx}{dy} = \cos y$$

$-\dfrac{\pi}{2} \leqq y \leqq \dfrac{\pi}{2}$ より $\cos y \geqq 0$ なので

$$\cos y = \sqrt{1-\sin^2 y} = \sqrt{1-x^2}$$

$$\therefore \quad \frac{dx}{dy} = \sqrt{1-x^2}$$

$(\sin x)' = \cos x$
$(\cos x)' = -\sin x$
$(\tan x)' = \dfrac{1}{\cos^2 x}$

$\sin^2 x + \cos^2 x = 1$

3. $1-x^2 \neq 0$，つまり $x \neq \pm 1$ のとき，逆関数の微分公式❹より

$$\frac{dy}{dx} = \frac{1}{\dfrac{dx}{dy}} = \frac{1}{\sqrt{1-x^2}} \quad (|x|<1)$$

【解終】

演習 ▶ 1.13

解答 p.204

次の微分公式を導け．

(1) $(\cos^{-1}x)' = -\dfrac{1}{\sqrt{1-x^2}} \quad (|x|<1)$

(2) $(\tan^{-1}x)' = \dfrac{1}{1+x^2}$

$\sin^2 x + \cos^2 x = 1$
$1 + \tan^2 x = \dfrac{1}{\cos^2 x}$

関数を微分する手順

STEP ① 関数の構成をよく見る

チェックポイント
- 何と何の関数の積か
  （例）　$f(x)g(x)$ の形のとき，$f(x)$ は？　$g(x)$ は？
- 何と何の関数の合成か
  （例）　$f(g(x))$ の形のとき，$f(x)$ は？　$g(x)$ は？
- 対数微分法を使えそうな形か
  →指数の形の関数や，いくつもの関数の積や商で構成された関数を微分するとき，有効な方法

　　　　　　　　　　　　　　　　　　　　　　　　　など

STEP ② 適した方法で微分する

基本的な関数の定数倍，和，差，積，商だけで構成されている

Yes：
- 導関数の性質【2】
- 基本公式【3】

No：
- 合成関数【4】
- パラメータ表示された関数【5】
- 対数微分法
- 逆関数【6】

STEP ③ なるべくきれいな式にまとめる

※チャート中の【2】～【6】は p.20～21 の番号に対応する．

例題 ▶ 1.14 いろいろな公式で微分

次の関数を微分してみよう．

(1) $y = x\sin^{-1}ax + \dfrac{1}{a}\sqrt{1-a^2x^2}$ $(a \neq 0)$

(2) $y = \sqrt{\dfrac{e^x-1}{e^x+1}}$

STEP
1. 関数の構成をよく見る．
2. なるべく容易に微分できるように変形する．
3. 必要があれば微分公式で変形する．
4. 基本公式で微分する．
5. 式をきれいにする．

CHECK

❶ $(\sqrt{x})' = \dfrac{1}{2\sqrt{x}}$ 　　　❷ $(e^{ax})' = ae^{ax}$

❸ $(\log x)' = \dfrac{1}{x}$ 　　　❹ $(\sin^{-1}ax)' = \dfrac{a}{\sqrt{1-(ax)^2}}$

❺ $(\cos^{-1}ax)' = -\dfrac{a}{\sqrt{1-(ax)^2}}$ 　　　❻ $(\tan^{-1}ax)' = \dfrac{a}{1+(ax)^2}$

❼ $\{kf(x)\}' = kf'(x)$ 　　　❽ $\{f(x)+g(x)\}' = f'(x) + g'(x)$

❾ $\{f(x) \cdot g(x)\}' = f'(x) \cdot g(x) + f(x) \cdot g'(x)$

❿ $\left\{\dfrac{f(x)}{g(x)}\right\}' = \dfrac{f'(x) \cdot g(x) - f(x) \cdot g'(x)}{\{g(x)\}^2}$ 　　　⓫ $\left\{\dfrac{1}{g(x)}\right\}' = -\dfrac{g'(x)}{\{g(x)\}^2}$

⓬ $y = f(g(x))$ のとき
　1 $y' = f'(g(x)) \cdot g'(x)$
　2 $u = g(x)$ とおくと $\dfrac{dy}{dx} = \dfrac{dy}{du}\dfrac{du}{dx}$

解　(1) ① 第1項は x と $\sin^{-1}ax$ の積，第2項は $\sqrt{}$ の中に2次関数が入っている．

② このままの形で微分公式が使える．

③ 積の微分公式と合成関数の微分公式を使って微分していく．

$$y' = (x\sin^{-1}ax)' + \dfrac{1}{a}(\sqrt{1-a^2x^2})'$$

（❾ 積の微分公式）　　（⓬ 合成関数の微分公式）

$$= \{x' \cdot \sin^{-1}ax + x \cdot (\sin^{-1}ax)'\} + \dfrac{1}{a}\left\{\dfrac{1}{2\sqrt{1-a^2x^2}} \cdot (1-a^2x^2)'\right\}$$

（❹ 逆三角関数の微分）

4 基本公式で微分する．

$$= \left\{1 \cdot \sin^{-1} ax + x \cdot \frac{a}{\sqrt{1-(ax)^2}}\right\} + \frac{1}{a}\left\{\frac{1}{2\sqrt{1-a^2x^2}}(-2a^2x)\right\}$$

5 式をきれいにする．

$$= \left(\sin^{-1} ax + \frac{ax}{\sqrt{1-a^2x^2}}\right) - \frac{ax}{\sqrt{1-a^2x^2}} = \sin^{-1} ax$$

(2) 1 $\sqrt{}$ の中に商の形の関数が入っている．

2 両辺を2乗してから変形すると，

$$y^2 = \frac{e^x-1}{e^x+1} = 1 - \frac{2}{e^x+1}$$

3 両辺を x で微分する．左辺は合成関数の微分公式❶，定数倍と和の微分公式❼❽，合成関数の微分公式❶で微分する．

$$(y^2)' = 1' - 2\left(\frac{1}{e^x+1}\right)'$$

$$2yy' = 0 - 2\left\{-\frac{(e^x+1)'}{(e^x+1)^2}\right\}$$

$$\begin{aligned}(y^2)' &= \frac{dy^2}{dx} \\ &= \frac{dy^2}{dy}\frac{dy}{dx} \\ &= 2y \cdot y'\end{aligned}$$

4 右辺を基本公式で微分すると

$$= \frac{2e^x}{(e^x+1)^2}$$

5 $y' =$ に直し，y はもとの式を代入すると

$$y' = \frac{e^x}{(e^x+1)^2}\frac{1}{y} = \frac{e^x}{(e^x+1)^2}\sqrt{\frac{e^x+1}{e^x-1}}$$

【解終】

y' の求め方は一通りではありません工夫してください

演習 ▶ 1.14　　解答 p.205

次の関数を微分せよ．

(1) $y = x\tan^{-1} ax - \dfrac{1}{2a}\log(1+a^2x^2)$ 　$(a \neq 0)$

(2) $y = x\sqrt{\dfrac{1-x}{1+x}}$　　(3) $y = \log\dfrac{e^{2x}}{\sqrt{1+e^{2x}}}$

Section 3. 高階導関数とマクローリン級数展開

■確認事項

【1】基本的な関数の n 次導関数

- $(x^\alpha)^{(n)} = \alpha(\alpha-1)(\alpha-2)\cdots(\alpha-n+1)x^{\alpha-n}$　（α：実定数）
- $(e^x)^{(n)} = e^x$　　　　　$(a^x)^{(n)} = (\log a)^n a^x$
- $(\log x)^{(n)} = \dfrac{(-1)^{n-1}(n-1)!}{x^n}$
- $(\sin x)^{(n)} = \sin\left(x+\dfrac{n}{2}\pi\right)$　　$(\cos x)^{(n)} = \cos\left(x+\dfrac{n}{2}\pi\right)$

例題 1.15(3)
演習 1.15(3)

$(\sin x)^{(n)}$, $(\cos x)^{(n)}$ は，次の 4 通りの表現でもよい．

$$(\sin x)^{(n)} = \begin{cases} \sin x & (n=4m) \\ \cos x & (n=4m+1) \\ -\sin x & (n=4m+2) \\ -\cos x & (n=4m+3) \end{cases}, \quad (\cos x)^{(n)} = \begin{cases} \cos x & (n=4m) \\ -\sin x & (n=4m+1) \\ -\cos x & (n=4m+2) \\ \sin x & (n=4m+3) \end{cases}$$

（いずれも $m=0, 1, 2, \cdots$）

【2】ライプニッツの定理

- $\{f(x) \cdot g(x)\}^{(n)} = \sum_{k=0}^{n} {}_nC_k f^{(k)}(x) \cdot g^{(n-k)}(x)$

  $= {}_nC_0 f(x) \cdot g^{(n)}(x) + {}_nC_1 f'(x) \cdot g^{(n-1)}(x) + \cdots$
  $+ {}_nC_k f^{(k)}(x) \cdot g^{(n-k)}(x) + \cdots + {}_nC_n f^{(n)}(x) \cdot g(x)$

【3】テイラーの定理

- $f(a+h) = f(a) + \dfrac{h}{1!}f'(a) + \dfrac{h^2}{2!}f''(a) + \cdots + \dfrac{h^{n-1}}{(n-1)!}f^{(n-1)}(a) + R_n$

  剰余項　$R_n = \dfrac{h^n}{n!}f^{(n)}(a+\theta h)$　　$(0 < \theta < 1)$

p.68

【4】マクローリン級数展開

- $R_n \to 0$ のとき

$$f(x) = \sum_{n=0}^{\infty} \frac{f^{(n)}(0)}{n!} x^n$$

$$= f(0) + \frac{f'(0)}{1!}x + \frac{f''(0)}{2!}x^2 + \cdots + \frac{f^{(n)}(0)}{n!}x^n + \cdots$$

p.69

【5】主な関数のマクローリン級数展開

- $e^x = 1 + \dfrac{1}{1!}x + \dfrac{1}{2!}x^2 + \cdots + \dfrac{1}{n!}x^n + \cdots \qquad (-\infty < x < \infty)$

p.70 ～p.74

- $\sin x = x - \dfrac{1}{3!}x^3 + \dfrac{1}{5!}x^5 - \cdots + (-1)^n \dfrac{1}{(2n+1)!}x^{2n+1} + \cdots \qquad (-\infty < x < \infty)$

- $\cos x = 1 - \dfrac{1}{2!}x^2 + \dfrac{1}{4!}x^4 - \cdots + (-1)^n \dfrac{1}{(2n)!}x^{2n} + \cdots \qquad (-\infty < x < \infty)$

- $\log(1+x) = x - \dfrac{1}{2}x^2 + \dfrac{1}{3}x^3 - \cdots + (-1)^{n-1}\dfrac{1}{n}x^n + \cdots \qquad (-1 < x \leq 1)$

- 2項展開（α：実数，$\alpha \neq 0, 1, 2, \cdots$）

$$(1+x)^\alpha = \binom{\alpha}{0} + \binom{\alpha}{1}x + \binom{\alpha}{2}x^2 + \cdots + \binom{\alpha}{n}x^n + \cdots \quad (|x|<1)$$

ここで $\binom{\alpha}{n} = \dfrac{\alpha(\alpha-1)\cdots(\alpha-n+1)}{n!}, \qquad \binom{\alpha}{0} = 1$

α が n より大きい自然数のとき
$\binom{\alpha}{n} = {}_\alpha C_n$

2項展開は
2項定理の拡張
になっています

2項定理
$(1+x)^m = {}_m C_0 + {}_m C_1 x + \cdots + {}_m C_m x^m$

【6】ロピタルの定理

- $\lim\limits_{x \to a} f(x) = \lim\limits_{x \to a} g(x) = 0$ のとき

$\lim\limits_{x \to a} \dfrac{f'(x)}{g'(x)} = L$ ならば $\lim\limits_{x \to a} \dfrac{f(x)}{g(x)} = L$

p.64

- $\lim\limits_{x \to a} f(x) = \pm\infty,\ \lim\limits_{x \to a} g(x) = \pm\infty$ のとき

$\lim\limits_{x \to a} \dfrac{f'(x)}{g'(x)} = L$ ならば $\lim\limits_{x \to a} \dfrac{f(x)}{g(x)} = L$

例題 ▶ 1.15 n 次導関数

次の関数 y の n 次導関数 $y^{(n)}$ を導いてみよう．

(1) $y = x^3$ (2) $y = \dfrac{1}{x}$

(3) $y = \sin x$

CHECK

❶ $(x^\alpha)' = \alpha x^{\alpha-1}$
❷ $\cos x = \sin\left(x + \dfrac{\pi}{2}\right)$
❸ $\sin x = -\cos\left(x + \dfrac{\pi}{2}\right)$

STEP
① 式の特徴を見て，$y', y'', \cdots$ をどのように求めていけば $y^{(n)}$ が求めやすいか方針をきめる．
② 実際に y', y'', y''' を求める．このとき，微分するごとに出てくる係数の規則性を知るため，やたらに計算しない．
③ ② により $y^{(n)}$ が推定できれば推定する．推定が困難な場合には推定できるまでさらに微分してみる．
④ 推定した $y^{(n)}$ を変形してきれいな形にする．
⑤ 推定した $y^{(n)}$ を数学的帰納法で示し，$y^{(n)}$ を確定する．)

解 (1) ① $y = x^3$ は 4 回微分すると 0 になることに注意しよう．

② ① のことより $y', y'', y''', y^{(4)}$ を求めると
$$y' = (x^3)' = 3x^2, \quad y'' = (3x^2)' = 3 \cdot 2x = 6x$$
$$y''' = (6x)' = 6, \quad y^{(4)} = (6)' = 0$$

③ $y^{(k)} = 0 \quad (k = 5, 6, \cdots)$

④ $y^{(n)}$ は次のようにまとめられる．

$$y^{(n)} = \begin{cases} 3x^2 & (n = 1) \\ 6x & (n = 2) \\ 6 & (n = 3) \\ 0 & (n \geq 4) \end{cases}$$

本書では STEP⑤ の帰納法での確定は省略します

(2) ① 分数関数なので商の微分公式で微分してもよいが，$y = x^{-1}$ と表せば多項式と同じように微分できる．

$\left\{\dfrac{1}{g(x)}\right\}' = -\dfrac{g'(x)}{\{g(x)\}^2}$

② 係数の出方に気をつけながら y', y'', y''' を求める．

$$y' = (x^{-1})' = (-1)x^{-2}$$
$$y'' = (-1)(-2)x^{-3}$$
$$y''' = (-1)(-2)(-3)x^{-4}$$

係数は計算しない

③ ②の結果を見ながら $y^{(n)}$ を推定すると
$$y^{(n)} = (-1)(-2)(-3)\cdots(-n)x^{-(n+1)}$$

> $n! = n(n-1)\cdots 3\cdot 2\cdot 1$

④ 係数をまとめると
$$= (-1)^n 1\cdot 2\cdot 3\cdots n\, x^{-(n+1)}$$
$$= (-1)^n n!\, x^{-(n+1)}$$
$$= \frac{(-1)^n n!}{x^{n+1}} \quad (n=1,2,3,\cdots)$$

(3) ① $y=\sin x$ は微分するごとに $\cos x, \sin x, \cdots$ が交互に現れ，
$$y' = \cos x,\quad y'' = -\sin x,\quad y''' = -\cos x,\quad y^{(4)} = \sin x$$
と，4回目にはもとの y にもどる．これを統一的にもとの正弦関数で表してみよう．

② 微分して $\cos$ が現われたら $\sin$ に直しながら y'，y''，y''' を求めると
$$y' = (\sin x)' = \cos x \overset{\text{❷}}{=} \sin\left(x+\frac{\pi}{2}\right)$$
$$y'' = \left\{\sin\left(x+\frac{\pi}{2}\right)\right\}' = \cos\left(x+\frac{\pi}{2}\right)\cdot\left(x+\frac{\pi}{2}\right)' \quad \cdots\cdots \text{合成関数の微分}$$
$$= \cos\left(x+\frac{\pi}{2}\right) = \sin\left\{\left(x+\frac{\pi}{2}\right)+\frac{\pi}{2}\right\} = \sin\left(x+\frac{\pi}{2}\times 2\right)$$
$$y''' = \left\{\sin\left(x+\frac{\pi}{2}\times 2\right)\right\}' = \cos\left(x+\frac{\pi}{2}\times 2\right)\cdot\left(x+\frac{\pi}{2}\times 2\right)'$$
$$= \cos\left(x+\frac{\pi}{2}\times 2\right) = \sin\left\{\left(x+\frac{\pi}{2}\times 2\right)+\frac{\pi}{2}\right\} = \sin\left(x+\frac{\pi}{2}\times 3\right)$$

③ ②より $y^{(n)}$ は次のように推定される．
$$y^{(n)} = \sin\left(x+\frac{\pi}{2}\times n\right)$$

④ ∴ $y^{(n)} = \sin\left(x+\frac{n}{2}\pi\right) \quad (n=1,2,3,\cdots)$

【解終】

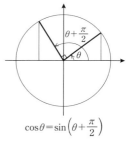

$\cos\theta = \sin\left(\theta+\frac{\pi}{2}\right)$

演習 ▶ 1.15 解答 p.206

次の関数 y の n 次導関数 $y^{(n)}$ を導きなさい．
(1) $y = x^2$ (2) $y = \log x$ (3) $y = \cos x$

例題 ▶ 1.16 ライプニッツの公式 (1)

ライプニッツの公式を用いて，次の関数の n 次導関数 $y^{(n)}$ を求めてみよう．
$$y = x^3 e^{-x}$$

CHECK

❶ ライプニッツの公式
$$\{f(x) \cdot g(x)\}^{(n)} = \sum_{k=0}^{n} {}_nC_k f^{(k)}(x) \cdot g^{(n-k)}(x)$$

❷ $(e^{ax})^{(n)} = a^n e^{ax}$

STEP
1. y がどのような 2 つの関数 $f(x)$, $g(x)$ の積になっているのか見定める．
2. $f^{(k)}(x)$, $g^{(k)}(x)$ $(k = 0, 1, 2, \cdots, n)$ を求める．公式があれば使う．
3. ライプニッツの公式に代入する．
4. 式をきれいにまとめる．

解 1 y は
$$f(x) = x^3, \quad g(x) = e^{-x}$$
の積になっている．

2 $f^{(k)}(x)$, $g^{(k)}(x)$ $(k = 0, 1, 2, \cdots, n)$ を求める．

例題 1.15 (1) より

$$f^{(k)}(x) = \begin{cases} x^3 & (k = 0) \\ 3x^2 & (k = 1) \\ 6x & (k = 2) \\ 6 & (k = 3) \\ 0 & (k \geq 4) \end{cases}$$

$f^{(0)}(x) = f(x)$
$g^{(0)}(x) = g(x)$

また ❷ において $a = -1$ とすると
$$g^{(k)}(x) = (-1)^k e^{-x}$$

3 ライプニッツの公式に代入する．
$$f^{(k)}(x) = 0 \quad (k \geq 4)$$
に注意して

2 項係数
$${}_nC_k = \frac{n(n-1)\cdots(n-k+1)}{k!} \quad (k = 1, 2, \cdots, n)$$
$${}_nC_0 = 1$$

$$y^{(n)} = \sum_{k=0}^{n} {}_nC_k f^{(k)}(x) \cdot g^{(n-k)}(x)$$

$k = 0, 1, 2, \cdots, n$ の和

$$= \sum_{k=0}^{3} {}_nC_k f^{(k)}(x) \cdot g^{(n-k)}(x) + \sum_{k=4}^{n} {}_nC_k \cdot 0 \cdot g^{(n-k)}(x)$$

$k = 0, 1, 2, 3$ の和　　　　　$k = 4, 5, \cdots, n$ の和

$$= \sum_{k=0}^{3} {}_nC_k f^{(k)}(x) \cdot g^{(n-k)}(x)$$

$$= \underbrace{{}_nC_0 f^{(0)}(x) \cdot g^{(n-0)}(x)}_{k=0 \text{ のとき}} + \underbrace{{}_nC_1 f^{(1)}(x) \cdot g^{(n-1)}(x)}_{k=1 \text{ のとき}}$$

$$+ \underbrace{{}_nC_2 f^{(2)}(x) \cdot g^{(n-2)}(x)}_{k=2 \text{ のとき}} + \underbrace{{}_nC_3 f^{(3)}(x) \cdot g^{(n-3)}(x)}_{k=3 \text{ のとき}}$$

$$= {}_nC_0 f(x) \cdot g^{(n)}(x) + {}_nC_1 f'(x) \cdot g^{(n-1)}(x)$$
$$+ {}_nC_2 f''(x) \cdot g^{(n-2)}(x) + {}_nC_3 f'''(x) \cdot g^{(n-3)}(x)$$

2項係数を計算し，②の結果を代入すると

$$y^{(n)} = 1 \cdot x^3 \cdot (-1)^n e^{-x} + \frac{n}{1!} \cdot 3x^2 \cdot (-1)^{n-1} e^{-x}$$

$$+ \frac{n(n-1)}{2!} \cdot 6x \cdot (-1)^{n-2} e^{-x}$$

$$+ \frac{n(n-1)(n-2)}{3!} \cdot 6 \cdot (-1)^{n-3} e^{-x}$$

$$= (-1)^n x^3 e^{-x} + (-1)^{n-1} \cdot 3nx^2 e^{-x}$$
$$+ (-1)^{n-2} \cdot 3n(n-1)xe^{-x} + (-1)^{n-3} n(n-1)(n-2) e^{-x}$$

> k の階乗
> $k! = k(k-1) \cdots 3 \cdot 2 \cdot 1$
> $(k = 1, 2, 3, \cdots)$
> $0! = 1$

④ 符号の部分を $(-1)^n$ にそろえてまとめる．

$$(-1)^{n-1} = (-1)^n (-1)^{-1} = (-1)^n (-1) = -(-1)^n$$
$$(-1)^{n-2} = (-1)^n (-1)^{-2} = (-1)^n (+1) = (-1)^n$$
$$(-1)^{n-3} = (-1)^n (-1)^{-3} = (-1)^n (-1) = -(-1)^n$$

より

$$y^{(n)} = (-1)^n x^3 e^{-x} - (-1)^n \cdot 3nx^2 e^{-x}$$
$$+ (-1)^n \cdot 3n(n-1) x e^{-x} - (-1)^n n(n-1)(n-2) e^{-x}$$
$$= (-1)^n \{x^3 - 3nx^2 + 3n(n-1)x - n(n-1)(n-2)\} e^{-x}$$

> $(-1)^n$ と e^{-x} でくくる

【解終】

演習 ▶ 1.16　　　　　　　　　　　　　　　　　　　　　　解答 p.207

$y = x^2 e^{2x}$ について $y^{(n)}$ を求めよ．

例題 ▶ 1.17 ライプニッツの公式 (2)

ライプニッツの公式を用いて，次の関数の n 次導関数 $y^{(n)}$ を求めてみよう．
$$y = x^2 \sin x$$

CHECK

❶ ライプニッツの公式
$$\{f(x) \cdot g(x)\}^{(n)} = \sum_{k=0}^{n} {}_nC_k f^{(k)}(x) \cdot g^{(n-k)}(x)$$

❷ $(\sin x)^{(n)} = \sin\left(x + \dfrac{n}{2}\pi\right)$

STEP

① y がどのような 2 つの関数 $f(x)$，$g(x)$ の積になっているのか見定める．
② $f^{(k)}(x)$，$g^{(k)}(x)$ $(k=0,1,2,\cdots,n)$ を求める．公式があれば使う．
③ ライプニッツの公式に代入する．
④ 式をきれいにまとめる．

解

① y は次の関数の積になっている．
$$f(x) = x^2, \quad g(x) = \sin x$$

② $f^{(k)}(x)$，$g^{(k)}(x)$ $(k=0,1,2,\cdots,n)$ を求める．

演習 1.15（1）より

$$f^{(k)}(x) = \begin{cases} x^2 & (k=0) \\ 2x & (k=1) \\ 2 & (k=2) \\ 0 & (k \geq 3) \end{cases}$$

$f^{(0)}(x) = f(x)$
$g^{(0)}(x) = g(x)$

また公式❷より $\quad g^{(k)}(x) = \sin\left(x + \dfrac{k}{2}\pi\right)$

2 項係数
$${}_nC_k = \dfrac{n(n-1)\cdots(n-k+1)}{k!}$$
$(k=1,2,\cdots,n)$
${}_nC_0 = 1$

③ ライプニッツの公式に代入するが
$$f^{(k)}(x) = 0 \quad (k \geq 3)$$
注意すると

k の階乗
$k! = k(k-1)\cdots 3\cdot 2\cdot 1$
$(k=1,2,3,\cdots)$
$0! = 1$

$$y^{(n)} = \sum_{k=0}^{n} {}_nC_k f^{(k)}(x) \cdot g^{(n-k)}(x)$$
（$k=0,1,2,\cdots,n$ の和）

$$= \sum_{k=0}^{2} {}_nC_k f^{(k)}(x) \cdot g^{(n-k)}(x) + \sum_{k=3}^{n} {}_nC_k \cdot 0 \cdot g^{(n-k)}(x)$$
（$k=0,1,2$ の和）　（$k=3,4,5,\cdots,n$ の和）

$$= \sum_{k=0}^{2} {}_nC_k f^{(k)}(x) \cdot g^{(n-k)}(x)$$

$$= {}_nC_0 f^{(0)}(x) \cdot g^{(n-0)}(x) + {}_nC_1 f^{(1)}(x) \cdot g^{(n-1)}(x)$$

（$k=0$ のとき）　（$k=1$ のとき）

$$+ {}_nC_2 f^{(2)}(x) \cdot g^{(n-2)}(x)$$

（$k=2$ のとき）

$$= {}_nC_0 f(x) \cdot g^{(n)}(x) + {}_nC_1 f'(x) \cdot g^{(n-1)}(x) + {}_nC_2 f''(x) \cdot g^{(n-2)}(x)$$

2項係数を計算し，②で求めた結果を代入すると

$$y^{(n)} = 1 \cdot x^2 \cdot \sin\left(x + \frac{n}{2}\pi\right) + \frac{n}{1!} \cdot 2x \cdot \sin\left(x + \frac{n-1}{2}\pi\right)$$

$$+ \frac{n(n-1)}{2!} \cdot 2 \cdot \sin\left(x + \frac{n-2}{2}\pi\right)$$

$$= x^2 \sin\left(x + \frac{n}{2}\pi\right) + 2nx \sin\left(x + \frac{n-1}{2}\pi\right) + n(n-1) \sin\left(x + \frac{n-2}{2}\pi\right)$$

④ ここで，角を $x + \frac{n}{2}\pi$ に合わせて式をまとめる．

$$\sin\left(x + \frac{n-1}{2}\pi\right) = \sin\left\{\left(x + \frac{n}{2}\pi\right) - \frac{\pi}{2}\right\} = -\cos\left(x + \frac{n}{2}\pi\right)$$

$$\sin\left(x + \frac{n-2}{2}\pi\right) = \sin\left\{\left(x + \frac{n}{2}\pi\right) - \pi\right\} = -\sin\left(x + \frac{n}{2}\pi\right)$$

これらより

$$y^{(n)} = x^2 \sin\left(x + \frac{n}{2}\pi\right) + 2nx\left\{-\cos\left(x + \frac{n}{2}\pi\right)\right\}$$

$$+ n(n-1)\left\{-\sin\left(x + \frac{n}{2}\pi\right)\right\}$$

$$= \{x^2 - n(n-1)\} \sin\left(x + \frac{n}{2}\pi\right) - 2nx \cos\left(x + \frac{n}{2}\pi\right)$$

【解終】

（$\sin\left(\theta - \frac{\pi}{2}\right) = -\cos\theta$）　（$\sin(\theta - \pi) = -\sin\theta$）

この公式は図を描いて確認すればいいな！

演習 ▶ 1.17　解答 p. 207

$y = x^3 \cos x$ について $y^{(n)}$ を求めよ．

例題 ▶ 1.18 マクローリン級数展開

次の関数のマクローリン級数展開を求めてみよう．

(1) $f(x) = e^x$ (2) $f(x) = \sin x$

CHECK

❶ $(e^x)^{(n)} = e^x$

❷ $(\sin x)^{(n)} = \sin\left(x + \dfrac{n}{2}\pi\right)$

❸ マクローリン級数展開

$$f(x) = \sum_{n=0}^{\infty} \frac{f^{(n)}(0)}{n!} x^n$$
$$= f(0) + \frac{f'(0)}{1!} x$$
$$+ \frac{f''(0)}{2!} x^2 + \cdots$$
$$+ \frac{f^{(n)}(0)}{n!} x^n + \cdots$$

STEP
1. $f^{(n)}(x)$ および $f^{(n)}(0)$ を求める．
2. $\dfrac{f^{(n)}(0)}{n!}$ を求める．
3. マクローリン級数展開の式に代入する．

解

(1) ① $f^{(n)}(x) = e^x$ $(n = 0, 1, 2, \cdots)$ より

$f^{(n)}(0) = e^0 = 1$ $(n = 0, 1, 2, \cdots)$

$\left(f^{(0)}(x) = f(x) \right)$

② $\dfrac{f^{(n)}(0)}{n!} = \dfrac{1}{n!}$

③ マクローリン級数展開の式へ代入して

$$e^x = \sum_{n=0}^{\infty} \frac{1}{n!} x^n$$

$\left(0! = 1 \right)$

$$= \frac{1}{0!} x^0 + \frac{1}{1!} x^1 + \frac{1}{2!} x^2 + \cdots + \frac{1}{n!} x^n + \cdots$$

$\left(x^0 = 1 \right)$

$$= 1 + \frac{1}{1!} x + \frac{1}{2!} x^2 + \cdots + \frac{1}{n!} x^n + \cdots$$

(2) ① $f^{(n)}(x) = \sin\left(x + \dfrac{n}{2}\pi\right)$ より

$f^{(n)}(0) = \sin\left(0 + \dfrac{n}{2}\pi\right) = \sin\dfrac{n}{2}\pi$

この値は n の値により 4 通りとなり

$$\sin\frac{n}{2}\pi = \begin{cases} 0 & (n = 0, 4, 8, 12, \cdots) \\ 1 & (n = 1, 5, 9, 13, \cdots) \\ 0 & (n = 2, 6, 10, 14, \cdots) \\ -1 & (n = 3, 7, 11, 15, \cdots) \end{cases}$$

となる．

2 1の結果より

$$\frac{f^{(n)}(0)}{n!} = \begin{cases} 0 & (n = 0, 2, 4, 6, 8, 10, 12, \cdots) \\ \dfrac{1}{n!} & (n = 1, 5, 9, 13, \cdots) \quad\cdots\cdots\cdots\; \boxed{n = 4m+1 = 2\cdot 2m + 1} \\ -\dfrac{1}{n!} & (n = 3, 7, 11, 15, \cdots) \quad\cdots\cdots\cdots\; \boxed{n = 4m+3 = 2\cdot(2m+1)+1} \end{cases}$$

さらに場合分けをまとめると

$$= \begin{cases} 0 & (n = 2m) \\ (-1)^m \dfrac{1}{n!} = (-1)^m \dfrac{1}{(2m+1)!} & (n = 2m+1) \\ (m = 0, 1, 2, \cdots) \end{cases}$$

とかける．

3 マクローリン級数展開の式へ代入する．

2の結果より $n = 2m$ (偶数) のときの係数は 0 なので $n = 2m+1$ (奇数) の項だけ残り

$$\sin x = (-1)^0 \frac{1}{1!} x^1 + (-1)^1 \frac{1}{3!} x^3$$
$$\quad + (-1)^2 \frac{1}{5!} x^5 + \cdots + (-1)^m \frac{1}{(2m+1)!} x^{2m+1} + \cdots$$

$$= x - \frac{1}{3!} x^3 + \frac{1}{5!} x^5 - \cdots + (-1)^m \frac{1}{(2m+1)!} x^{2m+1} + \cdots$$

【解終】

演習 ▶ 1.18 解答 p.209

次の関数のマクローリン級数展開を求めよ．

(1) $f(x) = \log(1+x)$ (2) $f(x) = \cos x$

例題 ▶ 1.19 多項式近似

$f(x) = \sqrt{1-x}$ について

マクローリン級数展開を用いて、$x=0$ 付近の $f(x)$ の値を 3 次の多項式で近似しよう．

CHECK

❶ マクローリン級数展開
$$f(x) \fallingdotseq f(0) + \frac{f'(0)}{1!}x + \frac{f''(0)}{2!}x^2 + \frac{f'''(0)}{3!}x^3$$
（3 次の項まで）

STEP
① 順次微分して，$f'(x)$, $f''(x)$, $f'''(x)$ を求める．
② $f(x)$, $f'(x)$, $f''(x)$, $f'''(x)$ の式に $x=0$ を代入して各値を求める．
③ ②の値をマクローリン級数展開の式に代入し，$f(x)$ を x の 3 次式で表す．

解 ① $f(x) = (1-x)^{\frac{1}{2}}$ として微分すると

$$f'(x) = \frac{1}{2}(1-x)^{\frac{1}{2}-1} \cdot (1-x)' = \frac{1}{2}(1-x)^{-\frac{1}{2}}(-1) = -\frac{1}{2}(1-x)^{-\frac{1}{2}}$$

$$f''(x) = \left\{-\frac{1}{2}(1-x)^{-\frac{1}{2}}\right\}' = -\frac{1}{2}\left(-\frac{1}{2}\right)(1-x)^{-\frac{1}{2}-1} \cdot (1-x)'$$
$$= \frac{1}{4}(1-x)^{-\frac{3}{2}}(-1) = -\frac{1}{4}(1-x)^{-\frac{3}{2}}$$

$(x^\alpha)' = \alpha x^{\alpha-1}$

$$f'''(x) = \left\{-\frac{1}{4}(1-x)^{-\frac{3}{2}}\right\}' = -\frac{1}{4}\left(-\frac{3}{2}\right)(1-x)^{-\frac{3}{2}-1} \cdot (1-x)'$$
$$= \frac{3}{8}(1-x)^{-\frac{5}{2}}(-1) = -\frac{3}{8}(1-x)^{-\frac{5}{2}}$$

② $f(x)$ と，①で求めた $f'(x)$, $f''(x)$, $f'''(x)$ の式に $x=0$ を代入すると

$$f(0) = \sqrt{1-0} = \sqrt{1} = 1$$

$$f'(0) = -\frac{1}{2}(1-0)^{-\frac{1}{2}} = -\frac{1}{2} \cdot 1^{-\frac{1}{2}} = -\frac{1}{2} \cdot 1 = -\frac{1}{2}$$

$1^{-\frac{1}{2}} = \frac{1}{1^{\frac{1}{2}}} = \frac{1}{\sqrt{1}} = 1$

$$f''(0) = -\frac{1}{4}(1-0)^{-\frac{3}{2}} = -\frac{1}{4} \cdot 1^{-\frac{3}{2}} = -\frac{1}{4} \cdot 1 = -\frac{1}{4}$$

$$f'''(0) = -\frac{3}{8}(1-0)^{-\frac{5}{2}} = -\frac{3}{8} \cdot 1^{-\frac{5}{2}} = -\frac{3}{8} \cdot 1 = -\frac{3}{8}$$

以上より，次のように求まった．

$$f(0) = 1, \quad f'(0) = -\frac{1}{2}, \quad f''(0) = -\frac{1}{4}, \quad f'''(0) = -\frac{3}{8}$$

3 (2) の結果を $f(x)$ のマクローリン級数展開の式へ代入して，x^3 の項まで求めると

$$f(x) \fallingdotseq f(0) + \frac{f'(0)}{1!}x + \frac{f''(0)}{2!}x^2 + \frac{f'''(0)}{3!}x^3$$

$$= 1 + \frac{-\dfrac{1}{2}}{1!}x + \frac{-\dfrac{1}{4}}{2!}x^2 + \frac{-\dfrac{3}{8}}{3!}x^3$$

$$= 1 - \frac{1}{2}\cdot\frac{1}{1!}x - \frac{1}{4}\cdot\frac{1}{2!}x^2 - \frac{3}{8}\cdot\frac{1}{3!}x^3$$

ゆえに

$$\sqrt{1-x} \fallingdotseq 1 - \frac{1}{2}x - \frac{1}{8}x^2 - \frac{1}{16}x^3$$

(p.43 の 2 項展開を直接使って求めてもよい) 【解終】

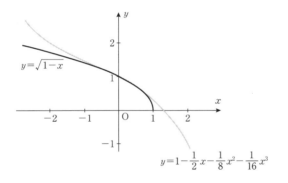

2つのグラフは $x=0$ 付近ではほとんど一致しています

演習 ▶ 1.19 解答 p.210

$f(x) = \dfrac{1}{\sqrt{1+x}}$ について

マクローリン級数展開を用いて，$x=0$ 付近の $f(x)$ の値を 3 次多項式で近似せよ．

例題 ▶ 1.20 ロピタルの定理

次の極限について調べよう.

(1) $\displaystyle\lim_{x \to 0} \frac{1-\cos x}{x^2}$

(2) $\displaystyle\lim_{x \to +\infty} x\left(\frac{\pi}{2} - \tan^{-1} x\right)$

CHECK

❶ ロピタルの定理

$\begin{cases} \displaystyle\lim_{x \to a} f(x) = 0 \\ \displaystyle\lim_{x \to a} g(x) = 0 \end{cases}$ または

$\begin{cases} \displaystyle\lim_{x \to a} f(x) = \pm\infty \\ \displaystyle\lim_{x \to a} g(x) = \pm\infty \end{cases}$ のとき

$\displaystyle\lim_{x \to a} \frac{f'(x)}{g'(x)}$ が存在すれば

$\displaystyle\lim_{x \to a} \frac{f(x)}{g(x)} = \lim_{x \to a} \frac{f'(x)}{g'(x)}$

STEP

① $x \to a$ のときの分子と分母の関数の極限をそれぞれ調べる.

$\dfrac{0}{0}$, $\dfrac{\infty}{\infty}$ の不定形の場合には, ロピタルの定理が有効である.

② ロピタルの定理を使うために, 分子と分母を別々に微分した関数の極限を調べる.

③ ②で極限が確定すれば, もとの関数の極限も確定する. もし不定形ならば再度ロピタルの定理を使うなどして調べる.

解

(1) ① 分子を $f(x)$, 分母を $g(x)$ とおくと, $x \to 0$ のとき

$f(x) = 1 - \cos x$ より $f(x) \to 1 - \cos 0 = 1 - 1 = 0$

$g(x) = x^2$ より $g(x) \to 0$

ゆえに, これは $\dfrac{0}{0}$ の不定形である.

② ロピタルの定理を使うために, 分子と分母を別々に微分して

$\displaystyle\lim_{x \to 0} \frac{f'(x)}{g'(x)} = \lim_{x \to 0} \frac{(1-\cos x)'}{(x^2)'} = \lim_{x \to 0} \frac{0-(-\sin x)}{2x} = \lim_{x \to 0} \frac{\sin x}{2x}$

$= \dfrac{1}{2} \displaystyle\lim_{x \to 0} \frac{\sin x}{x} = \frac{1}{2} \cdot 1 = \frac{1}{2}$

$\left[\displaystyle\lim_{x \to 0} \frac{\sin x}{x} = 1\right]$

③ ②で極限値が確定したので, ロピタルの定理よりもとの極限も同じとなり

$\displaystyle\lim_{x \to 0} \frac{1-\cos x}{x^2} = \frac{1}{2}$

(2) ① $x \to +\infty$ のとき

$\tan^{-1} x \to \dfrac{\pi}{2}$ より $\dfrac{\pi}{2} - \tan^{-1} x \to 0$

$\left[\begin{array}{l} y = \tan^{-1} x \iff x = \tan y \\ \left(-\dfrac{\pi}{2} < y < \dfrac{\pi}{2}\right) \end{array}\right]$

となるので, このままでは $\infty \cdot 0$ の不定形である.

関数は分数の形をしていないので, このままではロピタルの定理は使えない.

そこで x を無理に分母におろすと

$$\lim_{x\to+\infty} x\left(\frac{\pi}{2}-\tan^{-1}x\right) = \lim_{x\to+\infty}\frac{\dfrac{\pi}{2}-\tan^{-1}x}{\dfrac{1}{x}}$$

ここで，分子を $f(x)$，分母を $g(x)$ とおくと，$x\to+\infty$ のとき

$$f(x)=\frac{\pi}{2}-\tan^{-1}x \quad \text{より} \quad f(x)\to\frac{\pi}{2}-\frac{\pi}{2}=0$$

$$g(x)=\frac{1}{x} \qquad\qquad \text{より} \quad g(x)\to 0$$

となるので，$\dfrac{0}{0}$ の不定形となることが確認できた．

$\boxed{2}$ $f(x)$ と $g(x)$ を別々に微分して極限を調べると

$$(\tan^{-1}x)' = \frac{1}{1+x^2}$$

$$\lim_{x\to+\infty}\frac{f'(x)}{g'(x)} = \lim_{x\to+\infty}\frac{\left(\dfrac{\pi}{2}-\tan^{-1}x\right)'}{\left(\dfrac{1}{x}\right)'} = \lim_{x\to+\infty}\frac{0-\dfrac{1}{1+x^2}}{-\dfrac{1}{x^2}}$$

計算してきれいに直すと

$$= \lim_{x\to+\infty}\left(-\frac{1}{1+x^2}\right)\times\left(-\frac{x^2}{1}\right) = \lim_{x\to+\infty}\frac{x^2}{1+x^2}$$

$x\to+\infty$ のとき，分子 $\to+\infty$，分母 $\to+\infty$ となるので，

まだ $\dfrac{\infty}{\infty}$ の不定形である．

$\boxed{3}$ さらに，分子，分母を微分して lim を調べると

$$\lim_{x\to+\infty}\frac{(x^2)'}{(1+x^2)'} = \lim_{x\to+\infty}\frac{2x}{2x} = \lim_{x\to+\infty} 1 = 1$$

と確定したので，ロピタルの定理より，この極限値はもとの極限値に等しく

$$\lim_{x\to+\infty} x\left(\frac{\pi}{2}-\tan^{-1}x\right) = 1$$

【解終】

演習 ▶ 1.20 解答 p.210

次の極限について調べよ．

(1) $\displaystyle\lim_{x\to 0_{+0}} x^2 \log x$ (2) $\displaystyle\lim_{x\to+\infty}\frac{x^3}{2^x}$

$$(e^x)' = e^x$$
$$(a^x)' = (\log a)a^x$$

Section 3．高階導関数とマクローリン級数展開　55

Section 4. グラフの概形

■確認事項：$y = f(x)$ のグラフについて

【1】増加・減少
- $f'(a) > 0$ なら $x = a$ 付近で増加（↗）の状態
- $f'(a) < 0$ なら $x = a$ 付近で減少（↘）の状態

【2】極値
- $x = a$ で極値をとるなら $f'(a) = 0$
- $f'(a) = 0$ のとき
  - $x = a$ の前後で $f'(x) > 0$ から $f'(x) < 0$ へ変化すれば，$f(a)$ は極大値
  - $x = a$ の前後で $f'(x) < 0$ から $f'(x) > 0$ へ変化すれば，$f(a)$ は極小値

【3】凹凸
- $f''(a) > 0$ なら $x = a$ 付近で 下に凸（∪）の状態
- $f''(a) < 0$ なら $x = a$ 付近で 上に凸（∩）の状態

【4】変曲点（グラフの凹凸が変わる点）
- 点 $(a, f(a))$ が変曲点ならば $f''(a) = 0$
- $x = a$ の前後で $f''(x)$ の符号が変われば変曲点

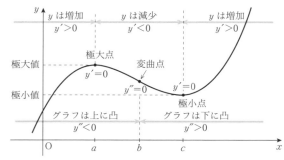

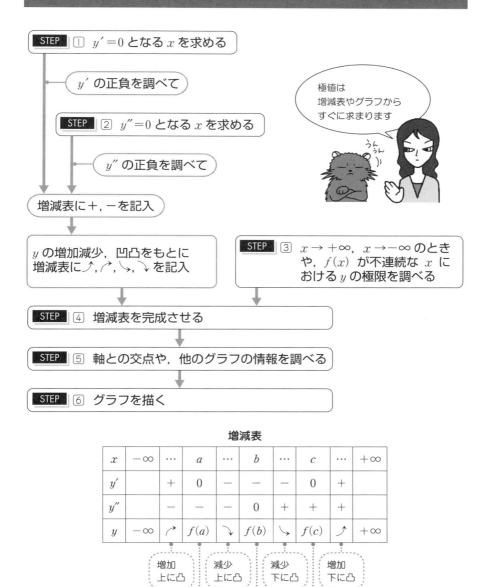

例題 ▶ 1.21 グラフの概形（1）

関数 $y = \dfrac{x}{x^2+1}$ について，y'，y'' などを調べてグラフを描こう．

CHECK

❶ ロピタルの定理
$\lim\limits_{x \to a} f(x) = \pm\infty,$
$\lim\limits_{x \to a} g(x) = \pm\infty$ のとき
$\lim\limits_{x \to a} \dfrac{f'(x)}{g'(x)} = L$ ならば
$$\lim_{x \to a} \dfrac{f(x)}{g(x)} = L$$

解　① y を商の微分公式で微分すると

$$y' = \dfrac{x' \cdot (x^2+1) - x \cdot (x^2+1)'}{(x^2+1)^2}$$
$$= \dfrac{1 \cdot (x^2+1) - x \cdot 2x}{(x^2+1)^2} = \dfrac{x^2+1-2x^2}{(x^2+1)^2}$$
$$= \dfrac{1-x^2}{(x^2+1)^2} = -\dfrac{x^2-1}{(x^2+1)^2}$$

$y' = 0$ のとき，$x^2 - 1 = 0$．
これを解いて，$x = \pm 1$

前ページの手順に従って描いていきましょう

② y' をさらに商の微分公式で微分すると

$$y'' = -\left\{\dfrac{x^2-1}{(x^2+1)^2}\right\}' = -\dfrac{(x^2-1)' \cdot (x^2+1)^2 - (x^2-1) \cdot \{(x^2+1)^2\}'}{(x^2+1)^4}$$

y'' の分子 $= 2x(x^2+1)^2 - (x^2-1)\{2(x^2+1)^{2-1} \cdot (x^2+1)'\}$
$= 2x(x^2+1)^2 - (x^2-1)\{2(x^2+1) \cdot 2x\}$
$= 2x(x^2+1)^2 - 4x(x^2-1)(x^2+1)$
$= 2x(x^2+1)\{(x^2+1) - 2(x^2-1)\} = 2x(x^2+1)(-x^2+3)$

ゆえに

$$y'' = -\dfrac{2x(x^2+1)(-x^2+3)}{(x^2+1)^4} = \dfrac{2x(x^2+1)(x^2-3)}{(x^2+1)^4} = \dfrac{2x(x^2-3)}{(x^2+1)^3}$$

$y'' = 0$ のとき，$x = 0$ または $x^2 - 3 = 0$ ∴ $x = 0$，$x = \pm\sqrt{3}$

③ 極限を調べる．

- $\lim\limits_{x \to +\infty} y = \lim\limits_{x \to +\infty} \dfrac{x}{x^2+1}$ ……… $\dfrac{+\infty}{+\infty}$ の不定形

  $\lim\limits_{x \to +\infty} \dfrac{x'}{(x^2+1)'} = \lim\limits_{x \to +\infty} \dfrac{1}{2x} = +0$ ……… 正の値をとりながら0に収束

  ∴ $\lim\limits_{x \to +\infty} y = +0$ ……… 0_{+0} の表記でもよい

- $\displaystyle\lim_{x\to-\infty} y = \lim_{x\to-\infty}\frac{x}{x^2+1}$ ……… $\dfrac{-\infty}{+\infty}$ の不定形

$\displaystyle\lim_{x\to-\infty}\frac{x'}{(x^2+1)'} = \lim_{x\to-\infty}\frac{1}{2x} = -0$ ……… 負の値をとりながら 0 に収束

∴ $\displaystyle\lim_{x\to-\infty} y = -0$ ……… 0_{-0} の表記でもよい

4 1 2 3 で調べた結果をもとに増減表をつくる．

x	$-\infty$	$\cdots$	$-\sqrt{3}$	$\cdots$	-1	$\cdots$	0	$\cdots$	1	$\cdots$	$\sqrt{3}$	$\cdots$	$+\infty$	
y'		$-$		$-$	0	$+$	$+$	$+$	0	$-$		$-$		←$y' = -\dfrac{x^2-1}{(x^2+1)^2}$
y''		$-$	0	$+$	$+$	$+$	0	$-$	$-$	$-$	0	$+$		←$y'' = \dfrac{2x(x^2-3)}{(x^2+1)^3}$
y	-0	↘	$-\dfrac{\sqrt{3}}{4}$	↘	$-\dfrac{1}{2}$	↗	0	↗	$\dfrac{1}{2}$	↘	$\dfrac{\sqrt{3}}{4}$	↘	$+0$	←$y = \dfrac{x}{x^2+1}$

↑ 3 の結果　約 -0.43　　　　　　　　　　　　　約 0.43　3 の結果

↗と∪＝↗
↗と∩＝↷
↘と∪＝↘
↘と∩＝↘

5 各軸との交点を求めると

$y=0$ のとき $x=0$ なので，x 軸との交点は $(0,0)$ のみ

$x=0$ のとき $y=0$ なので，y 軸との交点は $(0,0)$ のみ

6 以上の情報をもとにグラフを描くと下のようになる．

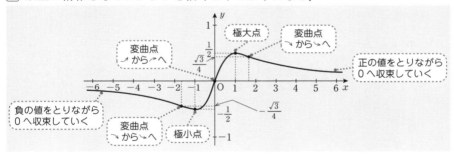

【解終】

演習 ▶ 1.21　　　　　　　　　　　　　　　　　　　　　　　解答 p.211

関数 $y = \dfrac{x-1}{x^2+1}$ について，y', y'' などを調べてグラフを描け．

また，極値があれば求めよ．

例題 ▶ 1.22 グラフの概形 (2)

関数 $y = x + \dfrac{1}{x}$ について,y',y'' などを調べてグラフを描こう.

p.57の手順だな…

解 はじめに,y は $x=0$ では定義されていないことに注意.p.57 の **STEP** に従って調べていく.

① y' を求める.

$$y' = \left(x + \frac{1}{x}\right)' = x' + (x^{-1})' = 1 + (-1)x^{-2} = 1 - \frac{1}{x^2}$$

$y' = 0$ となる x の値を求めると,$1 - \dfrac{1}{x^2} = 0$ より $x^2 = 1$. ∴ $x = \pm 1$

② y'' を求める.y' の結果より

$$y'' = \left(1 - \frac{1}{x^2}\right)' = (1 - x^{-2})' = 0 - (-2)x^{-3} = 2x^{-3} = \frac{2}{x^3}$$

$y'' = 0$ となる x は存在しない.

③ $x \to -\infty$,$x \to +\infty$ および $x \to 0_{-0}$,$x \to 0_{+0}$ のときの y と y' の状態を調べる.

$$\lim_{x \to -\infty} y = \lim_{x \to -\infty} \left(x + \frac{1}{x}\right) = -\infty, \qquad \lim_{x \to +\infty} y = \lim_{x \to +\infty} \left(x + \frac{1}{x}\right) = +\infty$$

第1項 → $-\infty$
第2項 → -0

第1項 → $+\infty$
第2項 → $+0$

$$\lim_{x \to 0_{-0}} y = \lim_{x \to 0_{-0}} \left(x + \frac{1}{x}\right) = -\infty, \qquad \lim_{x \to 0_{+0}} y = \lim_{x \to 0_{+0}} \left(x + \frac{1}{x}\right) = +\infty$$

第1項 → -0
第2項 → $-\infty$

第1項 → $+0$
第2項 → $+\infty$

$$\lim_{x \to -\infty} y' = \lim_{x \to -\infty} \left(1 - \frac{1}{x^2}\right) = 1, \qquad \lim_{x \to +\infty} y' = \lim_{x \to +\infty} \left(1 - \frac{1}{x^2}\right) = 1$$

$$\lim_{x \to 0_{-0}} y' = \lim_{x \to 0_{-0}} \left(1 - \frac{1}{x^2}\right) = -\infty, \qquad \lim_{x \to 0_{+0}} y' = \lim_{x \to 0_{-0}} \left(1 - \frac{1}{x^2}\right) = -\infty$$

これらの情報を増減表に追加すると,次ページのようになる.

特に,$x \to \pm\infty$ のとき,$y' \to 1$ なので接線の傾きは 1 に近づいていく.

4 増減表をかく．

x	$-\infty$	⋯	-1	⋯	0		⋯	1	⋯	$+\infty$	
y'	1	$+$	0	$-$	$-\infty$	$+\infty$	$-$	0	$+$	1	$\leftarrow y'=1-\dfrac{1}{x^2}$
y''		$-$	$-$	$-$			$+$	$+$	$+$		$\leftarrow y''=\dfrac{2}{x^3}$
y	$-\infty$	↗	-2	↘	$-\infty$	$+\infty$	↘	2	↗	$+\infty$	$\leftarrow y=x+\dfrac{1}{x}$

接線の傾き

5 他の情報も調べてみる．

・x 軸との交点を求める．

$y=0$ とおくと，$x+\dfrac{1}{x}=0$, $\dfrac{x^2+1}{x}=0$. これをみたす x は存在しない．

ゆえに x 軸との交点はなし．

・y の式から $x \neq 0$ なので，y 軸との交点も存在しない．

・$y=x+\dfrac{1}{x}$ の式から見てみると，y の値は $y=x$ と $y=\dfrac{1}{x}$ の和であり，$|x|$ の値が大きくなると $\dfrac{1}{x}$ はどんどん 0 に近づくので，y の値は x の値に近づいていく．つまり，$y=x$ はグラフの漸近線である．

6 以上の情報よりグラフを描くと，右図のようになる．

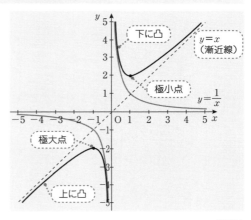

グラフの概形を描くために
どのような情報がもっと必要か
自分で気付いて調べましょう
総合的な分析能力が養われますよ

【解終】

演習 ▶ 1.22　　　　　　解答 p.213

$y=x+\dfrac{4}{x^2}$ のグラフを描け．

例題 ▶ 1.23 グラフの概形（3）

関数 $y = x\log x$ について，y'，y'' などを調べてグラフを描こう．

STEP は前と同じだな〜

解 y の式より，定義域は $x > 0$ である．

① y' を求める．積の微分公式を用いて

$$y' = (x\log x)' = x' \cdot \log x + x \cdot (\log x)'$$
$$= 1 \cdot \log x + x \cdot \frac{1}{x} = \log x + 1$$

$y' = 0$ のとき，$\log x + 1 = 0$，$\log x = -1$，$x = e^{-1}$

$\log_p q = r \iff q = p^r$

② y'' を求める．

$$y'' = (\log x + 1)' = \frac{1}{x}$$

$y'' = 0$ となる x は存在しない．

わかったことは順に増減表に記入しておきましょう

③ $x \to 0_{+0}$ と $x \to +\infty$ のときの y と y' の状況を調べる．

$$\lim_{x \to 0_{+0}} y = \lim_{x \to 0_{+0}} x\log x$$

このままでは $0 \cdot (-\infty)$ の不定形である．ロピタルの定理を使うために x を分母におろすと

$$= \lim_{x \to 0_{+0}} \frac{\log x}{\frac{1}{x}}$$

$\frac{-\infty}{+\infty}$ の不定形

分子，分母を別々に微分して極限を調べると

$$\lim_{x \to 0_{+0}} \frac{(\log x)'}{\left(\frac{1}{x}\right)'} = \lim_{x \to 0_{+0}} \frac{\frac{1}{x}}{-\frac{1}{x^2}} = \lim_{x \to 0_{+0}} \frac{1}{x} \times \left(-\frac{x^2}{1}\right)$$

$$= \lim_{x \to 0_{+0}} (-x) = -0$$

ゆえに，$\displaystyle\lim_{x \to 0_{+0}} y = -0$

負の値をとりながら 0 に収束

また，次の極限はすぐに求まる．

$$\lim_{x \to +\infty} y = \lim_{x \to +\infty} x\log x = +\infty \quad \text{発散}$$

$$\lim_{x \to 0_{+0}} y' = \lim_{x \to 0_{+0}} (\log x + 1) = -\infty \quad \text{発散}$$

$$\lim_{x \to +\infty} y' = \lim_{x \to +\infty} (\log x + 1) = +\infty \quad \text{発散}$$

4 増減表を完成させる．

電卓で $e^{-1} = \dfrac{1}{e} \fallingdotseq 0.37$

x	0	...	e^{-1}	...	$+\infty$
y'	$-\infty$	$-$	0	$+$	$+\infty$
y''		$+$	$+$	$+$	
y	0	↘	$-e^{-1}$	↗	$+\infty$

接線の傾き

← $y' = \log x + 1$
← $y'' = \dfrac{1}{x}$
← $y = x\log x$

$x = e^{-1}$ のとき
$y = e^{-1}\log e^{-1} = e^{-1}(-\log e) = e^{-1} \cdot (-1) = -e^{-1}$

5 その他の情報として

・x 軸との交点を求める．

$y = x\log x$ において $y = 0$ とおくと $x\log x = 0$，$x \neq 0$ より，$\log x = 0$，$x = 1$

・$x \neq 0$ より y 軸との交点は存在しない．

6 グラフを描くと右図のようになる．

ちなみに，$x = 1$ のとき
$$y' = \log 1 + 1 = 0 + 1 = 1$$
より，$x = 1$ における接線の傾きは 1 である．【解終】

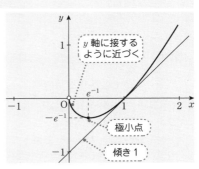

演習 ▶ 1.23　　　　　　　　　　　　　　　　解答 p.214

関数 $y = \dfrac{\log x}{x}$ のグラフを描け．

総合演習 ▶ 1

解答 p.215

問1 次の極限を求めよ．

$$\lim_{x \to 0} \frac{x - \sin^{-1} x}{x^3}$$

問2 次の関数を微分せよ．

$$y = \log \frac{(x+1)^2}{x^2 - x + 1} + 2\sqrt{3} \tan^{-1} \frac{2x-1}{\sqrt{3}}$$

問3 次の問に答えよ．

(1) マクローリン級数展開を用いて，$x = 0$ 付近の $\tan x$ の値を3次多項式で近似せよ．

(2) 次の極限を $\sin x$，$\tan x$ のマクローリン級数展開を使って求めよ．

$$\lim_{x \to 0} \frac{\tan x - x}{x - \sin x}$$

（ただし，任意の x について $\sin x$，$\tan x$ のマクローリン級数展開は収束するものとする）

問4 関数 $y = x\sqrt{\dfrac{2+x}{2-x}}$ について次の問いに答えよ．

(1) y が定義される x の範囲を求めよ．
(2) y' を求めよ．
(3) y'' を求めよ．
(4) y のグラフの概形を描き，極値があれば求めよ．
(5) $x = 0$ における接線の方程式を求め，(3)のグラフに接線を追加して描け．

問1 ➡ 例題 1.20，例題 1.1
問2 ➡ p.39 手順
問3 (1)➡ 例題 1.19 (2)➡ 例題 1.18(2) と前問(1)の結果
問4 (1)➡ √ の中 ≧ 0 (2)(3)➡ 演習 1.10 or 演習 1.11 (4)➡ p.57 手順
　　(5)➡ $x = 0$ における接線の傾き $= f'(0)$

第2章

積分

第2章で扱う積分は微分が元になっていますので，不確かな点が出てきたらしっかり確認してから先に進みましょう．また積分の応用として，面積，体積，曲線の長さを扱いますが，ここでは関数のグラフを描きながら学習していきます．グラフを描くことにより，今何をしようとしているのかがより明確になりますので，面倒がらずに手を動かしましょう．

Integral

第2章の流れ

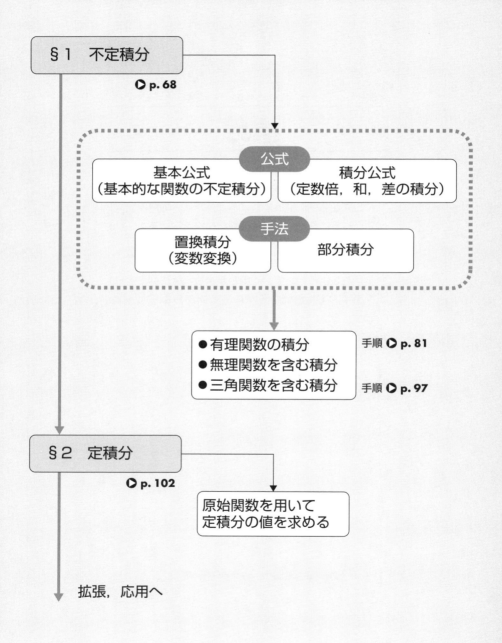

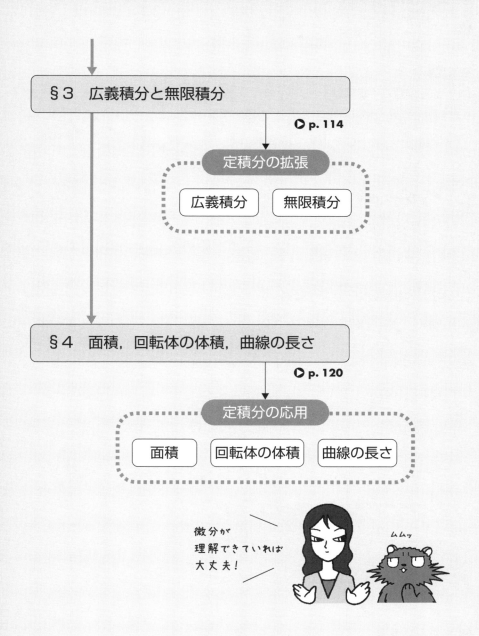

Section 1. 不定積分

■確認事項

【1】原始関数と不定積分
- $F'(x) = f(x)$ となる $F(x)$ を $f(x)$ の**原始関数**という.
- $\int f(x)\,dx = F(x) + C$ を $f(x)$ の**不定積分**という.

$F(x)$ は $f(x)$ の原始関数の1つ（C は積分定数）.

p.100

【2】不定積分の性質
- $\int k f(x)\,dx = k \int f(x)\,dx$ 　（k：定数）
- $\int \{f(x) \pm g(x)\}\,dx = \int f(x)\,dx \pm \int g(x)\,dx$

【3】基本的な関数の不定積分公式

- $\int x^\alpha\,dx = \dfrac{1}{\alpha+1} x^{\alpha+1} + C$ 　（$\alpha \neq -1$）

p.102
p.103

- $\int \dfrac{1}{x}\,dx = \log|x| + C$ 　　　　　　$\int \dfrac{1}{x-a}\,dx = \log|x-a| + C$

- $\int e^x\,dx = e^x + C$ 　　　　　　　　　　$\int e^{ax}\,dx = \dfrac{1}{a} e^{ax} + C$ 　　　（$a \neq 0$）

- $\int \sin x\,dx = -\cos x + C$ 　　　　　　$\int \sin ax\,dx = -\dfrac{1}{a} \cos ax + C$ 　（$a \neq 0$）

- $\int \cos x\,dx = \sin x + C$ 　　　　　　　$\int \cos ax\,dx = \dfrac{1}{a} \sin ax + C$ 　　（$a \neq 0$）

- $\int \dfrac{1}{\cos^2 x}\,dx = \tan x + C$ 　　　　$\int \dfrac{1}{\cos^2 ax}\,dx = \dfrac{1}{a} \tan ax + C$ 　（$a \neq 0$）

- $\int \dfrac{1}{\sqrt{1-x^2}}\,dx = \sin^{-1} x + C$ 　　$\int \dfrac{1}{\sqrt{a^2-x^2}}\,dx = \sin^{-1} \dfrac{x}{a} + C$ 　（$a > 0$）

- $\int \dfrac{1}{x^2+1}\,dx = \tan^{-1} x + C$ 　　$\int \dfrac{1}{x^2+a^2}\,dx = \dfrac{1}{a} \tan^{-1} \dfrac{x}{a} + C$ 　（$a > 0$）

【4】置換積分（変数変換）公式

- $\int f(g(x))g'(x)\,dx = \int f(t)\,dt$

  $g(x) = t$ とおく

- $\int f(x)\,dx = \int f(g(t))g'(t)\,dt$

  $x = g(t)$ とおく

p.108

被積分関数を見てどのように置換するかきめます

特に

- $\int f(x)\,dx = F(x) + C$ のとき　$\int f(ax+b)\,dx = \dfrac{1}{a}F(ax+b) + C$

- $\int \dfrac{f'(x)}{f(x)}\,dx = \log|f(x)| + C$

【5】部分積分公式

- $\int f(x) \cdot g'(x)\,dx = f(x) \cdot g(x) - \int f'(x) \cdot g(x)\,dx$

  特に

- $\int f(x)\,dx = x \cdot f(x) - \int x \cdot f'(x)\,dx$

p.120

間違いやすいので
$f(x) \xrightarrow{微分} f'(x)$
$g'(x) \xrightarrow{積分} g(x)$
などを書き出してから積分しましょう

$f(x)$ が連続関数であれば，必ず原始関数 $F(x)$ が存在することがわかっています（p.103 微分積分学の基本定理参照）．しかし，$F(x)$ を本書で扱うような比較的簡単な関数（初等関数）で表せるとは限りません．例えば，統計などでよく使われる不定積分

$$\int e^{-x^2}\,dx$$

は，多項式や指数関数などを使って表すことはできないのです．

注意しましょう

微分ほど単純にはいかないってことだぜ……

Section 1. 不定積分

例題 ▶ 2.1　不定積分基本公式の確認

次の不定積分を求めよ．

(1) $\displaystyle\int \sqrt{x}\, dx$ 　　(2) $\displaystyle\int \frac{1}{x+2}\, dx$

(3) $\displaystyle\int e^{3x}\, dx$ 　　(4) $\displaystyle\int \sin 2x\, dx$

(5) $\displaystyle\int \cos \frac{x}{2}\, dx$ 　　(6) $\displaystyle\int \frac{1}{\cos^2 3x}\, dx$

(7) $\displaystyle\int \frac{1}{\sqrt{4-x^2}}\, dx$ 　　(8) $\displaystyle\int \frac{1}{\sqrt{x}}\, dx$

(9) $\displaystyle\int \frac{1}{x^2+3}\, dx$ 　　(10) $\displaystyle\int \frac{1}{x^2}\, dx$

CHECK

❶ $\displaystyle\int x^\alpha\, dx = \frac{1}{\alpha+1} x^{\alpha+1} + C$ 　$(\alpha \neq -1)$

❷ $\displaystyle\int \frac{1}{x-a}\, dx = \log|x-a| + C$

❸ $\displaystyle\int e^{ax}\, dx = \frac{1}{a} e^{ax} + C$

❹ $\displaystyle\int \sin ax\, dx = -\frac{1}{a} \cos ax + C$

❺ $\displaystyle\int \cos ax\, dx = \frac{1}{a} \sin ax + C$

❻ $\displaystyle\int \frac{1}{\cos^2 ax}\, dx = \frac{1}{a} \tan ax + C$

❼ $\displaystyle\int \frac{1}{\sqrt{a^2-x^2}}\, dx = \sin^{-1} \frac{x}{a} + C$

❽ $\displaystyle\int \frac{1}{x^2+a^2}\, dx = \frac{1}{a} \tan^{-1} \frac{x}{a} + C$

$(a \neq 0)$

STEP

[1] 必要なら式を変形し，どの公式が使えるか確認し，公式の α や a の値を具体的な数値にしておく．

[2] 公式を使って積分し，なるべくきれいな式に直しておく．

解

(1) [1] $\sqrt{x} = x^{\frac{1}{2}}$ とかけるので，❶において $\alpha = \frac{1}{2}$ の場合である．

[2] 与式 $= \displaystyle\int x^{\frac{1}{2}}\, dx = \frac{1}{\frac{1}{2}+1} x^{\frac{1}{2}+1} + C = \frac{2}{3} x^{\frac{3}{2}} + C = \frac{2}{3} x\sqrt{x} + C$

$x^{\frac{m}{n}} = \sqrt[n]{x^m}$

(2) [1] ❷において $a = -2$ の場合．

[2] 与式 $= \log|x+2| + C$

(3) [1] ❸において $a = 3$ の場合．

[2] 与式 $= \dfrac{1}{3} e^{3x} + C$

(4) [1] ❹において $a = 2$ の場合．

[2] 与式 $= -\dfrac{1}{2} \cos 2x + C$

逆三角関数もしっかり覚えないと……

(5) ① ❺において $a=\frac{1}{2}$ の場合．

② 与式 $=\frac{1}{\frac{1}{2}}\sin\frac{x}{2}+C=2\sin\frac{x}{2}+C$

(6) ① ❻において $a=3$ の場合．

② 与式 $=\frac{1}{3}\tan 3x+C$

(7) ① $\sqrt{4-x^2}=\sqrt{2^2-x^2}$ なので，❼において $a=2$ の場合である．

② 与式 $=\displaystyle\int\frac{1}{\sqrt{2^2-x^2}}dx=\sin^{-1}\frac{x}{2}+C$

(8) ① $\frac{1}{\sqrt{x}}=x^{-\frac{1}{2}}$ とかけるので❶の $\alpha=-\frac{1}{2}$ の場合である．

② 与式 $=\displaystyle\int x^{-\frac{1}{2}}dx=\frac{1}{-\frac{1}{2}+1}x^{-\frac{1}{2}+1}dx=2x^{\frac{1}{2}}+C=2\sqrt{x}+C$

(9) ① $x^2+3=x^2+\left(\sqrt{3}\right)^2$ なので，❽において $a=\sqrt{3}$ の場合である．

② 与式 $=\displaystyle\int\frac{1}{x^2+\left(\sqrt{3}\right)^2}dx=\frac{1}{\sqrt{3}}\tan^{-1}\frac{x}{\sqrt{3}}+C$

(10) ① $\frac{1}{x^2}=x^{-2}$ とかけるので❶の $\alpha=-2$ の場合である．

② 与式 $=\displaystyle\int x^{-2}dx=\frac{1}{-2+1}x^{-2+1}+C=-1\cdot x^{-1}+C=-\frac{1}{x}+C$

【解終】

演習 ▶ 2.1 解答 p. 221

次の不定積分を求めよ．

(1) $\displaystyle\int x\sqrt{x}\,dx$ (2) $\displaystyle\int\frac{1}{x}dx$ (3) $\displaystyle\int\frac{1}{x^3}dx$ (4) $\displaystyle\int\frac{1}{x-1}dx$

(5) $\displaystyle\int e^{-\frac{1}{2}x}dx$ (6) $\displaystyle\int\sin\frac{2}{3}x\,dx$ (7) $\displaystyle\int\cos\pi x\,dx$

(8) $\displaystyle\int\frac{1}{\cos^2 2x}dx$ (9) $\displaystyle\int\frac{1}{\sqrt{2-x^2}}dx$ (10) $\displaystyle\int\frac{1}{x^2+9}dx$

例題 ▶ 2.2 置換積分（基本）

次の不定積分を求めよう．

(1) $\displaystyle\int \sin(5x-2)\,dx$

(2) $\displaystyle\int \frac{1}{x\log x}\,dx$

(3) $\displaystyle\int x(x^2+1)^4\,dx$

(4) $\displaystyle\int \frac{1}{\sqrt{x}+1}\,dx$

CHECK

❶ $g(x)=t$ とおくと
$\displaystyle\int f(g(x))g'(x)\,dx = \int f(t)\,dt$

❷ $x=g(t)$ とおくと
$\displaystyle\int f(x)\,dx = \int f(g(t))g'(t)\,dt$

❸ $\displaystyle\int f(x)\,dx = F(x)+C$
$\Rightarrow \displaystyle\int f(ax+b)\,dx$
$= \dfrac{1}{a}F(ax+b)+C$

❹ $\displaystyle\int \frac{f'(x)}{f(x)}\,dx = \log|f(x)|+C$

STEP
1. 置換積分公式 ❸❹ が使えないか確認．使えれば積分し，式を整えて終了．使えなければ次の STEP へ．
2. 置換した後に積分できるかどうか予測しながら
$$g(x)=t \quad \text{または} \quad x=g(t)$$
とおく
3. dx と dt の関係を求め，t の積分に直す．
4. 積分する．
5. 変数を x にもどして式を整理する．

解 (1) ① $\sin x$ の x に 1 次式 $(5x-2)$ が入っている場合なので ❸ が使える $(a=5)$．

$$与式 = \frac{1}{5}\{-\cos(5x-2)\}+C$$
$$= -\frac{1}{5}\cos(5x-2)+C$$

(2) ① $(\log x)' = \dfrac{1}{x}$ なので

$$与式 = \int \frac{\frac{1}{x}}{\log x}\,dx = \int \frac{(\log x)'}{\log x}\,dx$$

❹ を使って
$$= \log|\log x|+C$$

❸の公式は意外と便利だぞ〜っ！

(3) ①❸❹は使えない．

② $(x^2+1)' = 2x$ より❶が使えそうなので
$x^2+1 = t$ とおく

③ 両辺を x で微分すると
$2x = \dfrac{dt}{dx}$ より $2x\,dx = dt$

係数を調整して置換すると

与式 $= \dfrac{1}{2}\displaystyle\int (x^2+1)^4 \cdot 2x\,dx = \dfrac{1}{2}\int t^4 dt$

④ $\quad\quad = \dfrac{1}{2} \cdot \dfrac{1}{5} t^5 + C = \dfrac{1}{10} t^5 + C$

⑤ $\quad\quad = \dfrac{1}{10}(x^2+1)^{10} + C$

$x\,dx = \dfrac{1}{2} dt$
として変形してもよい

(4) ①❸❹は使えない．

② $\sqrt{x}+1 = t$ とおくと $\sqrt{x} = t-1,\ x = (t-1)^2$

③ 両辺を x で微分して

$1 = 2(t-1)\dfrac{dt}{dx}$ $\therefore\ dx = 2(t-1)\,dt$

与式 $= \displaystyle\int \dfrac{1}{t} \cdot 2(t-1)\,dt = 2\int \dfrac{t-1}{t} dt$

$\quad\quad = 2\displaystyle\int \left(\dfrac{t}{t} - \dfrac{1}{t}\right) dt = 2\int \left(1 - \dfrac{1}{t}\right) dt$

④ $\quad\quad = 2(t - \log|t|) + C$

⑤ $\quad\quad = 2\{(\sqrt{x}+1) - \log(\sqrt{x}+1)\} + C$
$\quad\quad = 2\{\sqrt{x} - \log(\sqrt{x}+1)\} + C$

$x = (t-1)^2$
両辺を x で微分すると
$1 = \dfrac{d}{dx}(t-1)^2$
$\ = \dfrac{d}{dt}(t-1)^2 \cdot \dfrac{dt}{dx}$
$\ = 2(t-1)\dfrac{dt}{dx}$

$(2+C)$ をあらためて C とおく

【解終】

演習 ▶ 2.2 解答 p.221

次の不定積分を求めよ．

(1) $\displaystyle\int \sqrt{3x-1}\,dx$ (2) $\displaystyle\int \dfrac{\cos x}{\sin x}\,dx$ (3) $\displaystyle\int \dfrac{(\log x)^3}{x}\,dx$

例題 ▶ 2.3 部分積分 (1)

部分積分により次の不定積分を求めよう．

(1) $\int xe^{3x}dx$

(2) $\int x\log x\,dx$

CHECK

❶ $\int f(x)\cdot g'(x)\,dx$
 $= f(x)\cdot g(x)$
 $\quad -\int f'(x)\cdot g(x)\,dx$

❷ $\int e^{ax}\,dx = \dfrac{1}{a}e^{ax}+C$

❸ $(\log x)' = \dfrac{1}{x}$

STEP
[1] 部分積分で求めるタイプであることを確認する（次ページ参照）．
[2] $f(x)$, $g'(x)$ を決め，
 $f(x) \to f'(x)$
 $g'(x) \to g(x)$
 を求めておく．
[3] 部分積分を行い，式を整える．このとき，さらに求めにくい不定積分が現れた場合には[2]にもどり，$f(x)$ と $g'(x)$ を入れかえる．
[4] 残った不定積分を求め，式を整える．

解 (1) [1] 部分積分で求めるタイプである．

[2] $f(x)=x$, $g'(x)=e^{3x}$ とすると

$$f(x)=x \xrightarrow{微分} f'(x)=1$$

$$g'(x)=e^{3x} \xrightarrow{積分} g(x)=\dfrac{1}{3}e^{3x}$$

> $f(x)=e^{3x}$, $g'(x)=x$ とすると部分積分の後半の積分は
> $\int f'(x)\cdot g(x)\,dx$
> $=\int 3e^{3x}\cdot\dfrac{1}{2}x^2\,dx=\dfrac{3}{2}\int x^2 e^{3x}\,dx$
> となってしまいます

[3] [2]を見ながら部分積分を行うと

$$与式 = x\cdot\dfrac{1}{3}e^{3x}-\int 1\cdot\dfrac{1}{3}e^{3x}\,dx$$

$$= \dfrac{1}{3}xe^{3x}-\dfrac{1}{3}\int e^{3x}\,dx$$

[4] さらに積分して

$$= \dfrac{1}{3}xe^{3x}-\dfrac{1}{3}\cdot\dfrac{1}{3}e^{3x}+C$$

$$= \dfrac{1}{3}xe^{3x}-\dfrac{1}{9}e^{3x}+C$$

部分積分は慣れに負うところが大きいので例題と演習 2.3〜2.5 や 2.7 でしっかり練習してください

(2) ① 部分積分で求めるタイプである．
② $\log x$ の積分はすぐには求まらないことに注意して
$$f(x) = \log x, \quad g'(x) = x$$
とすると
$$f(x) = \log x \xrightarrow{\text{微分}} f'(x) = \frac{1}{x}$$
$$g'(x) = x \xrightarrow{\text{積分}} g(x) = \frac{1}{2}x^2$$

> $f(x) = x$, $g'(x) = \log x$ とすると
> $f(x) = x \to f'(x) = 1$
> $g'(x) = \log x \to g(x) = \int \log x\, dx = ?$
> 下の演習にあるように，$\int \log x\, dx$ を求めるには部分積分を行う必要があります

③ ②を見ながら部分積分を行うと
$$\text{与式} = \log x \cdot \frac{1}{2}x^2 - \int \frac{1}{x} \cdot \frac{1}{2}x^2\, dx = \frac{1}{2}x^2 \log x - \frac{1}{2}\int x\, dx$$
④ さらに積分して
$$= \frac{1}{2}x^2 \log x - \frac{1}{2} \cdot \frac{1}{2}x^2 + C = \frac{1}{2}x^2 \log x - \frac{1}{4}x^2 + C$$

【解終】

部分積分で求める不定積分のタイプ

関数の不定積分を求める方法は必ずしも 1 通りとは限りませんが，次のタイプの不定積分は部分積分を使うとうまく求まります（$P(x)$ は多項式）．
- $\int P(x)e^{ax}dx$　　・$\int P(x)\log x\, dx$
- $\int P(x)\sin ax\, dx$　　・$\int P(x)\cos ax\, dx$
- $\int e^{ax}\sin bx\, dx$　　・$\int e^{ax}\cos bx\, dx$

また，特に $g'(x) = 1$ と考えて，次の不定積分も部分積分を使って求めることができます．
- $\int \log x\, dx$
- $\int \sin^{-1} x\, dx$　　・$\int \cos^{-1} x\, dx$　　・$\int \tan^{-1} x\, dx$

演習 ▶ 2.3　　　　　解答 p. 222

次の不定積分を求めよ．

(1) $\displaystyle\int xe^{-\frac{1}{2}x}dx$　　(2) $\displaystyle\int \log x\, dx$

例題 ▶ 2.4 部分積分 (2)

部分積分により次の不定積分を求めよう．

(1) $\displaystyle\int x\cos 3x\,dx$

(2) $\displaystyle\int x^2\sin 2x\,dx$

CHECK

❶ $\displaystyle\int f(x)\cdot g'(x)\,dx$
$\quad = f(x)\cdot g(x)$
$\qquad -\displaystyle\int f'(x)\cdot g(x)\,dx$

❷ $\displaystyle\int \sin ax\,dx = -\frac{1}{a}\cos ax + C$

❸ $\displaystyle\int \cos ax\,dx = \frac{1}{a}\sin ax + C$

STEP
① 部分積分で求めるタイプであることを確認する（p.75 参照）．
② $f(x)$, $g'(x)$ を決め，
$\qquad f(x)\ \to\ f'(x)$
$\qquad g'(x)\ \to\ g(x)$
を求めておく．
③ 部分積分を行い，式を整える．このとき，さらに求めにくい不定積分が現れた場合には②にもどり，$f(x)$ と $g'(x)$ を入れかえる．
④ 残った不定積分を求め，式を整える．

解　(1) ① 部分積分で求めるタイプである．

② $f(x) = x$, $g'(x) = \cos 3x$ とすると

$f(x) = x \xrightarrow{微分} f'(x) = 1$

$g'(x) = \cos 3x \xrightarrow{積分} g(x) = \dfrac{1}{3}\sin 3x$

③ ②を見ながら部分積分を行うと

$\displaystyle 与式 = x\cdot\frac{1}{3}\sin 3x - \int 1\cdot\frac{1}{3}\sin 3x\,dx$

$\displaystyle \qquad = \frac{1}{3}x\sin 3x - \frac{1}{3}\int \sin 3x\,dx$

> $f(x)=\cos 3x$, $g'(x)=x$ とすると部分積分の後半の積分は
> $\displaystyle\int f'(x)\cdot g(x)\,dx$
> $\displaystyle = \int(-3\sin 3x)\cdot\frac{1}{2}x^2\,dx$
> $\displaystyle = -\frac{3}{2}\int x^2\sin 3x\,dx$
> となってしまいます

④ さらに積分して

$\displaystyle \qquad = \frac{1}{3}x\sin 3x - \frac{1}{3}\cdot\left(-\frac{1}{3}\cos 3x\right) + C$

$\displaystyle \qquad = \frac{1}{3}x\sin 3x + \frac{1}{9}\cos 3x + C$

(2) ① 部分積分を 2 回行うタイプである． ……… 部分積分を 1 回行うと (1) のタイプになります

② $f(x) = x^2$, $g'(x) = \sin 2x$ とすると

$$f(x) = x^2 \xrightarrow{\text{微分}} f'(x) = 2x$$

$$g'(x) = \sin 2x \xrightarrow{\text{積分}} g(x) = -\frac{1}{2}\cos 2x$$

③ ②を見ながら部分積分を行うと

$$\text{与式} = x^2 \cdot \left(-\frac{1}{2}\cos 2x\right) - \int 2x \cdot \left(-\frac{1}{2}\cos 2x\right) dx$$

$$= -\frac{1}{2}x^2\cos 2x + \int x\cos 2x\, dx \quad \text{(1) のタイプ}$$

④ 残っている積分は再度，部分積分で求める．

$$f(x) = x, \quad g'(x) = \cos 2x$$

とすると

$$f(x) = x \xrightarrow{\text{微分}} f'(x) = 1$$

$$g'(x) = \cos 2x \xrightarrow{\text{積分}} g(x) = \frac{1}{2}\sin 2x$$

これより

$$\text{与式} = -\frac{1}{2}x^2\cos 2x + x \cdot \frac{1}{2}\sin 2x - \int 1 \cdot \frac{1}{2}\sin 2x\, dx$$

$$= -\frac{1}{2}x^2\cos 2x + \frac{1}{2}x\sin 2x - \frac{1}{2}\int \sin 2x\, dx$$

$$= -\frac{1}{2}x^2\cos 2x + \frac{1}{2}x\sin 2x - \frac{1}{2}\cdot\left(-\frac{1}{2}\cos 2x\right) + C$$

$$= -\frac{1}{2}x^2\cos 2x + \frac{1}{2}x\sin 2x + \frac{1}{4}\cos 2x + C$$

【解終】

演習 ▶ 2.4　　　　　　　　　　　　　　　　　　　　　　解答 p. 223

次の不定積分を求めよ．

(1) $\displaystyle\int x\sin 4x\, dx$　　　(2) $\displaystyle\int x^2\cos\frac{x}{3}\, dx$

例題 ▶ 2.5 部分積分 (3)

部分積分を 2 回行うことにより次の不定積分を求めよう．
$$I = \int e^{2x} \cos 3x \, dx$$

CHECK

❶ $\int f(x) \cdot g'(x) \, dx$
$= f(x) \cdot g(x)$
$\quad - \int f'(x) \cdot g(x) \, dx$

❷ $\int \sin ax \, dx = -\dfrac{1}{a} \cos ax + C$

❸ $\int \cos ax \, dx = \dfrac{1}{a} \sin ax + C$

❹ $\int e^{ax} \, dx = \dfrac{1}{a} e^{ax} + C$

❺ $(\sin ax)' = a \cos ax$

❻ $(\cos ax)' = -a \sin ax$

❼ $(e^{ax})' = a e^{ax}$

STEP

① 部分積分で求めるタイプであることを確認する．
② $f(x)$, $g'(x)$ を決め，
$\quad f(x) \to f'(x)$
$\quad g'(x) \to g(x)$
を求めておく．
③ 部分積分を行い，式を整理する．
④ 残った不定積分はもとの不定積分と同じタイプであることを確認して再度，部分積分を行う．
⑤ 式を整理して I を求める．

解

① 部分積分を 1 回行うと，似たような不定積分が現われるタイプである．

② $f(x) = e^{2x}$, $g'(x) = \cos 3x$ とおくと

$f(x) = e^{2x} \xrightarrow{微分} f'(x) = 2e^{2x}$

$g'(x) = \cos 3x \xrightarrow{積分} g(x) = \dfrac{1}{3} \sin 3x$

> この不定積分は
> $f(x) = \cos 3x$, $g'(x) = e^{2x}$
> とおいても，同じ方法で求めることができます

③ ② を見ながら部分積分を行うと

$$I = e^{2x} \cdot \dfrac{1}{3} \sin 3x - \int 2e^{2x} \cdot \dfrac{1}{3} \sin 3x \, dx = \dfrac{1}{3} e^{2x} \sin 3x - \dfrac{2}{3} \int e^{2x} \sin 3x \, dx$$

④ 第 2 項の積分において

$f(x) = e^{2x}$, $g'(x) = \sin 3x$

とおくと

$f(x) = e^{2x} \xrightarrow{微分} f'(x) = 2e^{2x}$

$g'(x) = \sin 3x \xrightarrow{積分} g(x) = -\dfrac{1}{3} \cos 3x$

> ② において
> $f(x) = e^{2x}$, $g'(x) = \cos 3x$
> とおいたら，ここでも
> $f(x) = e^{2x}$, $g'(x) = \sin 3x$
> とおきます．逆にすると，もとにもどってしまうので注意

とおいて再度，部分積分を行うと

$$I = \frac{1}{3}e^{2x}\sin 3x$$
$$\quad - \frac{2}{3}\left\{e^{2x}\cdot\left(-\frac{1}{3}\cos 3x\right) - \int 2e^{2x}\cdot\left(-\frac{1}{3}\cos 3x\right)dx\right\}$$
$$= \frac{1}{3}e^{2x}\sin 3x - \frac{2}{3}\left\{-\frac{1}{3}e^{2x}\cos 3x + \frac{2}{3}\int e^{2x}\cos 3x\,dx\right\}$$
$$= \frac{1}{3}e^{2x}\sin 3x + \frac{2}{9}e^{2x}\cos 3x - \frac{4}{9}\int e^{2x}\cos 3x\,dx$$

第3項に，求めたい不定積分 I が現れたので

$$I = \frac{1}{3}e^{2x}\sin 3x + \frac{2}{9}e^{2x}\cos 3x - \frac{4}{9}I$$

I を左辺へまとめると

$$I + \frac{4}{9}I = \frac{1}{3}e^{2x}\sin 3x + \frac{2}{9}e^{2x}\cos 3x + C'$$
$$\frac{13}{9}I = \frac{1}{9}e^{2x}(3\sin 3x + 2\cos 3x) + C'$$
$$I = \frac{9}{13}\times\frac{1}{9}e^{2x}(3\sin 3x + 2\cos 3x) + C$$
$$= \frac{1}{13}e^{2x}(3\sin 3x + 2\cos 3x) + C$$

この段階で積分定数を加えた

$\frac{9}{13}C' = C$

【解終】

cos と sin は"仲間"なので組み合わせて考えると便利なことがよくあります

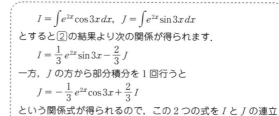

$I = \int e^{2x}\cos 3x\,dx$, $J = \int e^{2x}\sin 3x\,dx$

とすると ② の結果より次の関係が得られます．

$$I = \frac{1}{3}e^{2x}\sin 3x - \frac{2}{3}J$$

一方，J の方から部分積分を1回行うと

$$J = -\frac{1}{3}e^{2x}\cos 3x + \frac{2}{3}I$$

という関係式が得られるので，この2つの式を I と J の連立方程式として解けば，I と J を同時に求めることができます．

演習 ▶ 2.5

解答 p.223

次の不定積分を求めよ．

$$J = \int e^{3x}\sin 2x\,dx$$

例題 ▶ 2.6　有理関数の積分基本公式

次の不定積分を求めよう．

(1) $\displaystyle\int \frac{1}{x-1}dx$　　(2) $\displaystyle\int \frac{x}{x^2-3}dx$

(3) $\displaystyle\int \frac{1}{x^2+5}dx$　　(4) $\displaystyle\int \frac{1}{3x+1}dx$

CHECK

❶ $\displaystyle\int f(x)dx = F(x)+C$
$\Rightarrow \displaystyle\int f(ax+b)dx = \frac{1}{a}F(ax+b)+C$
　　　　　　　　　　$(a \neq 0)$

解　右ページの積分基本公式①②③を参照しながら不定積分を求める．

(1) ①を使って
$$与式 = \log|x-1|+C$$

(2) ②を使って
$$与式 = \frac{1}{2}\log|x^2-3|+C$$

(3) ③を使って
$$与式 = \int \frac{1}{x^2+(\sqrt{5})^2}dx$$
$$= \frac{1}{\sqrt{5}}\tan^{-1}\frac{x}{\sqrt{5}}+C$$

(4) ①と❶を使う．$a=3$ の場合なので
$$与式 = \frac{1}{3}\log|3x+1|+C$$

【解終】

> 有理関数の不定積分は
> 必ず求めることができます
> 右ページに基本公式と手順が
> ありますので参照しながら
> 問題を解いてください

――― 有理関数の部分分数展開 ―――
● 有理関数は分母を1次式または2次式に因数分解したとき，その因数を使って必ず次の例のように部分分数展開できます．

$$\frac{1}{(x-1)(x+2)} = \frac{a}{x-1}+\frac{b}{x+2}$$

$$\frac{1}{(x-1)(x^2+x-1)} = \frac{a}{x-1}+\frac{bx+c}{x^2+x-1}$$

$$\frac{1}{(x-1)^2(x+2)} = \frac{a}{x-1}+\frac{b}{(x-1)^2}+\frac{c}{x+2}$$

――― 有理関数 ―――
多項式 $P(x)$, $Q(x)$ を使って
$$\frac{P(x)}{Q(x)}$$
と表される関数のこと

演習 ▶ 2.6　　　　　　　　　　　　　　　解答 p.224

次の不定積分を求めよ．

(1) $\displaystyle\int \frac{x}{x^2+4}dx$　(2) $\displaystyle\int \frac{1}{x^2+4}dx$　(3) $\displaystyle\int \frac{1}{4x^2+1}dx$　(4) $\displaystyle\int \frac{1}{x+4}dx$

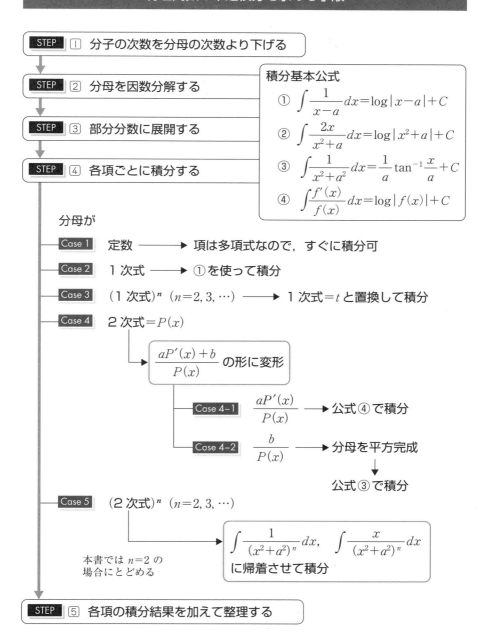

Section 1. 不定積分

例題 ▶ 2.7 有理関数の積分 (1)

次の不定積分を求めよう.

$$\int \frac{1}{2x^2+x-1} dx$$

CHECK

❶ $\int \frac{1}{x} dx = \log|x| + C$

❷ $\int \frac{1}{x-a} dx = \log|x-a| + C$

STEP
1. 分子の次数を分母より下げる.
2. 分母を因数分解する.
3. 部分分数に展開する.
4. 積分する.

(2次式の因数分解)
$ax^2 + bx + c$
判別式 $D = b^2 - 4ac$
$D \geq 0 \Rightarrow$ 因数分解可
$D < 0 \Rightarrow$ 因数分解不可
（実数の範囲で）

解
1. 分子は0次, 分母は2次なのでこのままでO.K.
2. 分母はすぐに因数分解できて

$$与式 = \int \frac{1}{(2x-1)(x+1)} dx$$

3. 分母の因子で部分分数に展開すると, 右の計算より

$$= \int \left\{ \frac{\frac{2}{3}}{2x-1} + \frac{-\frac{1}{3}}{x+1} \right\} dx$$

$$= \frac{2}{3} \int \frac{1}{2x-1} dx - \frac{1}{3} \int \frac{1}{x+1} dx$$

(部分分数展開の計算)
$$\frac{1}{(2x-1)(x+1)} = \frac{a}{2x-1} + \frac{b}{x+1}$$
とおく (a, bは定数).
右辺を通分すると
$$\frac{1}{(2x-1)(x+1)} = \frac{a(x+1) + b(2x-1)}{(2x-1)(x+1)}$$
分子を比較して
$$1 = a\underbrace{(x+1)}_{} + b\underbrace{(2x-1)}_{}$$
ここを0にするxの値を
代入すると求めやすい
$x = -1$ を代入すると, $1 = -3b$, $b = -\frac{1}{3}$
$x = \frac{1}{2}$ を代入すると, $1 = \frac{3}{2}a$, $a = \frac{2}{3}$

4. 積分する. p.81 の Case 2 の場合である.
第2項は❷ですぐ求まるが, 第1項はxの係数が2なので, このままでは❷が使えない.

使えるように変形すると

$$= \frac{2}{3} \int \frac{1}{2\left(x-\frac{1}{2}\right)} dx - \frac{1}{3} \int \frac{1}{x+1} dx$$

$$= \frac{2}{3} \times \frac{1}{2} \int \frac{1}{x-\frac{1}{2}} dx - \frac{1}{3} \int \frac{1}{x+1} dx$$

これで❷が使えるようになったので，積分して

$$= \frac{1}{3}\log\left|x-\frac{1}{2}\right| - \frac{1}{3}\log|x+1| + C$$

$$= \frac{1}{3}\left\{\log\left|x-\frac{1}{2}\right| - \log|x+1|\right\} + C$$

> 【対数法則】
> $\log a + \log b = \log ab$
> $\log a - \log b = \log \dfrac{a}{b}$

対数法則を使ってさらにまとめると

$$= \frac{1}{3}\log\left|\frac{x-\frac{1}{2}}{x+1}\right| + C$$

$$= \frac{1}{3}\log\left|\frac{2x-1}{2(x+1)}\right| + C$$

以下の変形は任意で．

$$= \frac{1}{3}\left\{\log\left|\frac{2x-1}{x+1}\right| - \log 2\right\} + C = \frac{1}{3}\log\left|\frac{2x-1}{x+1}\right| - \frac{1}{3}\log 2 + C$$

$\left(-\dfrac{1}{3}\log 2 + C\right)$ を改めて積分定数 C として

$$= \frac{1}{3}\log\left|\frac{2x-1}{x+1}\right| + C$$

【解終】

> ❸ $\displaystyle\int \frac{1}{ax+b}\,dx = \frac{1}{a}\log|ax+b| + C$
> (a, b は定数，$a \neq 0$)

この解のように❷が使えるように変形してもよいのですが一般的には公式❸が成立します

$a \neq 1$ のとき
$\displaystyle\int \frac{1}{ax+b}\,dx \neq \log|ax+b| + C$
だから注意が必要ってことだな……

演習 ▶ 2.7　　　　　　　　　　　　　　　　　　　　　　解答 p.224

次の不定積分を求めよ．

(1) $\displaystyle\int \frac{1}{x(3x+1)}\,dx$　　　(2) $\displaystyle\int \frac{1}{4x^2+7x-2}\,dx$

例題 ▶ 2.8　有理関数の積分 (2)

次の不定積分を求めよう．

(1) $\displaystyle\int \frac{1}{x^2+2x+6}\,dx$

(2) $\displaystyle\int \frac{x}{x^2+2x+6}\,dx$

CHECK

❶ $\displaystyle\int \frac{1}{x^2+1}\,dx = \tan^{-1}x + C$

❷ $\displaystyle\int \frac{1}{x^2+a^2}\,dx = \frac{1}{a}\tan^{-1}\frac{x}{a}+C$

STEP
1. 分子の次数を分母より下げる．
2. 分母を因数分解する．
3. 部分分数に展開する．
4. 積分する．

> **2次式の因数分解**
> ax^2+bx+c
> 判別式 $D = b^2-4ac$
> $D \geqq 0 \Rightarrow$ 因数分解可
> $D < 0 \Rightarrow$ 因数分解不可
> 　（実数の範囲で）

解 (1) ① 分子の次数は分母より低いので，このままで O.K.

② 分母は実数の範囲では因数分解できない．

③ ②より部分分数にこれ以上分けることはできない．

④ 積分する．Case 4 の場合であり，分子 $=1$ なので Case 4-2 の場合となっている．
分母を平方完成すると

$$x^2+2x+6 = (x+1)^2 - 1^2 + 6$$
$$= (x+1)^2 + 5 = (x+1)^2 + \sqrt{5}^2$$

となるので

$$\text{与式} = \int \frac{1}{(x+1)^2+\sqrt{5}^2}\,dx$$

❷を使うために，$x+1=t$ とおく．

両辺を x で微分すると $1 = \dfrac{dt}{dx}$．これより $dx = dt$

$$\text{与式} = \int \frac{1}{t^2+\sqrt{5}^2}\,dt = \frac{1}{\sqrt{5}}\tan^{-1}\frac{t}{\sqrt{5}} + C$$

❷

t を x にもどすと

$$= \frac{1}{\sqrt{5}}\tan^{-1}\frac{x+1}{\sqrt{5}} + C$$

$\tan^{-1}\dfrac{x+1}{\sqrt{5}} \neq \dfrac{1}{\sqrt{5}}\tan^{-1}(x+1)$

(2) ①〜③ (1) と分母が同じなのでこれ以上部分分数に展開できない．
④ 積分する．p.81 の Case 4 の場合である．

分母を微分すると
$$(x^2+2x+6)' = 2x+2$$
なので，分子にこの式が現われるように変形すると

$$\text{与式} = \int \frac{\frac{1}{2}(2x+2)-1}{x^2+2x+6}dx \quad \cdots \text{Case 4} \quad \frac{aP'(x)+b}{P(x)} \text{の形}$$

$$= \int \frac{\frac{1}{2}(2x+2)}{x^2+2x+6}dx - \int \frac{1}{x^2+2x+6}dx$$

$$= \frac{1}{2}\int \frac{2x+2}{x^2+2x+6}dx - \int \frac{1}{x^2+2x+6}dx$$

第 1 項は Case 4-1，第 2 項は (1) と同じなので結果を使うと

$$= \frac{1}{2}\log|x^2+2x+6| - \frac{1}{\sqrt{5}}\tan^{-1}\frac{x+1}{\sqrt{5}} + C$$

$$= \frac{1}{2}\log(x^2+2x+6) - \frac{1}{\sqrt{5}}\tan^{-1}\frac{x+1}{\sqrt{5}} + C$$

判別式 $D<0$ なのでどんな x の値でも $x^2+2x+6>0$

【解終】

置換積分

$g(x) = t$ とおくと
$\int f(g(x))g'(x)dx = \int f(t)dt$

$\int f(x)dx = F(x) + C$ のとき
$\int f(ax+b)dx = \frac{1}{a}F(ax+b) + C \ (a \neq 0)$

(1) では
$x+1 = t$ とおかずに
直接 右側の公式を使っても
いいですよ

演習 ▶ 2.8　　　　　　　　　　　　　　　　　　　　　　　　　　解答 p.225

次の不定積分を求めよ．

(1) $\displaystyle\int \frac{1}{x^2-2x+2}dx$　　(2) $\displaystyle\int \frac{1}{x^2+x+1}dx$　　(3) $\displaystyle\int \frac{x}{2x^2-x+1}dx$

例題 ▶ 2.9　有理関数の積分 (3)

次の不定積分を求めよう．

$$\int \frac{x}{x^4-1}\,dx$$

CHECK

❶ $\int \dfrac{1}{x-a}\,dx = \log|x-a| + C$

❷ $\int \dfrac{1}{x^2+a^2}\,dx$
　　　$= \dfrac{1}{a}\tan^{-1}\dfrac{x}{a} + C$

❸ $\int \dfrac{2x}{x^2+b}\,dx$
　　　$= \log|x^2+b| + C$

❹ $\int \dfrac{f'(x)}{f(x)}\,dx = \log|f(x)| + C$

STEP
1. 分子の次数を分母より下げる．
2. 分母を因数分解する．
3. 部分分数に展開する．
4. 積分する．

解

1. 分子の次数は分母より低いので，このままで O.K.
2. 分母を因数分解すると

$$x^4-1 = (x^2+1)(x^2-1) = (x^2+1)(x+1)(x-1)$$

3. 被積分関数を分母の因子で部分分数展開する．

$$\frac{x}{x^4-1} = \frac{ax+b}{x^2+1} + \frac{c}{x+1} + \frac{d}{x-1}$$

> 分母が2次式の場合には分子は1次式で展開される

とおいて，定数 a, b, c, d を求める．

右辺を通分して，分子を比較すると

$$\frac{x}{x^4-1} = \frac{(ax+b)(x+1)(x-1) + c(x^2+1)(x-1) + d(x^2+1)(x+1)}{(x^2+1)(x+1)(x-1)}$$

$$x = (ax+b)(x+1)(x-1) + c(x^2+1)(x-1) + d(x^2+1)(x+1)$$

が成立する．この恒等式に x の値を 4 つ代入して a, b, c, d を求める．

$x=1$ を代入して　　$1 = 0+0+4d$,　$d = \dfrac{1}{4}$

$x=-1$ を代入して　$-1 = 0-4c+0$,　$c = \dfrac{1}{4}$

$x=0$ を代入して　　$0 = -b-c+d$,　$b = -c+d = -\dfrac{1}{4}+\dfrac{1}{4} = 0$,　$b=0$

$x=2$ を代入して　　$2 = (2a+b)\cdot 3 + 5c + 15d$

求めてある b, c, d の値を代入して，a の値を求めると

$$2 = (2a+0)\cdot 3 + \frac{5}{4} + \frac{15}{4}, \quad 2 = 6a + \frac{20}{4},$$

$$2 = 6a+5,\ \ 6a = -3,\ \ a = -\frac{1}{2}$$

以上より

$$a = -\frac{1}{2}, \quad b = 0, \quad c = \frac{1}{4}, \quad d = \frac{1}{4}$$

と求まったので，与式の積分は次のように分解される．

$$\text{与式} = \int \frac{x}{(x^2+1)(x+1)(x-1)} dx$$

$$= \int \left(\frac{-\frac{1}{2}x + 0}{x^2+1} + \frac{\frac{1}{4}}{x+1} + \frac{\frac{1}{4}}{x-1} \right) dx$$

$$= -\frac{1}{2} \int \frac{x}{x^2+1} dx + \frac{1}{4} \int \frac{1}{x+1} dx + \frac{1}{4} \int \frac{1}{x-1} dx$$

4 各項をそれぞれ積分する．

第1項は❸，第2項は❶，第3項も❶を使って

$$= -\frac{1}{2} \cdot \frac{1}{2} \log|x^2+1| + \frac{1}{4} \log|x+1| + \frac{1}{4} \log|x-1| + C$$

$$= \frac{1}{4} \{ -\log(x^2+1) + \log|x+1| + \log|x-1| \} + C$$

さらに，対数法則を使ってまとめると

$$= \frac{1}{4} \log \frac{|(x+1)(x-1)|}{(x^2+1)} + C$$

$$= \frac{1}{4} \log \frac{|x^2-1|}{x^2+1} + C$$

> 対数法則
> $\log a + \log b = \log ab$
> $\log a - \log b = \log \frac{a}{b}$

【解終】

最後の式の
まとめ方は自由です

演習 ▶ 2.9　　　　　　　　　　　　　　　　　　　　解答 p. 227

部分分数に展開することにより，次の不定積分を求めよ．

(1) $\displaystyle \int \frac{x+1}{(x^2+1)(x^2-4)} dx$　　　(2) $\displaystyle \int \frac{x}{x^3-1} dx$

例題 ▶ 2.10　有理関数の積分（4）

次の不定積分を求めよう．

(1) $\displaystyle\int \frac{1}{(x^2+1)^2}\,dx$ 　　(2) $\displaystyle\int \frac{x}{(x^2+1)^2}\,dx$

(3) $\displaystyle\int \frac{x^2}{(x^2+1)^2}\,dx$

STEP
1. 分子の次数を分母より下げる．
2. 分母を因数分解する．
3. 部分分数に展開する．
4. 積分する．

解　いずれの不定積分も 1 2 は OK．4 では p. 81 における Case 5 の場合である．

(1) 3 これ以上，部分分数に展開することはできない．

4 x^2+1 の項があるので

$$x = \tan t$$

とおくと，両辺を x で微分して

$$dx = \frac{1}{\cos^2 t}\,dt$$

$\left(1+\tan^2\theta = \dfrac{1}{\cos^2\theta}\right)$

$\left((\tan x)' = \dfrac{1}{\cos^2 x}\right)$

$$\text{与式} = \int \frac{1}{(\tan^2 t + 1)^2}\,\frac{1}{\cos^2 t}\,dt = \int \frac{1}{\left(\dfrac{1}{\cos^2 t}\right)^2}\,\frac{1}{\cos^2 t}\,dt$$

$$= \int \cos^4 t\,\frac{1}{\cos^2 t}\,dt = \int \cos^2 t\,dt$$

倍角公式を使って積分できる形に変形してから積分すると

$$= \frac{1}{2}\int (1+\cos 2t)\,dt = \frac{1}{2}\left(t + \frac{1}{2}\sin 2t\right) + C$$

変数を x にもどすために，まず $\sin t$, $\cos t$ で表すと

$$= \frac{1}{2}\left(t + \frac{1}{2}\cdot 2\sin t\cos t\right) + C = \frac{1}{2}(t + \sin t\cos t) + C$$

$x = \tan t$ を意識して変形していくと

$$= \frac{1}{2}\left(t + \frac{\sin t}{\cos t}\cdot\cos^2 t\right) + C = \frac{1}{2}\left(t + \tan t\cdot\frac{1}{1+\tan^2 t}\right) + C$$

x にもどす．$x = \tan t$ より $t = \tan^{-1} x$ なので

$$= \frac{1}{2}\left(\tan^{-1} x + x\cdot\frac{1}{1+x^2}\right) + C = \frac{1}{2}\left(\tan^{-1} x + \frac{x}{1+x^2}\right) + C$$

(2) ③ これ以上，部分分数に展開できない．

④ 分子が x であることに注目して

$$t = x^2+1 \quad \text{とおくと} \quad dt = 2x\,dx$$

$$\text{与式} = \frac{1}{2}\int \frac{2x}{(x^2+1)^2}dx = \frac{1}{2}\int \frac{1}{t^2}dt = \frac{1}{2}\int t^{-2}dt = \frac{1}{2}\cdot\frac{1}{-1}t^{-1}+C$$

t をもとにもどすと

$$= -\frac{1}{2(x^2+1)}+C$$

(3) ③ 分子が x^2 なので，分子に分母と同じ因子をつくって変形して部分分数展開を求めると

$$\frac{x^2}{(x^2+1)^2} = \frac{(x^2+1)-1}{(x^2+1)^2} = \frac{x^2+1}{(x^2+1)^2} - \frac{1}{(x^2+1)^2} = \frac{1}{x^2+1} - \frac{1}{(x^2+1)^2}$$

④ これより

$$\text{与式} = \int \left\{ \frac{1}{x^2+1} - \frac{1}{(x^2+1)^2} \right\} dx$$

第 2 項は（1）の結果を使って整理すると

$$= \tan^{-1}x - \frac{1}{2}\left(\tan^{-1}x + \frac{x}{1+x^2}\right) + C = \frac{1}{2}\left(\tan^{-1}x - \frac{x}{1+x^2}\right) + C$$

【解終】

一般的には
$$\frac{3次式}{(x^2+1)^2} = \frac{1次式}{x^2+1} + \frac{1次式}{(x^2+1)^2}$$
と部分分数展開されます

下の演習の（1）で使えるな……

演習 ▶ 2.10 解答 p.229

次の不定積分を求めよ．

(1) $\displaystyle\int \frac{x^3}{(x^2+1)^2}dx$ 　　(2) $\displaystyle\int \frac{1}{(x-1)(x^2+1)^2}dx$

例題 ▶ 2.11　有理関数の積分（総仕上げ）

次の不定積分を求めよう．

$$\int \frac{x^4-3x^2+6x-10}{x^3-3x^2+5x-3}dx$$

STEP
1. 分子の次数を分母より下げる．
2. 分母を因数分解する．
3. 部分分数に展開する．
4. 積分する．

解　被積分関数を $F(x)$ とおく．

1. 分子の次数は分母より高いので，割り算をして変形すると

$$F(x) = (x+3) + \frac{x^2-6x-1}{x^3-3x^2+5x-3}$$

…… Ⓐ

● 分子を分母で割る

$$\begin{array}{r}x+3\\x^3-3x^2+5x-3\overline{\smash{)}x^4-3x^2+6x-10}\\\underline{x^4-3x^3+5x^2-3x}\\3x^3-8x^2+9x-10\\\underline{3x^3-9x^2+15x-9}\\x^2-6x-1\end{array}$$

2. 分母を $P(x)$ とおき因数分解すると

$$P(x) = (x-1)(x^2-2x+3)$$

● 分母の因数分解
$P(x) = x^3-3x^2+5x-3$
とおくと，
$P(1) = 1-3+5-3 = 0$
より $P(x)$ は $(x-1)$ で割り切れる．
$P(x)$ を $(x-1)$ で割ると

$$\begin{array}{r}x^2-2x+3\\x-1\overline{\smash{)}x^3-3x^2+5x-3}\\\underline{x^3-x^2}\\-2x^2+5x\\\underline{-2x^2+2x}\\3x-3\\\underline{3x-3}\\0\end{array}$$

より
$P(x) = (x-1)(x^2-2x+3)$

3. Ⓐの第2項を $P(x)$ の因子で部分分数に展開する．

$$\frac{x^2-6x-1}{x^3-3x^2+5x-3} = \frac{a}{x-1} + \frac{bx+c}{x^2-2x+3}$$

とおいて定数 a, b, c を求める．
右辺を通分して両辺の分子を比較することにより

$$x^2-6x-1 = a(x^2-2x+3) + (x-1)(bx+c)$$

$x=1$ を代入して　$-6 = 2a$
$x=0$ を代入して　$-1 = 3a-c$
$x=2$ を代入して　$-9 = 3a+2b+c$

これらより a, b, c を求めると

$$a = -3, \quad b = 4, \quad c = -8$$

となるので $F(x)$ は次のように部分分数展開される．

$$F(x) = (x+3) + \frac{-3}{x-1} + \frac{4x-8}{x^2-2x+3}$$

4 各項ごとに積分する．

$$\int (x+3)\,dx = \frac{1}{2}x^2 + 3x + C \quad \text{Case 1}$$

$$\int \frac{-3}{x-1} = -3\int \frac{1}{x-1}\,dx = -3\log|x-1| + C_2 \quad \text{Case 2}$$

第3項は

$$(x^2 - 2x + 3)' = 2x - 2$$

に注意して変形してから積分すると　Case 4

$$\int \frac{4x-8}{x^2-2x+3}\,dx = \int \frac{2(2x-2)-4}{x^2-2x+3}\,dx \quad \text{Case 4-1} \quad \text{Case 4-2}$$

$$= 2\int \frac{2x-2}{x^2-2x+3}\,dx - 4\int \frac{1}{x^2-2x+3}\,dx$$

ここで

$$x^2 - 2x + 3 = (x-1)^2 - 1^2 + 3 = (x-1)^2 + 2 = (x-1)^2 + \sqrt{2}^2$$

より　　$x^2-2x+3>0$　　　$x-1=t$ と置換してもよい

$$= 2\log|x^2-2x+3| - 4\int \frac{1}{(x-1)^2 + (\sqrt{2})^2}\,dx$$

$$= 2\log(x^2-2x+3) - 4\cdot\frac{1}{\sqrt{2}}\tan^{-1}\frac{x-1}{\sqrt{2}} + C_3$$

$$= 2\log(x^2-2x+3) - 2\sqrt{2}\tan^{-1}\frac{x-1}{\sqrt{2}} + C_3$$

以上より各項の結果を加えて

$$与式 = \frac{1}{2}x^2 + 3x - 3\log|x-1| + 2\log(x^2-2x+3) - 2\sqrt{2}\tan^{-1}\frac{x-1}{\sqrt{2}} + C$$

【解終】

どんな有理関数も
もう積分できますね！

演習▶ 2.11　　　　　　　　　　　　　　　　　　　　　　　　解答 p.230

次の不定積分を求めよ．

$$\int \frac{x^4+2}{(x+2)(x-1)^2}\,dx$$

例題 ▶ 2.12　無理関数の積分 (1)

次の不定積分を求めよう.

$$\int \frac{1}{\sqrt{3-2x-x^2}}\,dx$$

CHECK

❶ $\displaystyle\int \frac{1}{\sqrt{1-x^2}}\,dx = \sin^{-1} x + C$

❷ $\displaystyle\int \frac{1}{\sqrt{a^2-x^2}}\,dx = \sin^{-1} \frac{x}{a} + C$

❸ $\displaystyle\int f(x)\,dx = F(x) + C$

$\Rightarrow \displaystyle\int f(ax+b)\,dx$

$= \dfrac{1}{a} F(ax+b) + C$

$(a \neq 0)$

STEP
1. $\sqrt{}$ の中の 2 次式を平方完成して, $a^2 - X^2$ の形に直す.
2. 積分公式 ❶ または ❷ が使えるように変数変換して積分する.
3. 得られた不定積分はもとの変数に直しておく.

解
1. $\sqrt{}$ の中の 2 次式を平方完成すると

$$3 - 2x - x^2 = 3 - (x^2 + 2x) = 3 - \{(x+1)^2 - 1^2\}$$
$$= 3 - (x+1)^2 + 1 = 4 - (x+1)^2 = 2^2 - (x+1)^2$$

2. 1 の結果より

$$\text{与式} = \int \frac{1}{\sqrt{2^2 - (x+1)^2}}\,dx$$

ここで, $x+1 = X$ とおくと $dx = dX$ なので

$$= \int \frac{1}{\sqrt{2^2 - X^2}}\,dX = \sin^{-1} \frac{X}{2} + C \quad \text{❷}$$

3. x にもどして

$$= \sin^{-1} \frac{x+1}{2} + C$$

❸ を使ってすぐに求めてもよい

無理関数の積分は比較的容易に求まるものだけにとどめておきます

【解終】

演習 ▶ 2.12

次の不定積分を求めよ.

(1) $\displaystyle\int \frac{1}{\sqrt{2x-x^2}}\,dx$　　　(2) $\displaystyle\int \frac{1}{\sqrt{1+x-2x^2}}\,dx$

例題 ▶ 2.13 無理関数の積分 (2)

( ) 内の変数変換を行うことにより，次の不定積分を求めよ．

$$\int \frac{1}{(1+x^2)\sqrt{1+x^2}}\,dx$$

$$\left(x=\tan\theta,\ -\frac{\pi}{2}<\theta<\frac{\pi}{2}\right)$$

CHECK

❶ $\int f(x)\,dx = \int f(g(t))g'(t)\,dt$

❷ $(\tan x)' = \dfrac{1}{\cos^2 x}$

❸ $1+\tan^2 x = \dfrac{1}{\cos^2 x}$

STEP
1. 変換式より dx と $d\theta$ の関係を求める．
2. 三角関数の性質などを使って，与えられた積分を θ に関する積分に直す．
3. 不定積分を求める．
4. もとの変数 x にもどす．

解 1. dx と $d\theta$ の関係を求める．

$x=\tan\theta$ の両辺を x で微分し，❸を使って変形する．

$$\frac{dx}{d\theta}=\frac{1}{\cos^2\theta},\ dx=\frac{1}{\cos^2\theta}d\theta=(1+\tan^2\theta)\,d\theta=(1+x^2)\,d\theta,$$

$$\frac{1}{1+x^2}dx=d\theta$$

2. 与式を θ の積分に直す． $\dfrac{1}{\sqrt{1+x^2}}=\cos\theta$ より

$$与式=\int\frac{1}{\underbrace{\sqrt{1+x^2}}_{=\cos\theta}}\cdot\underbrace{\frac{1}{1+x^2}dx}_{=d\theta}=\int\cos\theta\,d\theta$$

3. $\qquad =\sin\theta+C$

4. x にもどすと

$$=\frac{x}{\sqrt{1+x^2}}+C$$

$\tan\theta=x$ のとき
$\sin\theta=\dfrac{x}{\sqrt{1+x^2}}$
$\cos\theta=\dfrac{1}{\sqrt{1+x^2}}$

【解終】

演習 ▶ 2.13 　　　　　　　　　　　　　　　　　　　解答 p.232

$x=\tan\theta\left(-\dfrac{\pi}{2}<\theta<\dfrac{\pi}{2}\right)$ の変数変換を行うことにより，次の不定積分を求めよ．

$$\int\frac{1}{(1+x^2)^2\sqrt{1+x^2}}\,dx$$

例題 ▶ 2.14　無理関数の積分 (3)

(1) ( ) 内の変数変換 (置換) を行うことにより次の不定積分を求めよう.

$$\int \frac{1}{\sqrt{x^2+1}}\,dx \quad (x+\sqrt{x^2+1}=t)$$

(2) (1) の結果を利用して, 次の不定積分を求めよう.

$$\int \frac{1}{\sqrt{x^2+9}}\,dx$$

CHECK

❶ 置換積分
$$\int f(x)\,dx = \int f(g(t))g'(t)\,dt$$
$$\left[\begin{array}{l} x=g(t) \text{ とおくとき} \\ \dfrac{dx}{dt}=g'(t) \text{ より} \\ dx=g'(t)\,dt \end{array}\right]$$

❷ $\int f(x)\,dx = F(x)+C$
$$\Rightarrow \int f(ax+b)\,dx = \frac{1}{a}F(ax+b)+C$$
$$(a \neq 0)$$

STEP
① 変数変換式より x と dx を t と dt で表す.
② 式に代入して t の積分に直す.
③ 不定積分を求める.
④ もとの変数 x にもどす.

(2) は $x+\sqrt{x^2+9}=t$ と変換すれば STEP に従って不定積分が求まります

解　(1) ① $x+\sqrt{x^2+1}=t$ より $\sqrt{x^2+1}=t-x$.

両辺を2乗して x を t で表すと

$$x^2+1=(t-x)^2, \quad x^2+1=t^2-2tx+x^2$$

（両辺に x^2 があり, うまく消せる）

$$1=t^2-2tx, \quad 2tx=t^2-1 \quad \therefore \quad x=\frac{t^2-1}{2t} \quad \cdots Ⓐ$$

また, $\sqrt{x^2+1}$ を t で表すと

$$\sqrt{x^2+1} = t-x = t-\frac{t^2-1}{2t} = \frac{2t^2-t^2+1}{2t} = \frac{t^2+1}{2t}$$

次にⒶの両辺を t で微分して

$$\frac{dx}{dt} = \left(\frac{t^2-1}{2t}\right)' = \frac{1}{2}\left(\frac{t^2-1}{t}\right)' = \frac{1}{2}\left(\frac{t^2}{t}-\frac{1}{t}\right)'$$

（商の微分公式で微分してもよい）

分ける

$$= \frac{1}{2}\left(t-\frac{1}{t}\right)' = \frac{1}{2}\left(1+\frac{1}{t^2}\right) = \frac{t^2+1}{2t^2} \quad \therefore \quad dx = \frac{t^2+1}{2t^2}\,dt$$

$\left(\dfrac{1}{t}\right)' = (t^{-1})' = -t^{-2}$

2 与式を t の積分に変換する．1 より

$$\sqrt{x^2+1} = \frac{t^2+1}{2t}, \quad dx = \frac{t^2+1}{2t^2}dt \text{ なので}$$

$$\text{与式} = \int \frac{1}{\frac{t^2+1}{2t}} \cdot \frac{t^2+1}{2t^2}dt = \int \frac{1}{t}dt$$

$\int \frac{1}{x}dx = \log|x| + C$

3 $\qquad = \log|t| + C$

4 t を x にもどすと

$\sqrt{x^2+1} > \sqrt{x^2} = |x|$ より $x+\sqrt{x^2+1} > 0$

$$= \log|x+\sqrt{x^2+1}| + C = \log(x+\sqrt{x^2+1}) + C$$

(2) (1) の結果を使うために，$\sqrt{}$ の中を 9 でくくって定数項が 1 になるように変形すると

$$x^2 + 9 = 9\left(\frac{x^2}{9} + 1\right) = 9\left\{\left(\frac{x}{3}\right)^2 + 1\right\}$$

これより

$$\text{与式} = \int \frac{1}{\sqrt{9\left\{\left(\frac{x}{3}\right)^2+1\right\}}}dx = \frac{1}{3}\int \frac{1}{\sqrt{\left(\frac{x}{3}\right)^2+1}}dx$$

❷ を使う．$a = \frac{1}{3}$，$b = 0$ の場合なので（1）の結果と合わせて

$$= \frac{1}{3} \cdot \frac{1}{\frac{1}{3}} \log\left\{\frac{x}{3} + \sqrt{\left(\frac{x}{3}\right)^2+1}\right\} + C = \log\left\{\frac{x}{3} + \sqrt{\frac{x^2}{9}+1}\right\} + C$$

$$= \log\left(\frac{x}{3} + \frac{1}{3}\sqrt{x^2+9}\right) + C = \log\frac{1}{3}(x+\sqrt{x^2+9}) + C$$

$$= \log(x+\sqrt{x^2+9}) - \log 3 + C = \log(x+\sqrt{x^2+9}) + C$$

$C - \log 3$ をあらためて C とおく

【解終】

演習 ▶ 2.14 　　解答 p.232

(1) （ ）内の変数変換（置換）により，次の不定積分を求めよ．

$$\int \sqrt{x^2+1}\,dx \quad (x+\sqrt{x^2+1} = t)$$

(2) (1) の結果を利用して，次の不定積分を求めよ．

$$\int \sqrt{x^2+2x+2}\,dx$$

例題 ▶ 2.15　三角関数の有理式の積分 (1)

次の不定積分を求めよう.

$$\int \frac{\sin^3 x}{\cos^2 x} dx$$

CHECK

❶ $\int f(g(x))g'(x)dx = \int f(t)dt$

❷ $\int x^\alpha dx = \dfrac{1}{\alpha+1} x^{\alpha+1}+C$
　　　　　　　　　　$(\alpha \ne -1)$

STEP
1. 変数変換（置換）を決める.
2. 変換式より dx と dt の関係を求める.
3. 三角関数の公式などを使い t の積分に直す.
4. 不定積分を求める.
5. t を x にもどして式を整える.

解　1 与式を変形すると　　　　　　　　　　　　$(\cos x)' = -\sin x$ をヒントに

$$与式 = \int \frac{\sin^2 x}{\cos^2 x} \cdot \sin x \, dx$$

となるので $\cos x = t$ とおく.

2 両辺を x で微分して　$-\sin x = \dfrac{dt}{dx}$,　$\sin x\, dx = (-1)dt$

3 t の積分に直す.　　　　　　　　　　　　　　　　　　　$\sin^2 x + \cos^2 x = 1$

$$与式 = \int \frac{1-\cos^2 x}{\cos^2 x} \cdot \sin x \, dx = \int \frac{1-t^2}{t^2} \cdot (-1)dt = \int \frac{t^2-1}{t^2} dt$$

t の有理関数

4 変形して積分する.

$$= \int \left(\frac{t^2}{t^2} - \frac{1}{t^2}\right)dt = \int \left(1-\frac{1}{t^2}\right)dt = \int (1-t^{-2})dt \quad \text{❷で積分}$$

$$= t - \frac{1}{-2+1} t^{-2+1}+C = t+t^{-1}+C = t+\frac{1}{t}+C$$

5 t を x にもどして

$$= \cos x + \frac{1}{\cos x} + C$$

【解終】

右ページに三角関数を含んだ不定積分の求め方をタイプ別に示しておきましたので参考にしてください

演習 ▶ 2.15

解答 p.233

次の不定積分を求めよ.

(1)　$\displaystyle\int \sin x \cos^3 x \, dx$　　　(2)　$\displaystyle\int \frac{\cos^2 x}{\sin^2 x} dx$

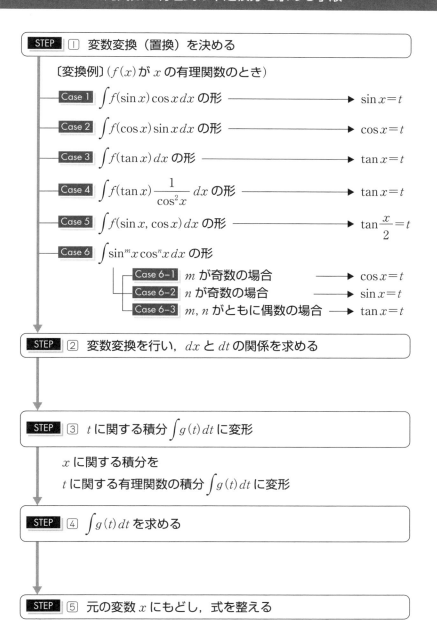

例題 ▶ 2.16 三角関数の有理式の積分 (2)

次の不定積分を求めよう.
$$\int \frac{1}{2+\cos x}\,dx$$

CHECK

❶ $\int f(x)\,dx = \int f(g(t))g'(t)\,dt$

❷ $\int \frac{1}{x^2+a^2}\,dx = \frac{1}{a}\tan^{-1}\frac{x}{a}+C$

❸ $1+\tan^2 x = \frac{1}{\cos^2 x}$

❹ $\cos^2\frac{x}{2} = \frac{1}{2}(1+\cos x)$

❺ $(\tan ax)' = \frac{a}{\cos^2 ax}$

STEP
1. 変数変換（置換）を決める.
2. 変換式の両辺を x で微分して dx と dt の関係を求める.
3. 三角関数の公式などを使い t の積分に直す.
4. 不定積分を求める.
5. t を x にもどして式を整える.

解　1. 被積分関数は $\cos x$ の有理式になっていて，p. 97 の手順 Case 5 の場合なので

$$\tan\frac{x}{2} = t$$

とおく.

2. 両辺を x で微分すると

$$\left(\tan\frac{x}{2}\right)' = \frac{dt}{dx},\quad \frac{1}{2}\frac{1}{\cos^2\frac{x}{2}} = \frac{dt}{dx},\quad \frac{1}{2}\left(1+\tan^2\frac{x}{2}\right) = \frac{dt}{dx}$$

❺　　　　　　　　❸　　　　　　　$=t^2$

$$\frac{1}{2}(1+t^2) = \frac{dt}{dx} \quad \text{これより} \quad dx = \frac{2}{1+t^2}\,dt$$

3. 次に t の積分に直す.

$\cos x$ を t を使って表すために，三角関数の性質 ❸ と ❹ より

$$1+\tan^2\frac{x}{2} = \frac{1}{\cos^2\frac{x}{2}} = \frac{1}{\frac{1}{2}(1+\cos x)} = \frac{2}{1+\cos x}$$

$=t^2$

$$1+t^2 = \frac{2}{1+\cos x},\quad 1+\cos x = \frac{2}{1+t^2}$$

$$\therefore\quad \cos x = \frac{2}{1+t^2} - 1 = \frac{2-(1+t^2)}{1+t^2} = \frac{1-t^2}{1+t^2}$$

以上より

$$\cos x = \frac{1-t^2}{1+t^2}, \quad dx = \frac{2}{1+t^2}dt$$

となったので，与式へ代入して t の積分に直す．

$$与式 = \int \frac{1}{2+\frac{1-t^2}{1+t^2}} \cdot \frac{2}{1+t^2} dt = \int \frac{2}{2(1+t^2)+1-t^2} dt$$

$$= \int \frac{2}{2+2t^2+1-t^2} dt = \int \frac{2}{t^2+3} dt$$

④ t の有理関数の積分になったので変形して

$$= 2\int \frac{1}{t^2+\sqrt{3}^2} dt = 2 \cdot \frac{1}{\sqrt{3}} \tan^{-1} \frac{t}{\sqrt{3}} + C$$

❷

⑤ t を x に直すと

$$= \frac{2}{\sqrt{3}} \tan^{-1}\left(\frac{\tan\frac{x}{2}}{\sqrt{3}}\right) + C$$

$$= \frac{2}{\sqrt{3}} \tan^{-1}\left(\frac{1}{\sqrt{3}} \tan\frac{x}{2}\right) + C$$

$\tan^{-1}$ の中の $\frac{1}{\sqrt{3}}$ は外に出せないので注意！

【解終】

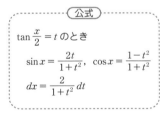

公式

$\tan\frac{x}{2} = t$ のとき

$\sin x = \dfrac{2t}{1+t^2}, \quad \cos x = \dfrac{1-t^2}{1+t^2}$

$dx = \dfrac{2}{1+t^2} dt$

この例題と演習の結果からこの公式が導けます

$\sin x$ も $\cos x$ も dx も $\tan\frac{x}{2}$ で表せることがミソだな……

演習 ▶ 2.16　　　　　　　　　　　　　　　　解答 p.234

次の不定積分を求めよ．

$$\int \frac{1}{\sin x} dx$$

例題 ▶ 2.17　逆三角関数の入った積分

次の不定積分を求めよう．

(1) $\displaystyle\int \sin^{-1} x \, dx$

(2) $\displaystyle\int x \tan^{-1} x \, dx$

CHECK

❶ $\displaystyle\int f(x) \cdot g'(x) \, dx = f(x) \cdot g(x) - \int f'(x) \cdot g(x) \, dx$

❷ $\displaystyle\int x^\alpha \, dx = \frac{1}{\alpha+1} x^{\alpha+1} + C \quad (\alpha \neq -1)$

❸ $(\sin^{-1} x)' = \dfrac{1}{\sqrt{1-x^2}}$

❹ $(\tan^{-1} x)' = \dfrac{1}{1+x^2}$

❺ $\displaystyle\int \sin x \, dx = -\cos x + C$

❻ $\displaystyle\int \cos x \, dx = \sin x + C$

❼ $\displaystyle\int \dfrac{1}{1+x^2} \, dx = \tan^{-1} x + C$

STEP

① 部分積分で求めるタイプであることを確認する（p.75 参照）．

② $f(x),\ g'(x)$ を決め
$f(x) \to f'(x)$
$g'(x) \to g(x)$
を求めておく．

③ 部分積分を行い，式を整理する．

④ 残った不定積分を求め，式を整理する．

解　(1)　① 逆三角関数の不定積分は部分積分で求めることができる．

② $f(x) = \sin^{-1} x,\ g'(x) = 1$ とすると

$f(x) = \sin^{-1} x \xrightarrow{微分} f'(x) = \dfrac{1}{\sqrt{1-x^2}}$

$g'(x) = 1 \xrightarrow{積分} g(x) = x$

> $f(x) = 1,\ g'(x) = \sin^{-1} x$ とすると
> $f(x) = 1 \longrightarrow f'(x) = 0$
> $g'(x) = \sin^{-1} x \longrightarrow g(x) = ?$

③ ②を見ながら部分積分を行うと

$$与式 = \int \sin^{-1} x \cdot 1 \, dx = \sin^{-1} x \cdot x - \int \dfrac{1}{\sqrt{1-x^2}} \cdot x \, dx$$

④ 第2項の積分は変数変換を行う．$\sqrt{1-x^2}$ があるので

$$x = \sin t \quad \left(-\dfrac{\pi}{2} \leq t \leq \dfrac{\pi}{2}\right)$$

とおく．

両辺を t で微分して

$$\dfrac{dx}{dt} = \cos t, \quad dx = \cos t \, dt$$

> 両辺を x で微分すると
> $1 = \dfrac{d}{dx}(\sin t) = \dfrac{d}{dt}(\sin t) \dfrac{dt}{dx}$
> $= \cos t \dfrac{dt}{dx}$
> $\therefore dx = \cos t \, dt$

また，
$$\sqrt{1-x^2} = \sqrt{1-\sin^2 t} = \sqrt{\cos^2 t} = \cos t \quad \left(-\frac{\pi}{2} \leqq t \leqq \frac{\pi}{2}\right)$$

これらより

$$与式 = x\sin^{-1}x - \int \frac{1}{\cos t} \cdot \sin t \cdot \cos t \, dt$$

$$= x\sin^{-1}x - \int \sin t \, dt = x\sin^{-1}x - (-\cos t) + C$$

$$= x\sin^{-1}x + \cos t + C = x\sin^{-1}x + \sqrt{1-x^2} + C$$

(2) ① 逆三角関数が入っているので部分積分で求める．

② $f(x) = \tan^{-1}x$, $g'(x) = x$ とおくと

$f(x) = x$, $g'(x) = \tan^{-1}x$ とおくと
$f(x) = x \longrightarrow f'(x) = 1$
$g'(x) = \tan^{-1}x \longrightarrow g(x) = ?$

$$f(x) = \tan^{-1}x \xrightarrow{微分} f'(x) = \frac{1}{1+x^2}$$

$$g'(x) = x \xrightarrow{積分} g(x) = \frac{1}{2}x^2$$

③ ②を見ながら部分積分を行うと

$$与式 = \tan^{-1}x \cdot \frac{1}{2}x^2 - \int \frac{1}{1+x^2} \cdot \frac{1}{2}x^2 \, dx$$

$$= \frac{1}{2}x^2\tan^{-1}x - \frac{1}{2}\int \frac{x^2}{1+x^2} \, dx$$

④ 第2項の有理関数の積分は変形して

$$= \frac{1}{2}x^2\tan^{-1}x - \frac{1}{2}\int \left(1 - \frac{1}{1+x^2}\right) dx$$

$$x^2+1 \overline{)\begin{array}{c} 1 \\ x^2 \\ \underline{x^2+1} \\ -1 \end{array}}$$

$$= \frac{1}{2}x^2\tan^{-1}x - \frac{1}{2}(x - \tan^{-1}x) + C$$

$$= \frac{1}{2}\{(x^2+1)\tan^{-1}x - x\} + C$$

【解終】

演習 ▶ 2.17　　　　　　　　　　　　　　　　　　　　　　　解答 p.234

次の不定積分を求めよ．

(1) $\displaystyle\int \tan^{-1}x \, dx$　　(2) $\displaystyle\int x\sin^{-1}x \, dx$

Section 2. 定積分

■確認事項

【1】定積分

考え方

① 閉区間 $[a, b]$ を分割する．

　分割 $\Delta : a = x_0 < x_1 < x_2 < \cdots < x_i < \cdots < x_n = b$

② 分割 Δ により，$y = f(x)$ のグラフと x 軸とではさまれた図形を分割する．

③ 小区間 $[x_{i-1}, x_i]$ とその上の曲線とではさまれた図形の面積を長方形の面積

$$S_i = f(t_i)(x_i - x_{i-1}) \quad (x_{i-1} \leq t_i < x_i)$$

で近似する．

④ S_i をすべて加え，図形全体の面積をリーマン和

$$R_n = \sum_{i=1}^{n} f(t_i)(x_i - x_{i-1})$$

で近似する．

> $f(x) < 0$ のところがある場合には，面積そのものにはなりません

⑤ 分割 Δ を限りなく細かくする（これを $\Delta \to 0$ とかく）とき，t_i の選び方によらず R_n が一定の値に近づくならば，この極限値 $\lim_{\Delta \to 0} R_n$ を

$$\int_a^b f(x)\,dx$$

とかき，$f(x)$ は $[a, b]$ で**定積分可能（可積分）**という．

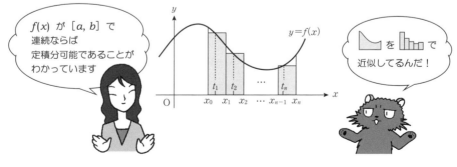

> $f(x)$ が $[a, b]$ で連続ならば定積分可能であることがわかっています

> を で近似してるんだ！

【2】微分積分学の基本定理

$f(x)$ が $[a, b]$ で連続なとき

- $F(x) = \int_a^x f(t)\,dt$ について, $F'(x) = f(x)$ が成立する.
- $F(x)$ を $f(x)$ の1つの原始関数とするとき, 次式が成立する.

$$\int_a^b f(x)\,dx = F(b) - F(a)$$

$f(x)$ の原始関数 $F(x)$ が見つからなければ使えません

これを $\bigl[F(x)\bigr]_a^b$ とかく

【3】定積分の性質

- $\displaystyle\int_a^b f(x)\,dx = -\int_b^a f(x)\,dx$
- $\displaystyle\int_a^c f(x)\,dx = \int_a^b f(x)\,dx + \int_b^c f(x)\,dx$
- $\displaystyle\int_a^b kf(x)\,dx = k\int_a^b f(x)\,dx \quad (k:\text{定数})$
- $\displaystyle\int_a^b \{f(x) \pm g(x)\}\,dx = \int_a^b f(x)\,dx \pm \int_a^b g(x)\,dx$

約束
$\displaystyle\int_a^a f(x)\,dx = 0$

【4】置換積分

- $\displaystyle\int_a^b f(x)\,dx = \int_\alpha^\beta f(g(t))g'(t)\,dt \quad (a = g(\alpha), b = g(\beta))$

  $x = g(t)$ とおく

- $\displaystyle\int_a^b f(g(x))g'(x)\,dx = \int_\alpha^\beta f(t)\,dt \quad (g(a) = \alpha, g(b) = \beta)$

  $g(x) = t$ とおく

【5】部分積分

- $\displaystyle\int_a^b f(x) \cdot g'(x)\,dx = \bigl[f(x) \cdot g(x)\bigr]_a^b - \int_a^b f'(x) \cdot g(x)\,dx$

【6】平均値の定理

- $f(x)$ が $[a, b]$ で連続なとき, 次の式が成立する c が存在する.

$$\int_a^b f(x)\,dx = (b-a)f(c) \quad (a < c < b)$$

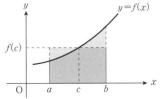

例題 ▶ 2.18 積分基本公式の確認 (1)

次の定積分の値を求めよ．

(1) $\int_{-1}^{2}(x^2-2x-1)\,dx$

(2) $\int_{1}^{3}\left(\sqrt{x}-\dfrac{1}{\sqrt{x}}\right)dx$ 　(3) $\int_{0}^{\frac{\pi}{3}}\sin 2x\,dx$

(4) $\int_{-\frac{\pi}{6}}^{0}\cos 3x\,dx$ 　(5) $\int_{1}^{2}\dfrac{1}{x}\,dx$

(6) $\int_{0}^{1}e^{-x}\,dx$ 　(7) $\int_{0}^{\frac{1}{2}}\dfrac{1}{\sqrt{1-x^2}}\,dx$

(8) $\int_{-1}^{1}\dfrac{1}{1+x^2}\,dx$

CHECK

❶ $\int x^\alpha\,dx=\dfrac{1}{\alpha+1}x^{\alpha+1}+C$ 　$(\alpha\ne -1)$

❷ $\int \dfrac{1}{x}\,dx=\log|x|+C$

❸ $\int \sin ax\,dx=-\dfrac{1}{a}\cos ax+C$

❹ $\int \cos ax\,dx=\dfrac{1}{a}\sin ax+C$

❺ $\int e^{ax}\,dx=\dfrac{1}{a}e^{ax}+C$ 　$(a\ne 0)$

❻ $\int \dfrac{1}{\sqrt{1-x^2}}\,dx=\sin^{-1}x+C$

❼ $\int \dfrac{1}{1+x^2}\,dx=\tan^{-1}x+C$

STEP　①　不定積分を求める．
　　　　②　積分範囲の端点を代入して定積分の値を求める．

解

(1) ①　与式 $=\left[\dfrac{1}{3}x^3-\dfrac{2}{2}x^2-x\right]_{-1}^{2}=\left[\dfrac{1}{3}x^3-x^2-x\right]_{-1}^{2}$

②　$=\left(\dfrac{1}{3}\cdot 2^3-2^2-2\right)-\left\{\dfrac{1}{3}\cdot(-1)^3-(-1)^2-(-1)\right\}$

$=\left(\dfrac{8}{3}-4-2\right)-\left(-\dfrac{1}{3}-1+1\right)=-3$

(2) ①　与式 $=\int_{1}^{3}(x^{\frac{1}{2}}-x^{-\frac{1}{2}})\,dx=\left[\dfrac{1}{\frac{1}{2}+1}x^{\frac{1}{2}+1}-\dfrac{1}{-\frac{1}{2}+1}x^{-\frac{1}{2}+1}\right]_{1}^{3}$

$=\left[\dfrac{2}{3}x^{\frac{3}{2}}-2x^{\frac{1}{2}}\right]_{1}^{3}=\left[\dfrac{2}{3}x\sqrt{x}-2\sqrt{x}\right]_{1}^{3}$

②　$=\left(\dfrac{2}{3}\cdot 3\sqrt{3}-2\sqrt{3}\right)-\left(\dfrac{2}{3}-2\right)=\dfrac{4}{3}$

(3) ①　与式 $=\left[-\dfrac{1}{2}\cos 2x\right]_{0}^{\frac{\pi}{3}}$

②　$=-\dfrac{1}{2}\left(\cos\dfrac{2}{3}\pi-\cos 0\right)=-\dfrac{1}{2}\left(-\dfrac{1}{2}-1\right)=\dfrac{3}{4}$

(4) ① 与式 $= \left[\dfrac{1}{3}\sin 3x\right]_{-\frac{\pi}{6}}^{0}$

② $= \dfrac{1}{3}\left\{\sin 0 - \sin\left(-\dfrac{\pi}{2}\right)\right\} = \dfrac{1}{3}\{0-(-1)\} = \dfrac{1}{3}$

(5) ① 積分範囲は正なので

与式 $= \left[\log x\right]_{1}^{2}$

② $= \log 2 - \log 1 = \log 2 - 0 = \log 2$ 　　　$\log 1 = 0$

(6) ① 与式 $= \left[-e^{-x}\right]_{0}^{1}$ 　　　$e^{0}=1$

② $= -(e^{-1} - e^{-0}) = -(e^{-1} - 1) = 1 - \dfrac{1}{e}$

(7) ① 与式 $= \left[\sin^{-1} x\right]_{0}^{\frac{1}{2}}$

② $= \sin^{-1}\dfrac{1}{2} - \sin^{-1} 0 = \dfrac{\pi}{6} - 0 = \dfrac{\pi}{6}$

(8) ① 与式 $= \left[\tan^{-1} x\right]_{-1}^{1}$

② $= \tan^{-1} 1 - \tan^{-1}(-1) = \dfrac{\pi}{4} - \left(-\dfrac{\pi}{4}\right) = \dfrac{\pi}{2}$

【解終】

── 逆三角関数 ──

$y = \sin^{-1} x \iff x = \sin y \quad \left(-\dfrac{\pi}{2} \leqq y \leqq \dfrac{\pi}{2}\right)$

$y = \cos^{-1} x \iff x = \cos y \quad (0 \leqq y \leqq \pi)$

$y = \tan^{-1} x \iff x = \tan y \quad \left(-\dfrac{\pi}{2} < y < \dfrac{\pi}{2}\right)$

しっかり復習しましょう

ハイッ！

p.28

演習 ▶ 2.18　　　　　　　　　　　　　　　　　　　解答 p.235

次の定積分の値を求めよ．

(1) $\displaystyle\int_{-2}^{1}(x^3+1)\,dx$ 　　(2) $\displaystyle\int_{1}^{4} x\sqrt{x}\,dx$ 　　(3) $\displaystyle\int_{1}^{2}\dfrac{1}{x\sqrt{x}}\,dx$

(4) $\displaystyle\int_{\frac{\pi}{6}}^{\frac{\pi}{2}} \sin 3x\,dx$ 　　(5) $\displaystyle\int_{-\frac{\pi}{2}}^{\frac{\pi}{4}} \cos 2x\,dx$ 　　(6) $\displaystyle\int_{1}^{e}\dfrac{1}{x}\,dx$

(7) $\displaystyle\int_{0}^{1} e^{3x}\,dx$ 　　(8) $\displaystyle\int_{-1}^{0}\dfrac{1}{\sqrt{1-x^2}}\,dx$ 　　(9) $\displaystyle\int_{1}^{2}\dfrac{1}{1+x^2}\,dx$

例題 ▶ 2.19 積分基本公式の確認 (2)

次の定積分の値を求めよう．

(1) $\displaystyle\int_0^1 (3x-1)^3 dx$ (2) $\displaystyle\int_1^2 \frac{1}{2x-1}dx$

(3) $\displaystyle\int_0^2 \sqrt{5x+2}\,dx$ (4) $\displaystyle\int_0^{\frac{\pi}{2}} \sin\left(2x-\frac{\pi}{3}\right)dx$

(5) $\displaystyle\int_0^{\frac{\pi}{4}} \cos\left(3x+\frac{\pi}{4}\right)dx$

(6) $\displaystyle\int_0^1 e^{\frac{1}{2}x+1}dx$

CHECK

❶ $\displaystyle\int f(x)\,dx = F(x)+C$
  $\Rightarrow \displaystyle\int f(ax+b)\,dx$
  $= \dfrac{1}{a}F(ax+b)+C$
  $(a \neq 0)$

❷ $\displaystyle\int x^\alpha dx = \dfrac{1}{\alpha+1}x^{\alpha+1}+C$
  $(\alpha \neq -1)$

❸ $\displaystyle\int \dfrac{1}{x}dx = \log|x|+C$

❹ $\displaystyle\int \sin x\,dx = -\cos x + C$

❺ $\displaystyle\int \cos x\,dx = \sin x + C$

❻ $\displaystyle\int e^x\,dx = e^x + C$

STEP
1. ❶を使って不定積分が求まることを確認する．
2. 不定積分を求める．
3. 積分範囲の端点を代入して定積分の値を求める．

解　(1) 1 $a=3$ として❶が使える．

2 ❶と❷より

$$与式 = \left[\dfrac{1}{3}\cdot\dfrac{1}{3+1}(3x-1)^{3+1}\right]_0^1 = \dfrac{1}{12}\left[(3x-1)^4\right]_0^1$$

3 $$= \dfrac{1}{12}\{2^4-(-1)^4\} = \dfrac{1}{12}(16-1) = \dfrac{15}{12} = \dfrac{5}{4}$$

(2) 1 $a=2$ として❶が使える．

2 ❶と❸より

$$与式 = \left[\dfrac{1}{2}\log|2x-1|\right]_1^2 = \dfrac{1}{2}\left[\log|2x-1|\right]_1^2$$

3 $$= \dfrac{1}{2}(\log 3 - \log 1) = \dfrac{1}{2}(\log 3 - 0) = \dfrac{1}{2}\log 3$$

(3) 1 $a=5$ として❶が使える．

2 ❶と❷より

$$与式 = \int_0^2 (5x+2)^{\frac{1}{2}}dx = \left[\dfrac{1}{5}\cdot\dfrac{1}{\frac{1}{2}+1}(5x+2)^{\frac{1}{2}+1}\right]_0^2 = \dfrac{2}{15}\left[(5x+2)^{\frac{3}{2}}\right]_0^2$$

③
$$= \frac{2}{15}(12^{\frac{3}{2}} - 2^{\frac{3}{2}}) = \frac{2}{15}(12\sqrt{12} - 2\sqrt{2}) = \frac{2}{15}(24\sqrt{3} - 2\sqrt{2})$$
$$= \frac{4}{15}(12\sqrt{3} - \sqrt{2})$$

$a^{\frac{3}{2}} = \sqrt{a^3} = a\sqrt{a} \ (a>0)$

(4) ① $a=2$ として❶が使える．
② ❹と❶より
$$与式 = \left[-\frac{1}{2}\cos\left(2x - \frac{\pi}{3}\right)\right]_0^{\frac{\pi}{2}} = -\frac{1}{2}\left[\cos\left(2x - \frac{\pi}{3}\right)\right]_0^{\frac{\pi}{2}}$$
③
$$= -\frac{1}{2}\left\{\cos\frac{2}{3}\pi - \cos\left(-\frac{\pi}{3}\right)\right\} = -\frac{1}{2}\left(-\frac{1}{2} - \frac{1}{2}\right) = \frac{1}{2}$$

(5) ① $a=3$ として❶が使える．
② ❺と❶より
$$与式 = \left[\frac{1}{3}\sin\left(3x + \frac{\pi}{4}\right)\right]_0^{\frac{\pi}{4}} = \frac{1}{3}\left[\sin\left(3x + \frac{\pi}{4}\right)\right]_0^{\frac{\pi}{4}}$$
③
$$= \frac{1}{3}\left(\sin\pi - \sin\frac{\pi}{4}\right) = \frac{1}{3}\left(0 - \frac{1}{\sqrt{2}}\right) = -\frac{1}{3\sqrt{2}} = -\frac{\sqrt{2}}{6}$$

(6) ① $a=\frac{1}{2}$ として❶が使える．
② ❻と❶より
$$与式 = \left[\frac{1}{\frac{1}{2}}e^{\frac{1}{2}x+1}\right]_0^1 = 2\left[e^{\frac{1}{2}x+1}\right]_0^1$$
③
$$= 2(e^{\frac{3}{2}} - e^1) = 2(e\sqrt{e} - e) = 2e(\sqrt{e} - 1)$$

【解終】

演習 ▶ 2.19

解答 p.236

次の定積分の値を求めよ．

(1) $\displaystyle\int_{-1}^{2}\frac{1}{(2x+3)^2}\,dx$
(2) $\displaystyle\int_{0}^{3}\frac{1}{3x+1}\,dx$
(3) $\displaystyle\int_{0}^{1}\sqrt{4-3x}\,dx$

(4) $\displaystyle\int_{0}^{\frac{\pi}{4}}\cos\left(4x - \frac{\pi}{6}\right)dx$
(5) $\displaystyle\int_{0}^{1}\sin\frac{\pi}{2}(x-3)\,dx$
(6) $\displaystyle\int_{1}^{2}e^{2-x}\,dx$

例題 ▶ 2.20　置換積分による定積分（1）

次の定積分の値を求めよう．

(1) $\displaystyle\int_0^1 x\sqrt{x+1}\,dx$　　(2) $\displaystyle\int_0^1 \dfrac{1}{e^x+1}\,dx$

(3) $\displaystyle\int_0^{\frac{\pi}{3}} \sin^3 x \cos x\,dx$

CHECK

❶ $x=g(t)$ とおくと
$$\int_a^b f(x)\,dx = \int_\alpha^\beta f(g(t))g'(t)\,dt$$
$$a=g(\alpha),\quad b=g(\beta)$$

❷ $g(x)=t$ とおくと
$$\int_a^b f(g(x))g'(x)\,dx = \int_\alpha^\beta f(t)\,dt$$
$$g(a)=\alpha,\quad g(b)=\beta$$

STEP　
① 適当な変数変換を見つけ，変換式を x で微分しておく．
② 積分区間の変更に気をつけながら，新しい変数の定積分に直す．
③ 定積分の値を求める．

解　(1) ① $\sqrt{x+1}=t$ とおき，両辺を 2 乗すると

$$x+1=t^2,\quad x=t^2-1$$

両辺を x で微分して　　（合成関数の微分）

$$1=\dfrac{d}{dx}(t^2-1)=\dfrac{d}{dt}(t^2-1)\dfrac{dt}{dx}=2t\dfrac{dt}{dx}\qquad \therefore\quad dx=2t\,dt$$

② $x:0\to 1$ のとき $t:1\to\sqrt{2}$ なので

$$\text{与式}=\int_1^{\sqrt{2}}(t^2-1)\,t\cdot 2t\,dt=2\int_1^{\sqrt{2}}t^2(t^2-1)\,dt$$

（積分区間の変更を忘れずに）

③
$$=2\int_1^{\sqrt{2}}(t^4-t^2)\,dt=2\left[\dfrac{1}{5}t^5-\dfrac{1}{3}t^3\right]_1^{\sqrt{2}}$$
$$=2\left\{\left(\dfrac{1}{5}\sqrt{2}^5-\dfrac{1}{3}\sqrt{2}^3\right)-\left(\dfrac{1}{5}-\dfrac{1}{3}\right)\right\}=2\left\{\left(\dfrac{4}{5}\sqrt{2}-\dfrac{2}{3}\sqrt{2}\right)-\left(-\dfrac{2}{15}\right)\right\}$$
$$=2\left(\dfrac{2}{15}\sqrt{2}+\dfrac{2}{15}\right)=\dfrac{4}{15}(\sqrt{2}+1)$$

(2) ① $e^x+1=t$ とおくと $e^x=t-1$．

両辺を x で微分すると

$$e^x=\dfrac{d}{dx}(t-1)=\dfrac{d}{dt}(t-1)\dfrac{dt}{dx}=1\cdot\dfrac{dt}{dx}=\dfrac{dt}{dx}$$

$$\therefore\quad dx=\dfrac{1}{e^x}dt,\quad dx=\dfrac{1}{t-1}dt$$

②　$x: 0 \to 1$ のとき $t: 2 \to e+1$ なので

$$与式 = \int_2^{e+1} \frac{1}{t} \cdot \frac{1}{t-1} dt = \int_2^{e+1} \frac{1}{t(t-1)} dt$$

③　部分分数に展開して積分すると

$$= \int_2^{e+1} \left(\frac{1}{t-1} - \frac{1}{t} \right) dt$$
$$= \left[\log|t-1| - \log|t| \right]_2^{e+1}$$
$$= \{\log e - \log(e+1)\} - (\log 1 - \log 2)$$
$$= \{1 - \log(e+1)\} - (0 - \log 2)$$
$$= 1 + \log 2 - \log(e+1) = 1 + \log \frac{2}{e+1}$$

$e^0 = 1$
$\log 1 = 0$
$\log e = 1$

部分分数展開

$\dfrac{1}{t(t-1)} = \dfrac{a}{t} + \dfrac{b}{t-1}$ とおくと
分子を比較して
　　$1 = a(t-1) + bt$
$t = 0$ を代入して $a = -1$
$t = 1$ を代入して $b = 1$

この変形はお好みで

(3)　①　$(\sin x)' = \cos x$ に注意して

$$\sin x = t \quad \left(-\frac{\pi}{2} \leq x \leq \frac{\pi}{2} \right)$$

とおく．両辺を x で微分すると

$$(\sin x)' = \frac{dt}{dx} \quad \text{より} \quad \cos x = \frac{dt}{dx} \quad \therefore \quad \cos x \, dx = dt$$

②　$x: 0 \to \dfrac{\pi}{3}$ のとき $t: 0 \to \dfrac{\sqrt{3}}{2}$ なので

$\sin 0 = 0$
$\sin \dfrac{\pi}{3} = \dfrac{\sqrt{3}}{2}$

$$与式 = \int_0^{\frac{\pi}{3}} (\sin x)^3 \cdot \cos x \, dx = \int_0^{\frac{\sqrt{3}}{2}} t^3 \, dt$$

③
$$= \left[\frac{1}{4} t^4 \right]_0^{\frac{\sqrt{3}}{2}} = \frac{1}{4} \left[t^4 \right]_0^{\frac{\sqrt{3}}{2}} = \frac{1}{4} \left\{ \left(\frac{\sqrt{3}}{2} \right)^4 - 0 \right\} = \frac{9}{64}$$

【解終】

演習 ▶ 2.20　　　　　　　　　　　　　　　　　　　　　　　　　解答 p. 237

次の定積分の値を求めよう．

(1)　$\displaystyle\int_0^1 x(x-1)^5 \, dx$　　　(2)　$\displaystyle\int_0^1 \sqrt{e^x - 1} \, dx$　　　(3)　$\displaystyle\int_0^{\frac{\pi}{6}} \sin x \cos^3 x \, dx$

(4)　$\displaystyle\int_1^2 \frac{\log x}{x} \, dx$

例題 ▶ 2.21　置換積分による定積分（2）

次の定積分の値を求めよう．

(1) $\displaystyle\int_2^4 \sqrt{4x-x^2}\,dx$ 　　(2) $\displaystyle\int_0^{\frac{\pi}{4}} \tan^3 x\,dx$

CHECK

❶ $\displaystyle\int_a^b f(x)\,dx = \int_\alpha^\beta f(g(t))g'(t)\,dt$

❷ $\displaystyle\int \cos ax\,dx = \frac{1}{a}\sin ax + C$

❸ $\displaystyle\int \frac{x}{1+x^2}\,dx = \frac{1}{2}\log(1+x^2) + C$

❹ $\displaystyle\int \frac{1}{x^2+a^2}\,dx = \frac{1}{a}\tan^{-1}\frac{x}{a} + C$

STEP
1. 適当な変数変換を見つけ変換式を x で微分しておく．
2. 積分区間の変更に注意して，新しい変数の定積分に書き直す．
3. 定積分の値を求める．

解　(1) 1 $\sqrt{\ }$ の中を平方完成すると

$$与式 = \int_2^4 \sqrt{2^2-(x-2)^2}\,dx$$

そこで，次の変換をする．

$$x-2 = 2\sin t \quad \left(-\frac{\pi}{2} \leq t \leq \frac{\pi}{2}\right) \quad \cdots Ⓐ$$

Ⓐの両辺を x で微分すると

$$1 = 2\frac{d}{dx}\sin t = 2\frac{d}{dt}\sin t \cdot \frac{dt}{dx} = 2\cos t \frac{dt}{dx}, \qquad dx = 2\cos t\,dt$$

（平方完成）
$\begin{aligned}4x-x^2 &= -(x^2-4x)\\ &= -\{(x-2)^2-2^2\}\\ &= -(x-2)^2+2^2\\ &= -2^2-(x-2)^2\end{aligned}$

2 積分範囲についてはⒶより

$x=2$ のとき　$0 = 2\sin t,\quad \sin t = 0,\quad t = 0$

$x=4$ のとき　$2 = 2\sin t,\quad \sin t = 1,\quad t = \dfrac{\pi}{2}$

となるので，

x	2	⟶	4
t	0	⟶	$\frac{\pi}{2}$

のように対応して変化する．

これらより，t の定積分に変換すると

$$与式 = \int_0^{\frac{\pi}{2}} \sqrt{2^2-(2\sin t)^2} \cdot 2\cos t\,dt = 2\int_0^{\frac{\pi}{2}} \sqrt{4(1-\sin^2 t)}\cos t\,dt$$

$$= 2\cdot 2\int_0^{\frac{\pi}{2}} \sqrt{\cos^2 t}\cos t\,dt = 4\int_0^{\frac{\pi}{2}} \cos t \cdot \cos t\,dt$$

$$= 4\int_0^{\frac{\pi}{2}} \cos^2 t\,dt$$

❺ $\cos^2 x = \dfrac{1}{2}(1+\cos 2x)$

3 このままでは積分できないので，変形してから❷を使って積分する．

$$\overset{❺}{=} 4\int_0^{\frac{\pi}{2}} \frac{1}{2}(1+\cos 2t)\,dt = 2\int_0^{\frac{\pi}{2}}(1+\cos 2t)\,dt$$

$$= 2\Big[t+\frac{1}{2}\sin 2t\Big]_0^{\frac{\pi}{2}} = 2\Big\{[t]_0^{\frac{\pi}{2}}+\frac{1}{2}[\sin 2t]_0^{\frac{\pi}{2}}\Big\}$$

$$= 2\Big\{\frac{\pi}{2}+\frac{1}{2}(\sin\pi-\sin 0)\Big\} = 2\Big\{\frac{\pi}{2}+\frac{1}{2}(0-0)\Big\} = \pi$$

❻ $1+\tan^2 x = \dfrac{1}{\cos^2 x}$

❼ $(\tan x)' = \dfrac{1}{\cos^2 x}$

(2) ① 公式❻❼を念頭において，$t = \tan x$ …Ⓑ とおく．

Ⓑの両辺を x で微分すると

$$\frac{dt}{dx} = \frac{1}{\cos^2 x} = 1+\tan^2 x = 1+t^2, \quad dx = \frac{1}{1+t^2}\,dt$$

② Ⓑの関係を使うと

$$\left.\begin{array}{l} x=0 \text{ のとき } t=\tan 0=0 \\ x=\dfrac{\pi}{4} \text{ のとき } t=\tan\dfrac{\pi}{4}=1 \end{array}\right\} \text{より}$$

x	0	$\longrightarrow$	$\dfrac{\pi}{4}$
t	0	$\longrightarrow$	1

と変化する．

これらより，t の定積分に書き直すと

$$\text{与式} = \int_0^1 t^3 \cdot \frac{1}{1+t^2}\,dt = \int_0^1 \frac{t^3}{1+t^2}\,dt$$

③ 有理関数の積分である．分子の方が次数が高いので，変形して

$$= \int_0^1 \frac{t\cdot t^2}{1+t^2}\,dt = \int_0^1 \frac{t(t^2+1)-t}{1+t^2}\,dt$$

分母と同じ式をつくった

分ける

$$= \int_0^1 \Big\{\frac{t(t^2+1)}{1+t^2} - \frac{t}{1+t^2}\Big\}dt = \int_0^1 \Big(t - \frac{t}{1+t^2}\Big)dt$$

$$\overset{❸}{=} \Big[\frac{1}{2}t^2 - \frac{1}{2}\log(1+t^2)\Big]_0^1 = \frac{1}{2}[t^2]_0^1 - \frac{1}{2}[\log(1+t^2)]_0^1$$

$$= \frac{1}{2} - \frac{1}{2}(\log 2 - \log 1) = \frac{1}{2} - \frac{1}{2}(\log 2 - 0) = \frac{1}{2}(1-\log 2)$$

【解終】

演習 ▶ 2.21　　　　　　　　　　　　　　　　　　　　　　　解答 p.238

次の定積分の値を求めよ．

(1) $\displaystyle\int_0^4 \frac{\sqrt{x}}{1+\sqrt{x}}\,dx$ 　　(2) $\displaystyle\int_1^2 \frac{1}{x+\sqrt{x-1}}\,dx$

例題 ▶ 2.22 部分積分による定積分

次の定積分の値を求めよ．
(1) $\int_0^{\frac{\pi}{4}} x\cos x\, dx$
(2) $\int_{-1}^{1} x^2 e^{-x}\, dx$
(3) $\int_1^{e} x^2 \log x\, dx$

CHECK

❶ $\int_a^b f(x)\cdot g'(x)\, dx$
$= \bigl[f(x)\cdot g(x)\bigr]_a^b$
$\quad - \int_a^b f'(x)\cdot g(x)\, dx$

STEP
1. 部分積分で求めるタイプであることを確認する（p.75 参照）．
2. $f(x)$，$g'(x)$ を決め，$f'(x)$，$g(x)$ を求めておく．
3. 部分積分を行い，式を整える．
4. 残った定積分を行い，値を求める．

解　(1) 1. 部分積分で求めるタイプである．
2. $f(x) = x$，$g'(x) = \cos x$ とおくと

$$f(x) = x \xrightarrow{\text{微分}} f'(x) = 1$$
$$g'(x) = \cos x \xrightarrow{\text{積分}} g(x) = \sin x$$

3. 与式 $= \bigl[x\sin x\bigr]_0^{\frac{\pi}{4}} - \int_0^{\frac{\pi}{4}} 1\cdot \sin x\, dx = \left(\frac{\pi}{4}\sin\frac{\pi}{4} - 0\right) - \int_0^{\frac{\pi}{4}} \sin x\, dx$

4. $\quad = \frac{\pi}{4}\cdot\frac{1}{\sqrt{2}} - \bigl[-\cos x\bigr]_0^{\frac{\pi}{4}} = \frac{\pi}{4\sqrt{2}} + \bigl[\cos x\bigr]_0^{\frac{\pi}{4}}$

$\quad = \frac{\pi}{4\sqrt{2}} + \left(\cos\frac{\pi}{4} - \cos 0\right) = \frac{\pi}{4\sqrt{2}} + \left(\frac{1}{\sqrt{2}} - 1\right) = \frac{\pi+4}{4\sqrt{2}} - 1$

(2) 1. 部分積分を 2 回行って求めるタイプである．
2. $f(x) = x^2$，$g(x) = e^{-x}$ とおくと

$$f(x) = x^2 \xrightarrow{\text{微分}} f'(x) = 2x$$
$$g'(x) = e^{-x} \xrightarrow{\text{積分}} g(x) = -e^{-x}$$

3. 与式 $= \bigl[x^2\cdot(-e^{-x})\bigr]_{-1}^{1} - \int_{-1}^{1} 2x\cdot(-e^{-x})\, dx$

$\quad = \bigl[-x^2 e^{-x}\bigr]_{-1}^{1} + 2\int_{-1}^{1} x e^{-x}\, dx$

4 残った定積分を再び部分積分で求める．

$$f(x) = x \xrightarrow{\text{微分}} f'(x) = 1$$
$$g'(x) = e^{-x} \xrightarrow{\text{積分}} g(x) = -e^{-x}$$

これより

$$= -\left[x^2 e^{-x}\right]_{-1}^{1} + 2\left\{\left[x \cdot (-e^{-x})\right]_{-1}^{1} - \int_{-1}^{1} 1 \cdot (-e^{-x})\,dx\right\}$$
$$= -\left[x^2 e^{-x}\right]_{-1}^{1} - 2\left[xe^{-x}\right]_{-1}^{1} + 2\int_{-1}^{1} e^{-x}\,dx$$

最後の定積分を求めて端点の値を代入していく．

$$= -\left[x^2 e^{-x}\right]_{-1}^{1} - 2\left[xe^{-x}\right]_{-1}^{1} - 2\left[e^{-x}\right]_{-1}^{1}$$
$$= -(e^{-1} - e^1) - 2\{e^{-1} - (-1)e^1\} - 2(e^{-1} - e^1)$$
$$= -e^{-1} + e - 2e^{-1} - 2e - 2e^{-1} + 2e = e - 5e^{-1} = e - \frac{5}{e}$$

(3) 1 部分積分で求めるタイプである．

2 $f(x) = \log x$, $g'(x) = x^2$ とおくと

$$f(x) = \log x \xrightarrow{\text{微分}} f'(x) = \frac{1}{x}$$

$$g'(x) = x^2 \xrightarrow{\text{積分}} g(x) = \frac{1}{3}x^3$$

3 与式 $= \left[\log x \cdot \frac{1}{3}x^3\right]_1^e - \int_1^e \frac{1}{x} \cdot \frac{1}{3}x^3\,dx$

$= \frac{1}{3}[x^3 \log x]_1^e - \frac{1}{3}\int_1^e x^2\,dx$

4 $= \frac{1}{3}(e^3 \log e - 1^3 \cdot \log 1) - \frac{1}{3}\left[\frac{1}{3}x^3\right]_1^e$

$= \frac{1}{3}(e^3 \cdot 1 - 1 \cdot 0) - \frac{1}{9}(e^3 - 1) = \frac{1}{9}(2e^3 + 1)$

【解終】

演習 ▶ 2.22 解答 p.239

次の定積分の値を求めよ．

(1) $\int_0^1 xe^{2x}\,dx$ (2) $\int_0^{\frac{\pi}{3}} x^2 \sin x\,dx$

Section 3. 広義積分と無限積分

■確認事項
【1】広義積分

$[a, b)$ や $(a, b]$ で連続な関数の定積分を次の極限で定義し

極限が収束するとき，**広義積分可能**

極限が収束しないとき，**広義積分不可能**

であるという．

p.154

- $y = f(x)$ が $[a, b)$ において連続であるとき

$$\int_a^b f(x)\,dx = \lim_{c \to b-0} \int_a^c f(x)\,dx$$

左側極限

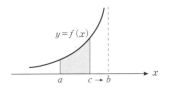

- $y = f(x)$ が $(a, b]$ において連続であるとき

$$\int_a^b f(x)\,dx = \lim_{c \to a+0} \int_c^b f(x)\,dx$$

右側極限

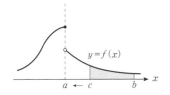

- $y = f(x)$ が $[a, b]$ の $x = c$ 以外で連続であるとき

$$\int_a^b f(x)\,dx = \int_a^c f(x)\,dx + \int_c^b f(x)\,dx$$

$$= \lim_{c_1 \to c-0} \int_a^{c_1} f(x)\,dx + \lim_{c_2 \to c+0} \int_{c_2}^b f(x)\,dx$$

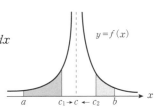

【2】無限積分

$[a, +\infty)$, $(-\infty, b]$, $(-\infty, +\infty)$ で連続な関数の定積分を次の極限で定義し

　　極限が収束するとき，**無限積分可能**

　　極限が収束しないとき，**無限積分不可能**

であるという．

- $y = f(x)$ が $[a, +\infty)$ で連続であるとき

$$\int_a^{+\infty} f(x)\,dx = \lim_{b \to +\infty} \int_a^b f(x)\,dx$$

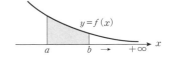

- $y = f(x)$ が $(-\infty, b]$ で連続であるとき

$$\int_{-\infty}^b f(x)\,dx = \lim_{a \to -\infty} \int_a^b f(x)\,dx$$

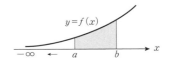

区間について

$[a, b) = \{x \mid a \leq x < b\}$,　　$[a, +\infty) = \{x \mid a \leq x\}$

$(a, b] = \{x \mid a < x \leq b\}$,　　$(-\infty, b] = \{x \mid b \geq x\}$

$[a, b] = \{x \mid a \leq x \leq b\}$,　　$(-\infty, +\infty) = \{x \mid x \text{ はすべての実数}\}$

広義積分，無限積分で表される関数の例

- ガンマ関数　　　$\Gamma(p) = \int_0^{+\infty} x^{p-1} e^{-x}\,dx$

- ベータ関数　　　$B(p, q) = \int_0^1 x^{p-1}(1-x)^{q-1}\,dx$

- ラプラス変換　　$\mathscr{L}[f(t)] = \int_0^{+\infty} e^{-st} f(t)\,dt$

広義積分や無限積分は確率統計，物理学，工学などに広く使われています

がんばります！

例題 ▶ 2.23 広義積分

次の広義積分について，収束すれば値を求めよう．

(1) $\displaystyle\int_1^2 \frac{1}{x-1}\,dx$ (2) $\displaystyle\int_0^1 \frac{x}{\sqrt{1-x^2}}\,dx$

CHECK

❶ $x \to a_{+0}$
   $x=a$ における右側極限
❷ $x \to b_{-0}$
   $x=b$ における左側極限
❸ $\displaystyle\lim_{x\to +0} \log x = -\infty$
❹ $\displaystyle\int \frac{1}{x+a}\,dx = \log|x+a| + C$

STEP
1. なるべく被積分関数のグラフの概形を描く．
2. 積分を連続の区間や，発散しない区間の極限としてかき直す．
3. 極限をとる前の定積分を求める．
4. 極限を調べ，収束する場合には値を求める．

解 (1) 1 $y = \dfrac{1}{x-1}$ のグラフは $y = \dfrac{1}{x}$ のグラフを x 軸方向へ 1 平行移動したグラフなので右下図のようになる．

2 $x=1$ において関数の値は発散してしまうので，積分区間の下端の方を極限でかき直して

$$\text{与式} = \lim_{a \to 1_{+0}} \int_a^2 \frac{1}{x-1}\,dx$$

3
$$= \lim_{a \to 1_{+0}} \Big[\log|x-1|\Big]_a^2$$
$$= \lim_{a \to 1_{+0}} (\log 1 - \log|a-1|)$$
$$= -\lim_{a \to 1_{-0}} \log|a-1|$$

4
$$= -(-\infty) = +\infty \quad \text{発散}$$

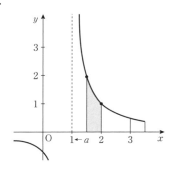

グラフの平行移動

(2) ① $0 \leq x \leq 1$ における $y = \dfrac{x}{\sqrt{1-x^2}}$ のグラフをだいたい描いてみると次のようになる．

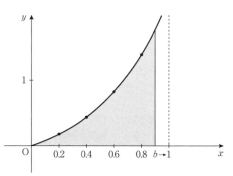

x	y
0	0
0.2	0.204
0.4	0.436
0.6	0.750
0.8	1.333
1	$+\infty$

② $x=1$ において発散しているので，積分区間の上端の方を極限でかき直して

$$\text{与式} = \lim_{b \to 1-0} \int_0^b \dfrac{x}{\sqrt{1-x^2}} dx$$

③ 先に次の被積分関数の不定積分を求めておく．

$(1-x^2)' = -2x$ に注意して $1-x^2 = t$ とおくと

$$(1-x^2)' = \dfrac{dt}{dx}, \quad -2x = \dfrac{dt}{dx}, \quad x\,dx = -\dfrac{1}{2}dt$$

これより

$$\int \dfrac{x}{\sqrt{1-x^2}} dx = \int (1-x^2)^{-\frac{1}{2}} x\,dx = \int t^{-\frac{1}{2}} \left(-\dfrac{1}{2}\right) dt = -\dfrac{1}{2}\int t^{-\frac{1}{2}} dt$$

$$= -\dfrac{1}{2} \dfrac{1}{-\dfrac{1}{2}+1} t^{-\frac{1}{2}+1} + C = -t^{\frac{1}{2}} + C = -\sqrt{t} + C = -\sqrt{1-x^2} + C$$

$$\therefore \quad \text{与式} = \lim_{b \to 1-0} \left[-\sqrt{1-x^2}\right]_0^b = -\lim_{b \to 1-0} \left[\sqrt{1-x^2}\right]_0^b = -\lim_{b \to 1-0} (\sqrt{1-b^2} - 1)$$

④ $= -(0-1) = 1$ ……… 収束

【解終】

演習 ▶ 2.23　　　　　　　　　　　　　　　　　　　　　　　　　　　　　解答 p.240

次の広義積分について，収束すれば値を求めよう．

(1) $\displaystyle\int_1^2 \dfrac{1}{(x-1)^2} dx$ 　　　(2) $\displaystyle\int_0^1 \dfrac{1}{\sqrt{1-x^2}} dx$

例題 ▶ 2.24 無限積分

次の無限積分について，収束すれば値を求めよう．

(1) $\displaystyle\int_0^\infty \frac{1}{x+1}\,dx$ (2) $\displaystyle\int_1^\infty \frac{1}{1+x^2}\,dx$

CHECK

❶ $\displaystyle\int \frac{1}{x+a}\,dx = \log|x+a| + C$

❷ $\displaystyle\int \frac{1}{x^2+1}\,dx = \tan^{-1} x + C$

❸ $\displaystyle\lim_{x\to +\infty} \log x = +\infty$

❹ $\displaystyle\lim_{x\to +\infty} \tan^{-1} x = \frac{\pi}{2}$

STEP
1. 被積分関数のグラフの概形を描く．
2. 無限積分を，積分区間が有限区間である定積分の極限に直す．
3. 有限区間の定積分を求める．
4. 極限を調べる．

解　(1) ① $y = \dfrac{1}{x+1}$ のグラフは，$y = \dfrac{1}{x}$ のグラフを x 軸方向へ -1 平行移動したグラフなので右図のようになる．

② 無限積分を極限を使ってかき直すと

$$\text{与式} = \lim_{a\to +\infty} \int_0^a \frac{1}{x+1}\,dx$$

③
$$= \lim_{a\to +\infty} \Big[\log|x+1|\Big]_0^a$$
$$= \lim_{a\to +\infty} (\log|a+1| - \log 1)$$
$$= \lim_{a\to +\infty} \log(a+1)$$

④ $= +\infty$　……発散

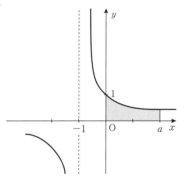

(2) ① $y = \dfrac{1}{1+x^2}$ のグラフを値を調べて描くと下図のようになる．

x	y
0	1
1	0.5
2	0.2
3	0.1
⋮	⋮

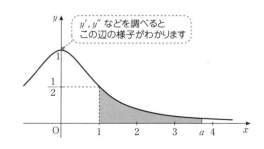

y', y'' などを調べるとこの辺の様子がわかります

2 無限積分を極限を使ってかき直すと

$$\text{与式} = \lim_{a \to +\infty} \int_1^a \frac{1}{1+x^2}\,dx$$

3
$$= \lim_{a \to +\infty} \left[\tan^{-1} x\right]_1^a = \lim_{a \to +\infty}\left(\tan^{-1} a - \tan^{-1} 1\right)$$

$$= \lim_{a \to +\infty}\left(\tan^{-1} a - \frac{\pi}{4}\right) = \lim_{a \to +\infty} \tan^{-1} a - \frac{\pi}{4}$$

4
$$= \frac{\pi}{2} - \frac{\pi}{4} = \frac{\pi}{4} \quad \cdots\cdots\cdots\text{収束}$$

$$y = \tan^{-1} x \Longleftrightarrow x = \tan y \quad \left(-\frac{\pi}{2} < y < \frac{\pi}{2}\right)$$

【解終】

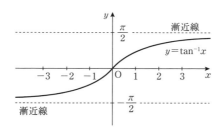

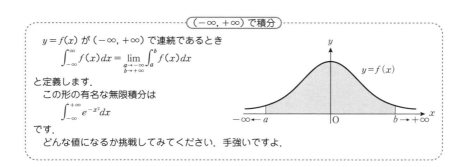

$(-\infty, +\infty)$ で積分

$y = f(x)$ が $(-\infty, +\infty)$ で連続であるとき
$$\int_{-\infty}^{\infty} f(x)\,dx = \lim_{\substack{a \to -\infty \\ b \to +\infty}} \int_a^b f(x)\,dx$$
と定義します.
この形の有名な無限積分は
$$\int_{-\infty}^{+\infty} e^{-x^2}\,dx$$
です.
どんな値になるか挑戦してみてください. 手強いですよ.

演習 ▶ 2.24 　　　　　　　　　　　　　　解答 p.241

次の無限積分について, 収束すれば値を求めよ.

(1) $\displaystyle\int_0^\infty \frac{1}{(x+1)^2}\,dx$　　　(2) $\displaystyle\int_1^\infty \frac{x}{1+x^2}\,dx$

Section 4. 面積，回転体の体積，曲線の長さ

■確認事項

【1】面 積

- $f(x)$, $g(x)$ が $[a, b]$ で連続なとき，下図 ▨ の部分の各面積 S は次式で求められる．

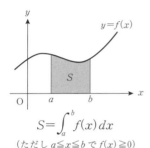

$$S = \int_a^b f(x)\,dx$$
（ただし $a \leqq x \leqq b$ で $f(x) \geqq 0$）

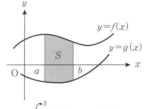

$$S = \int_a^b \{f(x) - g(x)\}\,dx$$
（ただし $a \leqq x \leqq b$ で $f(x) \geqq g(x)$）

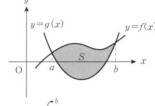

$$S = \int_a^b \{f(x) - g(x)\}\,dx$$
（ただし $a \leqq x \leqq b$ で $f(x) \geqq g(x)$）

- 極方程式 $r = f(\theta)$ $(\alpha \leqq \theta \leqq \beta)$ をもつ連続な曲線について，右図の ▨ の部分の面積 S は次式で求められる．

$$S = \frac{1}{2} \int_\alpha^\beta r^2\,d\theta$$

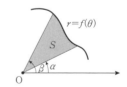

【2】回転体の体積

- $[a, b]$ で連続である曲線 $y = f(x)$ を x 軸のまわりに 1 回転させてできる立体の体積 V は次式で求められる．

$$V = \pi \int_a^b \{f(x)\}^2\,dx$$

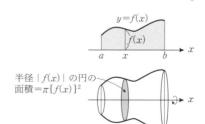

半径 $|f(x)|$ の円の面積 $= \pi\{f(x)\}^2$

【3】曲線の長さ

- $[a, b]$ で連続な曲線 $y = f(x)$ の長さ s は次式で求められる.

$$s = \int_a^b \sqrt{1 + \left(\frac{dy}{dx}\right)^2} \, dx$$

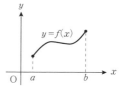

- パラメータ表示 $x = \varphi(t),\ y = \psi(t)\ (\alpha \leq t \leq \beta)$ をもつ連続な曲線の長さ s は次式で求められる.

$$s = \int_a^b \sqrt{\left(\frac{dx}{dt}\right)^2 + \left(\frac{dy}{dt}\right)^2} \, dt$$

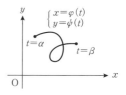

- 極方程式 $r = f(\theta)\ (\alpha \leq \theta \leq \beta)$ をもつ連続な曲線の長さ s は次式で求められる.

$$s = \int_a^b \sqrt{r^2 + \left(\frac{dr}{d\theta}\right)^2} \, d\theta$$

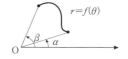

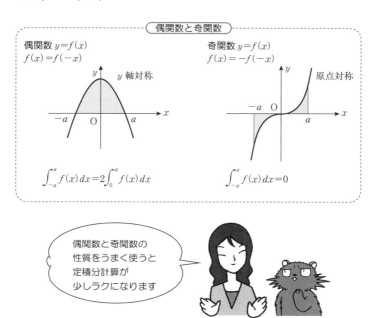

偶関数と奇関数

偶関数 $y = f(x)$
$f(x) = f(-x)$
y 軸対称

$$\int_{-a}^{a} f(x)\, dx = 2\int_{0}^{a} f(x)\, dx$$

奇関数 $y = f(x)$
$f(x) = -f(-x)$
原点対称

$$\int_{-a}^{a} f(x)\, dx = 0$$

偶関数と奇関数の性質をうまく使うと定積分計算が少しラクになります

例題 ▶ 2.25 面積 (1)

次の関数のグラフと、x軸、y軸で囲まれた部分の面積Sを求めよう.

$$y = \sqrt{x+2}$$

CHECK

❶ $\int f(x)\,dx = F(x) + C$

$\Rightarrow \int f(ax+b)\,dx$

$= \dfrac{1}{a} F(ax+b) + C$

$(a \neq 0)$

STEP
① 関数のグラフを描き、面積を求めたい部分を確認する.
② 図を見ながら面積Sを求める定積分の式を立てる.
③ 定積分を計算し、Sの値を求める.

解 ① $y = \sqrt{x+2}$ のグラフは $y = \sqrt{x}$ のグラフを x 軸方向へ -2 平行移動したものなので、右図のようになる.
ゆえに面積を求めたい部分は、■ の部分となる.

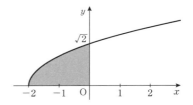

② 図を見ながら S を求める式を立てると

$$S = \int_{-2}^{0} \sqrt{x+2}\,dx$$

③ ❶ $(a=1,\ b=2)$ を使って

$$= \int_{-2}^{0} (x+2)^{\frac{1}{2}}\,dx = \left[\dfrac{1}{\frac{1}{2}+1}(x+2)^{\frac{1}{2}+1}\right]_{-2}^{0} = \dfrac{2}{3}\left[(x+2)^{\frac{3}{2}}\right]_{-2}^{0}$$

$$= \dfrac{2}{3}(2^{\frac{3}{2}} - 0) = \dfrac{2}{3} \cdot 2\sqrt{2} = \dfrac{4}{3}\sqrt{2}$$

【解終】

演習 ▶ 2.25

解答 p.242

次の関数のグラフと、x軸、y軸で囲まれた部分の面積Sを求めよ.

$$y = \log(x+2)$$

例題 ▶ 2.26 面積 (2)

次の関数Ⓐと圏のグラフに囲まれた部分の面積 S を求めよう．

$$\begin{cases} y=\sqrt{x} & \cdots Ⓐ \\ y=|x-2| & \cdots Ⓑ \end{cases}$$

❶ $S=\int_a^b f(x)\,dx$

❷ $S=\int_a^b \{f(x)-g(x)\}\,dx$

❸ $\int x^\alpha\,dx=\dfrac{1}{\alpha+1}x^{\alpha+1}+C$
$\qquad(\alpha\ne-1)$

STEP
① 各方程式が表す曲線を描き，面積を求めたい部分を確認する．
② 図を見ながら面積 S を求める定積分の式を立てる．
③ 定積分を計算し，S の値を求める．

解
① 関数Ⓐのグラフは横向き放物線の上半分である．Ⓑは

$$y=|x-2|=\begin{cases} x-2 & (x\geqq 2) \\ -(x-2)=-x+2 & (x<2) \end{cases}$$

$\left(|a|=\begin{cases} a & (a\geqq 0) \\ -a & (a<0) \end{cases}\right)$

と分かれるので図のような折れ線となり，2つのグラフに囲まれるのは ▨ の部分となる．

② 図のように各部分の面積を S, S_1, S_2 とおくと
$$S=\int_1^4 \sqrt{x}\,dx - S_1 - S_2$$

③ S を計算する．S_1, S_2 は三角形の面積なので

$$S=\int_1^4 x^{\frac{1}{2}}\,dx - \frac{1}{2}\cdot 1\cdot 1 - \frac{1}{2}\cdot 2\cdot 2 = \left[\dfrac{1}{\frac{1}{2}+1}x^{\frac{1}{2}+1}\right]_1^4 - \frac{1}{2} - 2$$

$$= \frac{2}{3}\left[x^{\frac{3}{2}}\right]_1^4 - \frac{5}{2} = \frac{2}{3}\left(4^{\frac{3}{2}}-1^{\frac{3}{2}}\right) - \frac{5}{2} = \frac{2}{3}\left(4\sqrt{4}-1\right) - \frac{5}{2}$$

$$= \frac{2}{3}(4\cdot 2-1) - \frac{5}{2} = \frac{2}{3}\cdot 7 - \frac{5}{2} = \frac{14}{3} - \frac{5}{2} = \frac{28-15}{6} = \frac{13}{6}$$

【解終】

演習 ▶ 2.26

次の2つの関数のグラフに囲まれた部分の面積 S を求めよ．

$$y=2\sqrt{x+2}, \quad y=x+|x|$$

例題 ▶ 2.27 面積（3）

次のパラメータ表示されたサイクロイド曲線と x 軸とで囲まれた部分の面積 S を求めよう．

$$\begin{cases} x = t - \sin t \\ y = 1 - \cos t \end{cases} \quad (0 \leq t \leq 2\pi)$$

CHECK

❶ パラメータ表示を使った変数変換
$$x = f(t),\ y = g(t)$$
$$\int_a^b y\,dx = \int_\alpha^\beta g(t)f'(t)\,dt$$
$$(a = f(\alpha),\ b = f(\beta))$$

❷ サイクロイド曲線
円が定直線に接しながらすべることなく回転するときに，円周上の定点が描く曲線

STEP
① t の値を数個入れ，そのときの $x,\ y$ の値を求めて，曲線のだいたいの形を描く．
② S を求める式を t の定積分として表す．
③ 定積分を計算し，S の値を求める．

解

① $0 \leq t \leq 2\pi$ なので，$t = 0, \pi, 2\pi$ のときの (x, y) を調べて表にすると

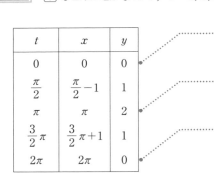

$t = 0$ のとき $\begin{cases} x = 0 - \sin 0 = 0 - 0 = 0 \\ y = 1 - \cos 0 = 1 - 1 = 0 \end{cases}$

$t = \pi$ のとき $\begin{cases} x = \pi - \sin \pi = \pi - 0 = \pi \\ y = 1 - \cos \pi = 1 - (-1) = 2 \end{cases}$

$t = 2\pi$ のとき $\begin{cases} x = 2\pi - \sin 2\pi = 2\pi - 0 = 2\pi \\ y = 1 - \cos 2\pi = 1 - 1 = 0 \end{cases}$

表には他に $t = \dfrac{\pi}{2},\ \dfrac{3}{2}\pi$ のときも示してある

これらより，だいたいのグラフを描くと下図のようになる．

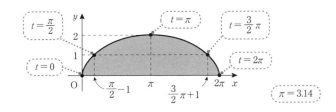

② S は図の ▨ の部分の面積なので，x の定積分でかくと
$$S = \int_0^{2\pi} f(x)\,dx = \int_0^{2\pi} y\,dx$$

ただし，$y=f(x)$ はサイクロイド曲線を直交座標で表したときの式である．同じ曲線をパラメータ表示を使って表すと，問題で与えられた式になる．

x の式の両辺を x で微分すると

$$1=(1-\cos t)\frac{dt}{dx}, \quad dx=(1-\cos t)dt$$

また，$x:0 \longrightarrow 2\pi$ のとき $t:0 \longrightarrow 2\pi$ なので ← 左ページ数表より

$$S=\int_0^{2\pi}\underbrace{(1-\cos t)}_{=y}\cdot\underbrace{(1-\cos t)dt}_{=dx}=\int_0^{2\pi}(1-\cos t)^2 dt$$

3 2乗をはずして計算する．

$$S=\int_0^{2\pi}(1-2\cos t+\cos^2 t)dt=\int_0^{2\pi}\left\{1-2\cos t+\frac{1}{2}(1+\cos 2t)\right\}dt$$

倍角公式 $\cos^2 t=\dfrac{1}{2}(1+\cos 2t)$

$$=\int_0^{2\pi}\left(\frac{3}{2}-2\cos t+\frac{1}{2}\cos 2t\right)dt$$

$$=\left[\frac{3}{2}t-2\sin t+\frac{1}{2}\cdot\frac{1}{2}\sin 2t\right]_0^{2\pi}=\left[\frac{3}{2}t-2\sin t+\frac{1}{4}\sin 2t\right]_0^{2\pi}$$

$$=\frac{3}{2}(2\pi-0)-2(\sin 2\pi-\sin 0)+\frac{1}{4}(\sin 4\pi-\sin 0)$$

$$=3\pi-2(0-0)+\frac{1}{4}(0-0)=3\pi$$

【解終】

演習 ▶ 2.27 解答 p. 243

右の表を埋めて，パラメータ表示された次の曲線を描き，曲線と x 軸とで囲まれた部分の面積 S を求めよ．

$$\begin{cases} x=t^2+1 \\ y=t^2-2t \end{cases}$$

t	x	y
-3		
-2		
-1		
0		
1		
2		
3		

Section 4. 面積，回転体の体積，曲線の長さ

例題 ▶ 2.28 面積(4)

次の極方程式で与えられたカージオイド曲線が囲む図形の面積 S を求めよう.

$$r = 1 + \cos\theta$$

❶ 極座標表示 $r = f(\theta)$

$$S = \frac{1}{2}\int_\alpha^\beta r^2 d\theta$$

STEP
1. 曲線の概形を描く.
2. 面積 S を求める式を, θ の定積分として立てる.
3. 定積分を計算し, S の値を求める.

解
1. 式より r は θ について周期 2π の関数なので, $0 \leq \theta \leq 2\pi$ の範囲で r の値を調べ, グラフを描くと次のようになる.

θ	r	θ	r
0	2	$\frac{5}{4}\pi$	$1-\frac{1}{\sqrt{2}}$
$\frac{\pi}{4}$	$1+\frac{1}{\sqrt{2}}$	$\frac{3}{2}\pi$	1
$\frac{\pi}{2}$	1	$\frac{7}{4}\pi$	$1+\frac{1}{\sqrt{2}}$
$\frac{3}{4}\pi$	$1-\frac{1}{\sqrt{2}}$	2π	2
π	0		

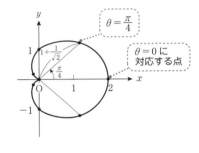

電卓で求めてもよい

2. 曲線上の点は $\theta : 0 \to 2\pi$ と動くとき, 1 周してもとにもどってくるので

$$S = \frac{1}{2}\int_0^{2\pi} r^2 d\theta = \frac{1}{2}\int_0^{2\pi}(1+\cos\theta)^2 d\theta$$

3. 2乗をはずして計算すると

$$S = \frac{1}{2}\int_0^{2\pi}(1+2\cos\theta+\cos^2\theta)d\theta$$

$$= \frac{1}{2}\int_0^{2\pi}\left\{1+2\cos\theta+\frac{1}{2}(1+\cos 2\theta)\right\}d\theta$$

$$= \frac{1}{2}\int_0^{2\pi}\left(\frac{3}{2}+2\cos\theta+\frac{1}{2}\cos 2\theta\right)d\theta$$

倍角公式

$$\cos^2\theta = \frac{1}{2}(1+\cos 2\theta)$$

$$\sin^2\theta = \frac{1}{2}(1-\cos 2\theta)$$

$$= \frac{1}{2}\left[\frac{3}{2}\theta + 2\sin\theta + \frac{1}{2}\cdot\frac{1}{2}\sin 2\theta\right]_0^{2\pi}$$

$$= \frac{1}{2}\left[\frac{3}{2}\theta + 2\sin\theta + \frac{1}{4}\sin 2\theta\right]_0^{2\pi}$$

$$= \frac{1}{2}\left\{\frac{3}{2}(2\pi-0) + 2(\sin 2\pi - \sin 0) + \frac{1}{4}(\sin 4\pi - \sin 0)\right\}$$

$$= \frac{1}{2}\left\{3\pi + 2(0-0) + \frac{1}{4}(0-0)\right\}$$

$$= \frac{3}{2}\pi$$

【解終】

リマソン

一般に,極方程式
$$r = a + b\cos\theta$$
で表わされる曲線を**リマソン**といい,a と b の値により次のような曲線になります.
特に $a = b$ のときの曲線を**カージオイド**(心臓形)と呼びます.

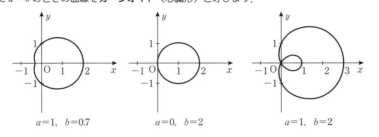

$a=1,\ b=0.7$　　　$a=0,\ b=2$　　　$a=1,\ b=2$

演習 ▶ 2.28 　　　　　　　　　　　　　　　　　　　　解答 p.244

極方程式 $r = \sin 2\theta$ で表された曲線について,次の問に答えよ.

(1) 右の表を埋めて r の値を調べ,曲線を描け.

(2) $0 \leqq \theta \leqq \dfrac{\pi}{2}$ のとき,曲線が囲む図形の面積 S を求めよ.

θ	2θ	$r = \sin 2\theta$
0		
$\pi/12$		
$\pi/6$		
$\pi/4$		
$\pi/3$		
$5\pi/12$		
$\pi/2$		

例題 ▶ 2.29　回転体の体積 (1)

次の曲線と x 軸, y 軸で囲まれた部分を x 軸のまわりに 1 回転させてできる立体の体積 V を求めよう．

(1) $\sqrt{x}+\sqrt{y}=1$

(2) サイクロイド
$$\begin{cases} x = t - \sin t \\ y = 1 - \cos t \end{cases} \quad (0 \leqq t \leqq 2\pi)$$

CHECK

❶ 回転体の体積
$$V = \pi \int_a^b y^2 dx$$

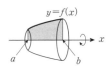

x	y
0	1
0.2	0.31
0.4	0.14
0.6	0.05
0.8	0.01
1	0

STEP
1. どのような図形を 1 回転させるのか描く．
2. 体積 V を求める定積分の式を立てる．
3. 定積分を計算し，V の値を求める．

解　(1)　1. 式の形より $0 \leqq x \leqq 1$ である．

$\sqrt{x}+\sqrt{y}=1$ を $y=$ の式に直すと
$$\sqrt{y} = 1 - \sqrt{x}, \quad y = (1-\sqrt{x})^2$$

数表をつくり，この関数のグラフを描くと右図のようになる．■部分を回転させて立体を作る．

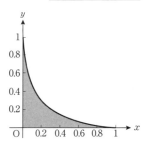

2. 体積 V を求める式をつくると
$$V = \pi \int_0^1 \{(1-\sqrt{x})^2\}^2 dx$$

3. 順に 2 乗をはずして計算すると
$$\{(1-\sqrt{x})^2\}^2 = (1-2\sqrt{x}+x)^2 = \{(1+x)-2\sqrt{x}\}^2$$
$$= (1+x)^2 - 4\sqrt{x}(1+x) + 4x = 1 + 6x + x^2 - 4x\sqrt{x} - 4\sqrt{x}$$

$$V = \pi \int_0^1 (1 + 6x + x^2 - 4x^{\frac{3}{2}} - 4x^{\frac{1}{2}}) dx$$
$$= \pi \left[x + \frac{6}{2}x^2 + \frac{1}{3}x^3 - 4 \cdot \frac{1}{\frac{3}{2}+1} x^{\frac{3}{2}+1} - 4 \cdot \frac{1}{\frac{1}{2}+1} x^{\frac{1}{2}+1} \right]_0^1$$
$$= \pi \left[x + 3x^2 + \frac{1}{3}x^3 - \frac{8}{5}x^{\frac{5}{2}} - \frac{8}{3}x^{\frac{3}{2}} \right]_0^1$$
$$= \pi \left(1 + 3 + \frac{1}{3} - \frac{8}{5} - \frac{8}{3} \right) = \frac{1}{15}\pi$$

(2) ① 1回転させるのは右図 ■■ の部分である．

② 体積 V を xy 座標を用いて表すと
$$V = \pi \int_0^{2\pi} y^2 dx$$

③ 曲線のパラメータ表示を使って変数変換をし，V の値を求める．

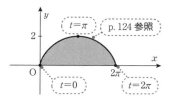

p.124 参照

$x = t - \sin t$ より $\dfrac{dx}{dt} = 1 - \cos t$，

x	$0 \longrightarrow 2\pi$
t	$0 \longrightarrow 2\pi$

$\therefore V = \pi \int_0^{2\pi} (1-\cos t)^2 (1-\cos t) dt = \pi \int_0^{2\pi} (1-\cos t)^3 dt$

$= \pi \int_0^{2\pi} (1 - 3\cos t + 3\cos^2 t - \cos^3 t) dt$

$= \pi \int_0^{2\pi} (1 + 3\cos^2 t) dt$

$= \pi \int_0^{2\pi} \left\{ 1 + \dfrac{3}{2}(1 + \cos 2t) \right\} dt$

$= \pi \int_0^{2\pi} \left(\dfrac{5}{2} + \dfrac{3}{2}\cos 2t \right) dt = \pi \left[\dfrac{5}{2} t \right]_0^{2\pi} = 5\pi^2$

$(a-b)^3 = a^3 - 3a^2b + 3ab^2 - b^3$

$\int_0^{2\pi} \cos t\, dt = 0$
$\int_0^{2\pi} \cos^3 t\, dt = 0$

$\int_0^{2\pi} \cos 2t\, dt = 0$

【解終】

$\cos t, \cos^3 t, \cos 2t$ の一周期分の定積分の値は 0 となります

演習 ▶ 2.29　　　　解答 p.244

(1) 双曲線 $x^2 - y^2 = 1$ ($x \geq 0$, $y \geq 0$) と直線 $x = 2$ および x 軸で囲まれた図形を x 軸のまわりに 1 回転させてできる立体の体積 V を求めよ．

(2) パラメータ表示された次の曲線と直線 $x = 2$ および x 軸とで囲まれた図形を，x 軸のまわりに 1 回転させてできる立体の体積 V を求めよ．

$$\begin{cases} x = 3t - t^3 \\ y = 3t^2 \end{cases} \quad (0 \leq t \leq 1)$$

Section 4. 面積，回転体の体積，曲線の長さ

例題 ▶ 2.30 回転体の体積 (2)

次の極方程式で表された曲線と x 軸,y 軸により囲まれた図形を x 軸のまわりに1回転させてできる立体の体積 V を求めよう.

$$r = 1 + \cos\theta \quad \left(0 \leq \theta \leq \frac{\pi}{2}\right)$$

❶ 回転体の体積

$$V = \pi \int_a^b y^2 dx$$

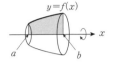

❷ 極座標

$$\begin{cases} x = r\cos\theta \\ y = r\sin\theta \end{cases}$$

STEP
① どのような図形を1回転させるのか図を描く.
② V を求める定積分の式を立てる.
③ 定積分を計算し,V の値を求める.

解 ① この式はカージオイドである.

$0 \leq \theta \leq \dfrac{\pi}{2}$ より回転させるのは右下図 ▨ の部分である.

② 立体の体積 V を xy 座標の定積分でかくと

$$V = \pi \int_0^2 y^2 dx$$

③ 曲線は極方程式で表されているので,

極座標に変数変換すると,x,y は

$$\begin{cases} x = r\cos\theta = (1+\cos\theta)\cos\theta \\ y = r\sin\theta = (1+\cos\theta)\sin\theta \end{cases}$$

……… $r = 1 + \cos\theta$ を代入

と変数 θ を使って表される.さらに x の式を θ で微分すると

$$\frac{dx}{d\theta} = \{(1+\cos\theta)\cos\theta\}'$$ ……… 積の微分

$$= (1+\cos\theta)' \cdot \cos\theta + (1+\cos\theta) \cdot (\cos\theta)'$$

$$= (-\sin\theta)\cos\theta + (1+\cos\theta)(-\sin\theta)$$

$$= -\sin\theta\cos\theta - \sin\theta - \cos\theta\sin\theta$$

$$= -2\sin\theta\cos\theta - \sin\theta = -\sin\theta(1+2\cos\theta)$$

∴ $dx = -\sin\theta(1+2\cos\theta)d\theta$

また，$x : 0 \to 2$ のとき $\theta : \dfrac{\pi}{2} \to 0$ なので

$$\begin{aligned}
V &= \pi \int_0^2 y^2 dx \\
&= \pi \int_{\frac{\pi}{2}}^0 \{(1+\cos\theta)\sin\theta\}^2 \{-\sin\theta(1+2\cos\theta)\} d\theta \\
&= -\pi \int_{\frac{\pi}{2}}^0 (1+\cos\theta)^2 \underline{\sin^2\theta} \cdot \sin\theta(1+2\cos\theta) d\theta \\
&= -\pi \int_{\frac{\pi}{2}}^0 (1+\cos\theta)^2 \underline{(1-\cos^2\theta)}(1+2\cos\theta)\sin\theta d\theta
\end{aligned}$$

$\sin^2\theta + \cos^2\theta = 1$

ここで，$\cos\theta = t$ とおくと，両辺を θ で微分して

$$-\sin\theta = \dfrac{dt}{d\theta}, \quad \sin\theta d\theta = (-1) dt$$

また，$\theta : \dfrac{\pi}{2} \to 0$ のとき $t : 0 \to 1$ より

$$\begin{aligned}
V &= -\pi \int_0^1 (1+t)^2 (1-t^2)(1+2t)(-1) dt \\
&= \pi \int_0^1 (1+t)^2 (1-t^2)(1+2t) dt
\end{aligned}$$

展開して計算すると

$$\begin{aligned}
&= \pi \int_0^1 (1+4t+4t^2-2t^3-5t^4-2t^5) dt \\
&= \pi \left[t+2t^2+\dfrac{4}{3}t^3-\dfrac{1}{2}t^4-t^5-\dfrac{1}{3}t^6 \right]_0^1 \\
&= \dfrac{5}{2}\pi
\end{aligned}$$

【解終】

演習 ▶ 2.30　　　　　　　　　　　　　　　　　　　　　　解答 p. 245

次の極方程式で表された曲線と x 軸により囲まれた図形を x 軸のまわりに 1 回転させてできる立体の体積 V を求めよ．

$$r = \cos 2\theta \quad \left(0 \leqq \theta \leqq \dfrac{\pi}{4} \right)$$

例題 ▶ 2.31 曲線の長さ (1)

放物線 $y = \dfrac{1}{2}x^2$ の $0 \leq x \leq 1$ の部分の長さ s を求めよう．

CHECK

❶ 曲線の長さ
$y = f(x) \quad (a \leq x \leq b)$
$s = \displaystyle\int_a^b \sqrt{1 + (y')^2}\, dx$

STEP
① どの部分の長さを求めるのか図示する．
② 長さ s を求める定積分の式を立てる．
③ 定積分を計算し，s の値を求める．

解　① 長さを求める部分は，右図太線の部分である．

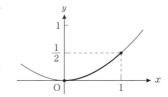

② y' を求めると
$$y' = \left(\dfrac{1}{2}x^2\right)' = \dfrac{1}{2} \cdot 2x = x$$

ゆえに長さ s は ❶ より
$$s = \int_0^1 \sqrt{1+x^2}\, dx \quad \text{……p.95 演習 2.14 参照}$$

③ 定積分を計算する．
$$x + \sqrt{1+x^2} = t \quad \cdots \text{Ⓐ} \quad \text{とおくと} \quad \sqrt{1+x^2} = t - x \quad \cdots \text{Ⓑ}$$

両辺を 2 乗して，$x =$ に直すと
$$1 + x^2 = (t-x)^2, \quad 1+x^2 = t^2 - 2tx + x^2, \quad 2tx = t^2 - 1$$
$$x = \dfrac{t^2-1}{2t} \quad \cdots \text{Ⓒ}$$

Ⓒの両辺を t で微分すると
$$\dfrac{dx}{dt} = \left(\dfrac{t^2-1}{2t}\right)' = \dfrac{1}{2}\left(t - \dfrac{1}{t}\right)' = \dfrac{1}{2}\left(1 + \dfrac{1}{t^2}\right) = \dfrac{1}{2} \cdot \dfrac{t^2+1}{t^2} = \dfrac{t^2+1}{2t^2}$$

ⒷにⒸを代入すると
$$\sqrt{1+x^2} = t - \dfrac{t^2-1}{2t} = \dfrac{2t^2 - (t^2-1)}{2t} = \dfrac{t^2+1}{2t}$$

積分範囲の変化は，Ⓐに代入して
$$\left.\begin{array}{l} x = 0 \text{ のとき} \quad t = 0 + \sqrt{1+0} = 1 \\ x = 1 \text{ のとき} \quad t = 1 + \sqrt{1+1^2} = 1 + \sqrt{2} \end{array}\right\} \text{より}$$

x	0	$\longrightarrow$	1
t	1	$\longrightarrow$	$1+\sqrt{2}$

以上より

$$\sqrt{1+x^2} = \frac{t^2+1}{2t}, \quad dx = \frac{t^2+1}{2t^2}dt, \quad \begin{array}{c|ccc} x & 0 & \longrightarrow & 1 \\ \hline t & 1 & \longrightarrow & 1+\sqrt{2} \end{array}$$

となったので，s を求める式に代入すると

$$s = \int_1^{1+\sqrt{2}} \frac{t^2+1}{2t} \cdot \frac{t^2+1}{2t^2}\,dt = \frac{1}{4}\int_1^{1+\sqrt{2}} \frac{(1+t^2)^2}{t^3}\,dt$$

分子を展開して計算する．

$$= \frac{1}{4}\int_1^{1+\sqrt{2}} \frac{t^4+2t^2+1}{t^3}\,dt = \frac{1}{4}\int_1^{1+\sqrt{2}} \left(\frac{t^4}{t^3} + \frac{2t^2}{t^3} + \frac{1}{t^3}\right)dt$$

（分ける）

$$= \frac{1}{4}\int_1^{1+\sqrt{2}} \left(t + 2\cdot\frac{1}{t} + t^{-3}\right)dt = \frac{1}{4}\left[\frac{1}{2}t^2 + 2\log t + \frac{1}{-3+1}t^{-3+1}\right]_1^{1+\sqrt{2}}$$

$$= \frac{1}{4}\left[\frac{1}{2}t^2 + 2\log t - \frac{1}{2}\cdot\frac{1}{t^2}\right]_1^{1+\sqrt{2}}$$

（$t^{-2} = \dfrac{1}{t^2}$）

$$= \frac{1}{4}\left[\frac{1}{2}\left\{(1+\sqrt{2})^2 - 1^2\right\} + 2\left\{\log(1+\sqrt{2}) - \log 1\right\} - \frac{1}{2}\left\{\frac{1}{(1+\sqrt{2})^2} - \frac{1}{1^2}\right\}\right]$$

$$= \frac{1}{4}\left[\frac{1}{2}(1+2\sqrt{2}+2-1) + 2\left\{\log(1+\sqrt{2}) - 0\right\} - \frac{1}{2}\left(\frac{1}{3+2\sqrt{2}} - 1\right)\right]$$

$$= \frac{1}{4}\left[\frac{1}{2}(2+2\sqrt{2}) + 2\log(1+\sqrt{2}) - \frac{1}{2}\left\{\frac{3-2\sqrt{2}}{(3+2\sqrt{2})(3-2\sqrt{2})} - 1\right\}\right]$$

$$= \frac{1}{4}\left[1+\sqrt{2} + 2\log(1+\sqrt{2}) - \frac{1}{2}\left\{\frac{3-2\sqrt{2}}{3^2-(2\sqrt{2})^2} - 1\right\}\right]$$

$$= \frac{1}{4}\left\{1+\sqrt{2} + 2\log(1+\sqrt{2}) - \frac{1}{2}(3-2\sqrt{2}-1)\right\}$$

$$= \frac{1}{4}\left\{1+\sqrt{2} + 2\log(1+\sqrt{2}) - \frac{1}{2}(2-2\sqrt{2})\right\}$$

$$= \frac{1}{4}\left\{1+\sqrt{2} + 2\log(1+\sqrt{2}) - 1+\sqrt{2}\right\} = \frac{1}{4}\left\{2\sqrt{2} + 2\log(1+\sqrt{2})\right\}$$

$$= \frac{1}{2}\left\{\sqrt{2} + \log(1+\sqrt{2})\right\} \quad (\fallingdotseq 1.15)$$

【解終】

演習 ▶ 2.31　　　　　　　　　　　　　　　　　　　　　　　　　　　　　　解答 p.246

$y = e^x$ のグラフの $0 \leqq x \leqq 1$ の部分の長さ s を求めよ．

Section 4．面積，回転体の体積，曲線の長さ

例題 ▶ 2.32 曲線の長さ (2)

次のパラメータ表示された曲線の長さを求めよう.

$$\begin{cases} x = t^3 - 3t \\ y = 3t^2 \end{cases} \quad (-\sqrt{3} \leq t \leq \sqrt{3})$$

CHECK

❶ 曲線の長さ
パラメータ表示
$$\begin{cases} x = f(t) \\ y = g(t) \end{cases} \quad (a \leq t \leq b)$$
$$s = \int_a^b \sqrt{\{f'(t)\}^2 + \{g'(t)\}^2}\, dt$$

STEP
① 曲線の概形を描く.
② 長さ s の式を t の定積分として立てる.
③ 定積分を計算し,s の値を求める.

解 ① 数表をつくり曲線を描くと,だいたい右下図のようになる.

t	x	y
$-\sqrt{3}$	0	9
-1	2	3
0	0	0
1	-2	3
$\sqrt{3}$	0	9

② $\dfrac{dx}{dt},\ \dfrac{dy}{dt}$ を求め,❶ を使って s の式をつくると

$$\frac{dx}{dt} = (t^3 - 3t)' = 3t^2 - 3, \quad \frac{dy}{dt} = (3t^2)' = 6t$$

$$s = \int_{-\sqrt{3}}^{\sqrt{3}} \sqrt{(3t^2-3)^2 + (6t)^2}\, dt$$

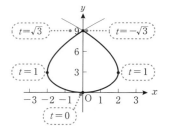

③ s を求める.( )^2 を展開して計算すると

$$s = \int_{-\sqrt{3}}^{\sqrt{3}} \sqrt{9t^4 - 18t^2 + 9 + 36t^2}\, dt = \int_{-\sqrt{3}}^{\sqrt{3}} \sqrt{9t^4 + 18t^2 + 9}\, dt$$

$$= \int_{-\sqrt{3}}^{\sqrt{3}} \sqrt{9(t^4 + 2t^2 + 1)}\, dt = \int_{-\sqrt{3}}^{\sqrt{3}} 3\sqrt{(t^2+1)^2}\, dt = 3\int_{-\sqrt{3}}^{\sqrt{3}} (t^2+1)\, dt$$

$$= 3 \cdot 2 \int_0^{\sqrt{3}} (t^2+1)\, dt = 6\left[\frac{1}{3}t^3 + t\right]_0^{\sqrt{3}} = 6\left\{\frac{1}{3}(\sqrt{3}^3 - 0^3) + (\sqrt{3} - 0)\right\}$$

$$= 6\left(\frac{1}{3} \cdot 3\sqrt{3} + \sqrt{3}\right) = 6 \cdot 2\sqrt{3} = 12\sqrt{3}$$

t の偶関数

【解終】

演習 ▶ 2.32

解答 p.247

右のサイクロイド曲線の $0 \leq t \leq 2\pi$ の部分の長さを求めよ.

$$\begin{cases} x = t - \sin t \\ y = 1 - \cos t \end{cases}$$

例題 ▶ 2.33 曲線の長さ (3)

次の極方程式をもつ曲線の長さ s を求めよう．

$$r = e^\theta \quad \left(0 \leq \theta \leq \frac{\pi}{2}\right)$$

● 曲線の長さ
極方程式
$$r = f(\theta) \quad (\alpha \leq \theta \leq \beta)$$
$$s = \int_\alpha^\beta \sqrt{r^2 + (r')^2}\, d\theta$$

STEP
1. 曲線の概形を描く．
2. s を求める式を θ の定積分として表す．
3. 定積分を計算し，s の値を求める．

解
1. $0 \leq \theta \leq \dfrac{\pi}{2}$ の範囲で数表をつくり，曲線を描くと右下図のようになる．

2. $\dfrac{dr}{d\theta}$ を求め，● を使って s の式を立てると

$$\frac{dr}{d\theta} = (e^\theta)' = e^\theta$$

$$s = \int_0^{\frac{\pi}{2}} \sqrt{(e^\theta)^2 + (e^\theta)^2}\, d\theta$$

$$= \int_0^{\frac{\pi}{2}} \sqrt{e^{2\theta} + e^{2\theta}}\, d\theta = \int_0^{\frac{\pi}{2}} \sqrt{2e^{2\theta}}\, d\theta$$

3. s を求める．

$$s = \sqrt{2} \int_0^{\frac{\pi}{2}} (e^{2\theta})^{\frac{1}{2}}\, d\theta = \sqrt{2} \int_0^{\frac{\pi}{2}} e^\theta\, d\theta$$

$$= \sqrt{2} \left[e^\theta\right]_0^{\frac{\pi}{2}} = \sqrt{2}\, (e^{\frac{\pi}{2}} - e^0)$$

$$= \sqrt{2}\, (e^{\frac{\pi}{2}} - 1) \quad \cdots\cdots \doteqdot 5.39$$

【解終】

θ	$r = e^\theta$
0	1
$\pi/6$	1.69
$\pi/4$	2.19
$\pi/3$	2.85
$\pi/2$	4.81

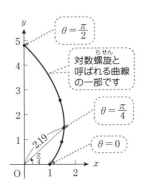

対数螺旋と呼ばれる曲線の一部です

演習 ▶ 2.33

右の数表を埋めて次の極方程式で表された曲線を描き，その長さを求めよ．

$$r = 1 + \cos\theta \quad (0 \leq \theta \leq \pi)$$

解答 p. 247

θ	$r = 1 + \cos\theta$
0	
$\pi/4$	
$\pi/2$	
$3\pi/4$	
π	

総合演習 ▶ 2

解答 p.248

問 1 次の不定積分を求めよ．

(1) $\displaystyle\int \frac{x^4}{(x-2)(x^3+1)} dx$ 　　(2) $\displaystyle\int \sqrt{4x-x^2}\, dx$

問 2 $I_n = \displaystyle\int_1^e (\log x)^n dx \ (n=1,2,3,\cdots)$ とおくとき，次の問いに答えよ．

(1) I_1 を求めよ．
(2) $I_n = e - nI_{n-1} \ (n \geq 2)$ を示せ．
(3) I_4 を求めよ．

問 3 次の広義積分と無限積分について，収束すれば値を求めよ．

(1) $\displaystyle\int_0^1 \frac{1}{\sqrt{x(2-x)}} dx$ 　　(2) $\displaystyle\int_0^{+\infty} \frac{1}{x^2-x+1} dx$

問 4 円 $x^2+(y-2)^2=1$ を x 軸のまわりに 1 回転してできる立体の体積を求めよ．

問 5 極方程式 $r=\theta \ \left(0 \leq \theta \leq \dfrac{\pi}{2}\right)$ をもつ螺旋（らせん）の長さを求めよ．

（倍角公式）
$\sin 2\theta = 2\sin\theta\cos\theta$
$\cos 2\theta = \cos^2\theta - \sin^2\theta$
$\quad\ \ = 2\cos^2\theta - 1$
$\quad\ \ = 1 - 2\sin^2\theta$

よくがんばりました！
これで積分は
こわくないぞ〜！

問 1 ➡(1) 例題 2.11　(2) 平方の形に変形して置換　　問 2 ➡ 演習 2.3
問 3 ➡(1) 演習 2.29　(2) 例題 2.30　　　　　　　　問 4 ➡ 例題 2.22(1)
問 5 ➡ 演習 2.5，例題 2.26

第3章
偏微分

第3章と第4章は多変数関数を扱います．はじめは戸惑うと思いますが，基本は1変数関数ですので，今までしっかり勉強してあれば何の心配もありません．この章で扱う偏微分や全微分は微分の拡張です．章のはじめに代表的な2変数関数のグラフとなる曲面を紹介してあります．自分でも描いてみましょう．

Partial Differential

第3章の流れ

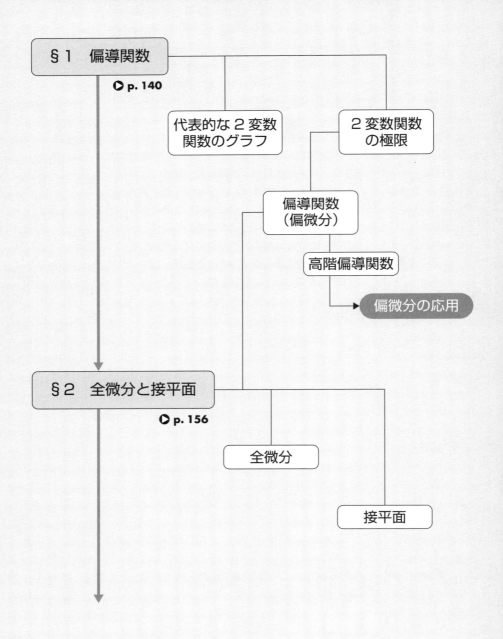

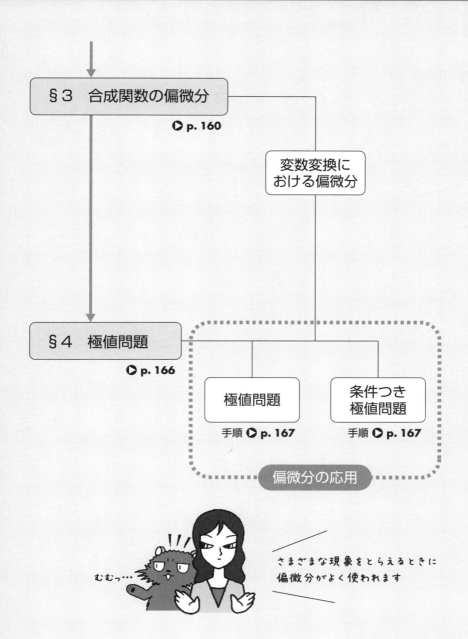

Section 1. 偏導関数

■確認事項

【1】代表的な2変数関数 $z = f(x, y)$ のグラフ

p.172

平面	楕円放物面	双曲放物面
$\dfrac{x}{a} + \dfrac{y}{b} + \dfrac{z}{c} = 1$	$z = \dfrac{x^2}{a^2} + \dfrac{y^2}{b^2}$	$z = \dfrac{x^2}{a^2} - \dfrac{y^2}{b^2}$

楕円面	1葉双曲面	2葉双曲面
$\dfrac{x^2}{a^2} + \dfrac{y^2}{b^2} + \dfrac{z^2}{c^2} = 1$	$\dfrac{x^2}{a^2} + \dfrac{y^2}{b^2} - \dfrac{z^2}{c^2} = 1$	$\dfrac{x^2}{a^2} - \dfrac{y^2}{b^2} - \dfrac{z^2}{c^2} = 1$

楕円錐面	楕円柱面	放物柱面
$\dfrac{x^2}{a^2}+\dfrac{y^2}{b^2}-\dfrac{z^2}{c^2}=0$	$\dfrac{x^2}{a^2}+\dfrac{y^2}{b^2}=1$	$x^2=4ay$

(a, b, c はいずれも 0 でない定数)

【2】極 限

- 逐次極限

$\lim\limits_{x \to a}\{\lim\limits_{y \to b} f(x,y)\}$：先に x を定数と思って $\lim\limits_{y \to b} f(x,y) = \varphi(x)$ を調べ

次に $\lim\limits_{x \to a} \varphi(x)$ を調べる極限.

$\lim\limits_{y \to b}\{\lim\limits_{x \to a} f(x,y)\}$：先に y を定数と思って $\lim\limits_{x \to a} f(x,y) = \psi(y)$ を調べ

次に $\lim\limits_{y \to b} \psi(y)$ を調べる極限.

p.178

- 極限

$\lim\limits_{(x,y) \to (a,b)} f(x,y)$：点 (x,y) を，あらゆる方向，あらゆる方法で限りなく

点 (a,b) に近づけたときの $f(x,y)$ の極限.

極限と逐次極限は
まったく別のものと
考えてください

Section 1. 偏導関数

【3】2変数関数の連続性

● $\lim_{(x,y) \to (a,b)} f(x,y) = f(a,b)$ が成立するとき，$f(x,y)$ は (a,b) において **連続**であるという．

【4】偏微分係数と偏導関数

● 偏微分係数

$$f_x(a,b) = \frac{\partial}{\partial x} f(a,b)$$
$$= \lim_{h \to 0} \frac{f(a+h,b) - f(a,b)}{h}$$
$$f_y(a,b) = \frac{\partial}{\partial y} f(a,b)$$
$$= \lim_{k \to 0} \frac{f(a,b+k) - f(a,b)}{k}$$

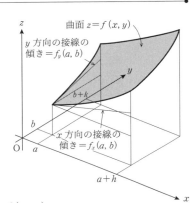

● 偏導関数（偏微分）

$$f_x = f_x(x,y) = \frac{\partial f}{\partial x} = \lim_{h \to 0} \frac{f(x+h,y) - f(x,y)}{h}$$
$$f_y = f_y(x,y) = \frac{\partial f}{\partial y} = \lim_{k \to 0} \frac{f(x,y+k) - f(x,y)}{k}$$

p.180

● 2次偏導関数

$$f_{xx} = f_{xx}(x,y) = \frac{\partial^2 f}{\partial x^2} = \frac{\partial}{\partial x}\left(\frac{\partial f}{\partial x}\right)$$
$$f_{xy} = f_{xy}(x,y) = \frac{\partial^2 f}{\partial y \partial x} = \frac{\partial}{\partial y}\left(\frac{\partial f}{\partial x}\right)$$
$$f_{yx} = f_{yx}(x,y) = \frac{\partial^2 f}{\partial x \partial y} = \frac{\partial}{\partial x}\left(\frac{\partial f}{\partial y}\right)$$
$$f_{yy} = f_{yy}(x,y) = \frac{\partial^2 f}{\partial y^2} = \frac{\partial}{\partial y}\left(\frac{\partial f}{\partial y}\right)$$

x と y の記号の順序に注意

同様にして
n 次偏導関数
$\frac{\partial^n f}{\partial x^n}$, $\frac{\partial^n f}{\partial x^{n-1} \partial y}$, …
も定義されます

● 一般には $f_{xy} \neq f_{yx}$ だが，f_{xy} と f_{yx} がともに存在して連続ならば，$f_{xy} = f_{yx}$ が成立する．

p.190
p.191

【5】関数行列式（ヤコビアン）

● $u = f(x, y)$，$v = g(x, y)$ の x，y に関する関数行列式 J

$$J = \frac{\partial(u, v)}{\partial(x, y)} = \begin{vmatrix} \dfrac{\partial u}{\partial x} & \dfrac{\partial u}{\partial y} \\ \dfrac{\partial v}{\partial x} & \dfrac{\partial v}{\partial y} \end{vmatrix}$$

> 重積分の変数変換などで必要になります

【6】変数変換によく使われる座標系

● (平面)極座標 (r, θ)

$$\begin{cases} x = r\cos\theta \\ y = r\sin\theta \end{cases}$$

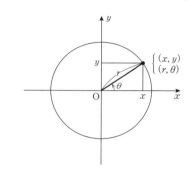

● 円柱座標 (r, θ, z)

$$\begin{cases} x = r\cos\theta \\ y = r\sin\theta \\ z = z \end{cases}$$

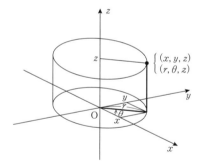

● 空間極座標 (r, θ, φ)

$$\begin{cases} x = r\sin\theta\cos\varphi \\ y = r\sin\theta\sin\varphi \\ z = r\cos\theta \end{cases}$$

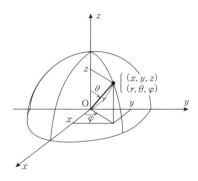

例題 ▶ 3.1　2 変数関数の極限 (1)

$f(x, y) = \dfrac{2x - y}{x + 2y}$ について，次の極限を調べよう．

(1) $\lim\limits_{y \to 0}\{\lim\limits_{x \to 0} f(x, y)\}$

(2) $\lim\limits_{x \to 0}\{\lim\limits_{y \to 0} f(x, y)\}$

(3) $\lim\limits_{(x, y) \to (0, 0)} f(x, y)$

CHECK

❶ $\lim\limits_{y \to b}\{\lim\limits_{x \to a} f(x, y)\}$
先に $x \to a$，次に $y \to b$ として極限を考える

❷ $\lim\limits_{x \to a}\{\lim\limits_{y \to b} f(x, y)\}$
先に $y \to b$，次に $x \to a$ として極限を考える

❸ $\lim\limits_{(x, y) \to (a, b)} f(x, y)$
$(x, y) \to (a, b)$ であるすべての近づき方で極限を考える

STEP
(1) ① y を 0 以外の定数と思って { } の中の極限を調べる．
② その後，$y \to 0$ のときの極限を調べる．
(2) ① x を 0 以外の定数と思って { } の中の極限を調べる．
② その後，$x \to 0$ のときの極限を調べる．
(3) 点 (x, y) を限りなく点 $(0, 0)$ に近づけたときの極限を調べる．

解　(1)　① { } の中の y を 0 以外の定数として考えて

$$\text{与式} = \lim_{y \to 0}\left(\lim_{x \to 0} \frac{2x - y}{x + 2y}\right)$$
$$= \lim_{y \to 0} \frac{0 - y}{0 + 2y} = \lim_{y \to 0} \frac{-y}{2y} = \lim_{y \to 0}\left(-\frac{1}{2}\right)$$

② 引き続いて $y \to 0$ とすると

$$= -\frac{1}{2}$$

(2)　① { } の中の x を 0 以外の定数と考えて

$$\text{与式} = \lim_{x \to 0}\left(\lim_{y \to 0} \frac{2x - y}{x + 2y}\right)$$
$$= \lim_{x \to 0} \frac{2x - 0}{x + 0} = \lim_{x \to 0} \frac{2x}{x} = \lim_{x \to 0} 2$$

② 引き続いて $x \to 0$ とすると

$$= 2$$

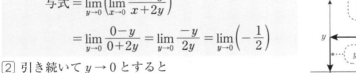

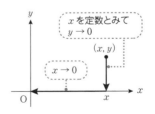

(1)と(2)は異なった極限値をもったぞ！

(3) 式の形より分子，分母を x で割って調べる．

$$\lim_{(x,y)\to(0,0)}\frac{2x-y}{x+2y} = \lim_{(x,y)\to(0,0)}\frac{\frac{1}{x}(2x-y)}{\frac{1}{x}(x+2y)} = \lim_{(x,y)\to(0,0)}\frac{2-\frac{y}{x}}{1+2\cdot\frac{y}{x}}$$

ここで，特に $\frac{y}{x} = m$（m は定数）の場合を考えると

$$\lim_{\substack{(x,y)\to(0,0)\\ \frac{y}{x}=m}}\frac{2x-y}{x+2y} = \lim_{\substack{(x,y)\to(0,0)\\ \frac{y}{x}=m}}\frac{2-m}{1+2m}$$

$$= \frac{2-m}{1+2m}$$

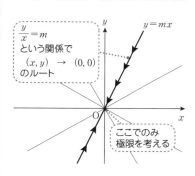

たとえば
- $y = x$（$m = 1$）の直線に沿って近づくと $\frac{1}{3}$ に近づく
- $y = 2x$（$m = 2$）の直線に沿って近づくと 0 に近づく

この式は $\frac{y}{x} = m$，つまり，$y = mx$ という関係を保ちながら $(x,y) \to (0,0)$ と近づく場合には，関数 $\frac{2-m}{1+2m}$ に収束することを示している．しかし，$\frac{2-m}{1+2m}$ は m が異なれば異なった値をもつので，$(x,y) \to (0,0)$ の近づき方により極限が異なることになり，$\displaystyle\lim_{(x,y)\to(0,0)}\frac{2x-y}{x+2y}$ は収束しない．

【解終】

（1）と（2）の逐次極限は (x,y) が $(0,0)$ へ近づく途中で 1 回極限を考えるのに対し
（3）は $(0,0)$ における極限のみを考えるので逐次極限が存在しなくても極限が存在する場合もあります

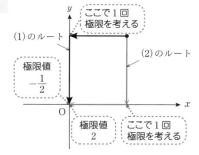

演習 ▶ 3.1　　　　　　　　　　　　　　　　　　　　　　　解答 p. 253

関数 $f(x,y) = \dfrac{3x-2y}{3x+2y}$ について，次の極限を調べよ．

(1) $\displaystyle\lim_{y\to 0}\{\lim_{x\to 0} f(x,y)\}$　　(2) $\displaystyle\lim_{x\to 0}\{\lim_{y\to 0} f(x,y)\}$　　(3) $\displaystyle\lim_{(x,y)\to(0,0)} f(x,y)$

例題 ▶ 3.2 2変数関数の極限（2）

$\displaystyle\lim_{(x,y)\to(0,0)} \frac{xy}{\sqrt{x^2+y^2}}$ を調べよう．

❶ $\displaystyle\lim_{(x,y)\to(0,0)} f(x,y)$
$(x,y)\to(0,0)$ であるすべての近づき方で極限を考える

❷ 直交座標と極座標
$\begin{cases} x = r\cos\theta \\ y = r\sin\theta \end{cases}$

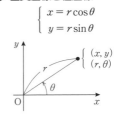

STEP
1. x^2+y^2 の項があるので，x, y を極座標に変換し，極座標に関する極限に直す．
2. 極限を調べる．

解
1. x, y を極座標 $x=r\cos\theta$, $y=r\sin\theta$ に変換して考えると

$$x^2+y^2 = (r\cos\theta)^2 + (r\sin\theta)^2$$
$$= r^2\cos^2\theta + r^2\sin^2\theta$$
$$= r^2(\cos^2\theta + \sin^2\theta) = r^2\cdot 1 = r^2$$

したがって $(x,y)\to(0,0)$ のとき $r\to 0$，また，この逆も成立する．

$\sin^2\theta + \cos^2\theta = 1$

$x^2 + y^2 = 0 \iff x=0$ and $y=0$

これらより極限を極座標にかき直すと

$$\text{与式} = \lim_{r\to 0} \frac{r\cos\theta\cdot r\sin\theta}{\sqrt{r^2}}$$
$$= \lim_{r\to 0} \frac{r^2\cos\theta\sin\theta}{|r|}$$

$\sqrt{a^2} = |a|$

$r^2 = |r|^2$ より

$$= \lim_{r\to 0} |r|\sin\theta\cos\theta$$

2. $\sin\theta\cos\theta$ は r と関係なく有限の値をとるので

$$= (\sin\theta\cos\theta)\lim_{r\to 0}|r| = (\sin\theta\cos\theta)\cdot 0 = 0 \quad\cdots\text{収束}$$

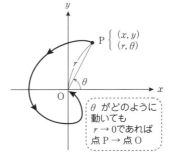

θ がどのように動いても $r\to 0$ であれば 点P→点O

【解終】

演習 ▶ 3.2

$\displaystyle\lim_{(x,y)\to(0,0)} x\log(x^2+y^2)$ を調べよ．

例題 ▶ 3.3 偏微分係数

次の関数 $f(x,y)$ について，$(0,0)$ における偏微分係数 $f_x(0,0)$，$f_y(0,0)$ が存在するかどうか調べ，存在する場合は値を求めよう．

$$f(x,y) = \begin{cases} \dfrac{xy}{\sqrt{x^2+y^2}} & (x,y) \neq (0,0) \quad \cdots Ⓐ \\ 0 & (x,y) = (0,0) \quad \cdots Ⓑ \end{cases}$$

CHECK

❶ $f_x(a,b)$
$= \lim\limits_{h \to 0} \dfrac{f(a+h,b) - f(a,b)}{h}$

❷ $f_y(a,b)$
$= \lim\limits_{k \to 0} \dfrac{f(a,b+k) - f(a,b)}{k}$

STEP
① $f_x(0,0)$，$f_y(0,0)$ ともに定義に従って極限の式を立てる．
② 極限が収束するかどうか調べる．

解

$f_x(0,0)$ について

① $f_x(0,0) = \lim\limits_{h \to 0} \dfrac{f(0+h,0) - f(0,0)}{h}$

$= \lim\limits_{h \to 0} \dfrac{f(h,0) - f(0,0)}{h}$

$= \lim\limits_{h \to 0} \dfrac{\dfrac{h \cdot 0}{\sqrt{h^2+0^2}} - 0}{h}$

$= \lim\limits_{h \to 0} \dfrac{0}{h} = \lim\limits_{h \to 0} 0$

② 極限は存在し

$= 0$ …… 収束

$f_y(0,0)$ について

① $f_y(0,0) = \lim\limits_{k \to 0} \dfrac{f(0,0+k) - f(0,0)}{k}$

$= \lim\limits_{k \to 0} \dfrac{f(0,k) - f(0,0)}{k}$

$= \lim\limits_{k \to 0} \dfrac{\dfrac{0 \cdot k}{\sqrt{0^2+k^2}} - 0}{k}$

$= \lim\limits_{k \to 0} \dfrac{0}{k} = \lim\limits_{k \to 0} 0$

② 極限は存在し

$= 0$ …… 収束

$f(h,0)$ と $f(0,k)$ は Ⓐ を，$f(0,0)$ は Ⓑ を用いる

【解終】

演習 ▶ 3.3

解答 p.254

次の関数 $f(x,y)$ について，$f_x(0,0)$，$f_y(0,0)$ が存在するかどうか調べ，存在する場合は値を求めよ．

$$f(x,y) = \begin{cases} \dfrac{x^3 - y^2}{x^2 - xy + y^2} & (x,y) \neq (0,0) \\ 0 & (x,y) = (0,0) \end{cases}$$

例題 ▶ 3.4 偏微分 (1)

次の各関数について,f_x, f_y を求めよう.
(1) $f(x,y) = x^3 - 2x^2y + 3xy^2 - y^3 + 1$
(2) $f(x,y) = (3x+2y)^4$
(3) $f(x,y) = \sin(x-2y)$
(4) $f(x,y) = e^x \cos y$
(5) $f(x,y) = \log(x^2+y^2)$
(6) $f(x,y) = \sqrt{x^2-y^2}$

CHECK

❶ x に関する偏微分
$$f_x = f_x(x,y) = \frac{\partial f}{\partial x}$$
y を定数とみなし,x で微分

❷ y に関する偏微分
$$f_y = f_y(x,y) = \frac{\partial f}{\partial y}$$
x を定数とみなし,y で微分

STEP
1. 関数の構成をよく見て,偏微分しようとする変数と定数とみなす変数の位置を確認する.
2. 1変数の微分と同様に,偏微分したい変数で微分する.

解 (1) 1 $f(x,y)$ は x と y の多項式である.

2 y を定数とみなして x で偏微分すると
$$f_x = (x^3 - 2y \cdot x^2 + 3y^2 \cdot x - y^3 + 1)_x$$
$$= 3x^2 - 2y \cdot 2x + 3y^2 \cdot 1 - 0 + 0 = 3x^2 - 4xy + 3y^2$$

「x で偏微分」の意味

x を定数とみなして y で偏微分すると
$$f_y = (x^3 - 2x^2 \cdot y + 3x \cdot y^2 - y^3 + 1)_y$$
$$= 0 - 2x^2 \cdot 1 + 3x \cdot 2y - 3y^2 + 0 = -2x^2 + 6xy - 3y^2$$

「y で偏微分」の意味

(2) 1 $f(x,y)$ は x と y の多項式だが,$z = 3x+2y$ と z^4 の合成関数の形.

2 y を定数とみなして
$$f_x = 4(3x+2y)^{4-1}(3x+2y)_x = 4(3x+2y)^3(3 \cdot 1 + 2 \cdot 0) = 12(3x+2y)^3$$

x を定数とみなして
$$f_y = 4(3x+2y)^{4-1}(3x+2y)_y = 4(3x+2y)^3(3 \cdot 0 + 2 \cdot 1) = 8(3x+2y)^3$$

(3) 1 $f(x,y)$ は $z = x-2y$ と $\sin z$ の合成関数である.

2 y を定数とみなして
$$f_x = \cos(x-2y) \cdot (x-2y)_x = \cos(x-2y) \cdot (1 - 2 \cdot 0) = \cos(x-2y)$$

$(\sin x)' = \cos x$

x を定数とみなして
$$f_y = \cos(x-2y) \cdot (x-2y)_y = \cos(x-2y) \cdot (0 - 2 \cdot 1) = -2\cos(x-2y)$$

(4) ① $f(x,y)$ は x のみの関数 e^x と y のみの関数 $\cos y$ の積の形である．

② y を定数とみなして
$$f_x = (e^x)_x \cos y = e^x \cos y$$

x を定数とみなして
$$f_y = e^x (\cos y)_y = e^x(-\sin y) = -e^x \sin y$$

$(\cos x)' = -\sin x$

(5) ① $f(x,y)$ は $z = x^2 + y^2$ と $\log z$ の合成関数の形である．

② y を定数とみなして
$$f_x = \frac{1}{x^2+y^2}(x^2+y^2)_x = \frac{1}{x^2+y^2}(2x+0) = \frac{2x}{x^2+y^2}$$

$(\log x)' = \frac{1}{x}$

x を定数とみなして
$$f_y = \frac{1}{x^2+y^2}(x^2+y^2)_y = \frac{1}{x^2+y^2}(0+2y) = \frac{2y}{x^2+y^2}$$

(6) ① $f(x,y)$ は $z = x^2 - y^2$ と $\sqrt{z}$ の合成関数である．

② y を定数とみなして

$(\sin x)' = \cos x$

$$f_x = \left\{(x^2-y^2)^{\frac{1}{2}}\right\}_x = \frac{1}{2}(x^2-y^2)^{\frac{1}{2}-1}(x^2-y^2)_x$$
$$= \frac{1}{2}(x^2-y^2)^{-\frac{1}{2}}(2x-0) = \frac{x}{\sqrt{x^2-y^2}}$$

x を定数とみなして
$$f_y = \left\{(x^2-y^2)^{\frac{1}{2}}\right\}_y = \frac{1}{2}(x^2-y^2)^{\frac{1}{2}-1}(x^2-y^2)_y$$
$$= \frac{1}{2}(x^2-y^2)^{-\frac{1}{2}}(0-2y) = -\frac{y}{\sqrt{x^2-y^2}}$$

【解終】

演習 ▶ 3.4

解答 p.254

次の各関数について，f_x と f_y を求めよ．

(1) $f(x,y) = 2x^2 + y^4 - 3xy^2 - 2$

(2) $f(x,y) = \dfrac{1}{2x-3y}$

(3) $f(x,y) = \cos xy$

(4) $f(x,y) = e^{xy}(\sin x + \cos y)$

(5) $f(x,y) = \log(x^2 - xy + y^2)$

(6) $f(x,y) = \dfrac{1}{\sqrt{x^2+y^2}}$

例題 ▶ 3.5 偏微分 (2)

$f(x,y) = \dfrac{x^2+y^2}{x+y}$ について，次式が成立することを示そう．

$$x\dfrac{\partial f}{\partial x} + y\dfrac{\partial f}{\partial y} = f(x,y)$$

CHECK

❶ $\dfrac{\partial f}{\partial x}$
 y を定数とみなして x で微分

❷ $\dfrac{\partial f}{\partial y}$
 x を定数とみなして y で微分

❸ $\left\{\dfrac{f(x)}{g(x)}\right\}'$
 $= \dfrac{f'(x)\cdot g(x) - f(x)\cdot g'(x)}{\{g(x)\}^2}$

STEP
① y を定数と思い，$\dfrac{\partial f}{\partial x}$ を求める．
② x を定数と思い，$\dfrac{\partial f}{\partial y}$ を求める．
③ 示したい式の左辺に代入し，右辺になることを示す．

解
① $\dfrac{\partial f}{\partial x}$ は，y を定数とみなして x で微分する．商の微分公式を使って

$$\dfrac{\partial f}{\partial x} = \dfrac{(x^2+y^2)_x \cdot (x+y) - (x^2+y^2)\cdot(x+y)_x}{(x+y)^2}$$

（「x で偏微分」の意味）

$$= \dfrac{(2x+0)(x+y) - (x^2+y^2)(1+0)}{(x+y)^2}$$

$$= \dfrac{2x(x+y) - (x^2+y^2)}{(x+y)^2}$$

分子を展開して計算すると

$$= \dfrac{2x^2+2xy-x^2-y^2}{(x+y)^2} = \dfrac{x^2+2xy-y^2}{(x+y)^2}$$

（$(x+y)_x$ などの記号は $\dfrac{\partial}{\partial x}(x+y)$ などでもよい）

② $\dfrac{\partial f}{\partial y}$ は，x を定数とみなして y で微分する．商の微分公式を使って同様に計算すると

（「y で偏微分」の意味）

$$\dfrac{\partial f}{\partial y} = \dfrac{(x^2+y^2)_y \cdot (x+y) - (x^2+y^2)\cdot(x+y)_y}{(x+y)^2}$$

$$= \dfrac{(0+2y)(x+y) - (x^2+y^2)(0+1)}{(x+y)^2} = \dfrac{2y(x+y) - (x^2+y^2)}{(x+y)^2}$$

$$= \dfrac{2yx+2y^2-x^2-y^2}{(x+y)^2} = \dfrac{y^2+2xy-x^2}{(x+y)^2}$$

③ ①, ② の結果を使うと

$$x\frac{\partial f}{\partial x} + y\frac{\partial f}{\partial y}$$
$$= x \cdot \frac{x^2 + 2xy - y^2}{(x+y)^2} + y \cdot \frac{y^2 + 2xy - x^2}{(x+y)^2}$$

計算していくと

$$= \frac{1}{(x+y)^2}\{x(x^2 + 2xy - y^2) + y(y^2 + 2xy - x^2)\}$$
$$= \frac{1}{(x+y)^2}(x^3 + 2x^2y - xy^2 + y^3 + 2xy^2 - yx^2)$$
$$= \frac{1}{(x+y)^2}(x^3 + y^3 + x^2y + xy^2) \quad \text{($(x+y)$ が出るように因数分解する)}$$
$$= \frac{1}{(x+y)^2}\{(x+y)(x^2 - xy + y^2) + xy(x+y)\} \quad \text{($a^3 + b^3 = (a+b)(a-ab+b^2)$)}$$
$$= \frac{1}{(x+y)^2}(x+y)(x^2 - xy + y^2 + xy)$$
$$= \frac{x^2 + y^2}{x+y} = f(x, y)$$

【解終】

関数 $f(x,y) = \dfrac{x^2 + y^2}{x+y}$ は x と y について対称なので $\dfrac{\partial f}{\partial y}$ は $\dfrac{\partial f}{\partial x}$ の結果の x と y を入れかえて求めてもいいですよ

演習 ▶ 3.5

解答 p.255

$f(x, y) = \dfrac{x-y}{\sqrt{xy}}$ $(x > 0, y > 0)$ について，次式が成立することを示せ．

$$x\frac{\partial f}{\partial x} + y\frac{\partial f}{\partial y} = 0$$

例題 ▶ 3.6　2次の偏微分 (1)

次の関数について，f_{xx}, f_{xy}, f_{yy} を求めよう．
(1) $f(x, y) = x^3 - 2x^2y + 3xy^2 - y^3 + 1$
(2) $f(x, y) = \sin(x - 2y)$
(3) $f(x, y) = \log(x^2 + y^2)$

❶ $f_{xx} = f_{xx}(x, y) = (f_x)_x$
$= \dfrac{\partial^2 f}{\partial x^2} = \dfrac{\partial}{\partial x}\left(\dfrac{\partial f}{\partial x}\right)$

❷ $f_{xy} = f_{xy}(x, y) = (f_x)_y$
$= \dfrac{\partial^2 f}{\partial y \partial x} = \dfrac{\partial}{\partial y}\left(\dfrac{\partial f}{\partial x}\right)$

❸ $f_{yy} = f_{yy}(x, y) = (f_y)_y$
$= \dfrac{\partial^2 f}{\partial y^2} = \dfrac{\partial}{\partial y}\left(\dfrac{\partial f}{\partial y}\right)$

STEP
① 求めてある f_x, f_y の構成をよく見て，偏微分しようとする変数と定数とみなす変数の位置を確認する．
② 偏微分したい変数に気をつけて2次の偏微分を求める．

p.148の例題3.4の結果を使ってください

解　(1) 例題3.4(1)の結果より
$$f_x = 3x^2 - 4xy + 3y^2, \quad f_y = -2x^2 + 6xy - 3y^2$$

① f_x, f_y とも x と y の多項式である．
② 定数とみなす変数に気をつけて f_x, f_y をさらに偏微分する．

$f_{xx} = (f_x)_x = (3x^2 - 4xy + 3y^2)_x$　　← y を定数とみなし x で偏微分
$\quad = 3 \cdot 2x - 4 \cdot 1 \cdot y + 0 = 6x - 4y$
$f_{xy} = (f_x)_y = (3x^2 - 4xy + 3y^2)_y$　　← x を定数とみなし y で偏微分
$\quad = 0 - 4x \cdot 1 + 3 \cdot 2y = -4x + 6y$
$f_{yy} = (f_y)_y = (-2x^2 + 6xy - 3y^2)_y$　　← x を定数とみなし y で偏微分
$\quad = 0 + 6x \cdot 1 - 3 \cdot 2y = 6x - 6y$

(2) 例題3.4(3)の結果より
$$f_x = \cos(x - 2y), \quad f_y = -2\cos(x - 2y)$$

① f_x, f_y は合成関数の形である．
② (1)と同様に f_x, f_y をさらに偏微分する．

$f_{xx} = (f_x)_x = \{\cos(x - 2y)\}_x = -\sin(x - 2y) \cdot (x - 2y)_x$
$\quad = -\sin(x - 2y) \cdot (1 - 0) = -\sin(x - 2y)$
$f_{xy} = (f_x)_y = \{\cos(x - 2y)\}_y = -\sin(x - 2y) \cdot (x - 2y)_y$
$\quad = -\sin(x - 2y) \cdot (0 - 2) = 2\sin(x - 2y)$
$f_{yy} = (f_y)_y = \{-2\cos(x - 2y)\}_y = -2 \cdot \{-\sin(x - 2y)\} \cdot (x - 2y)_y$
$\quad = 2\sin(x - 2y) \cdot (0 - 2) = -4\sin(x - 2y)$

(3) 例題 3.4 (5) の結果より

$$f_x = \frac{2x}{x^2+y^2}, \quad f_y = \frac{2y}{x^2+y^2}$$

1̄ f_x, f_y は分数の形をしている．分子は偏微分する変数により，変数扱いにするか，定数扱いにするか異なるので注意が必要である．

2̄ f_x, f_y をさらに偏微分して

$$f_{xx} = (f_x)_x = \left(\frac{2x}{x^2+y^2}\right)_x = 2\left(\frac{x}{x^2+y^2}\right)_x$$

x で偏微分 y は定数扱い

$$\overset{❹}{=} 2 \cdot \frac{(x)_x \cdot (x^2+y^2) - x \cdot (x^2+y^2)_x}{(x^2+y^2)^2} = 2 \cdot \frac{1 \cdot (x^2+y^2) - x \cdot (2x+0)}{(x^2+y^2)^2}$$

$$= 2 \cdot \frac{-x^2+y^2}{(x^2+y^2)^2} = \frac{-2(x^2-y^2)}{(x^2+y^2)^2}$$

$$f_{xy} = (f_x)_y = \left(\frac{2x}{x^2+y^2}\right)_y = 2x \cdot \left(\frac{1}{x^2+y^2}\right)_y$$

y で偏微分 x は定数扱い

$$\overset{❺}{=} 2x \cdot \left\{-\frac{(x^2+y^2)_y}{(x^2+y^2)^2}\right\} = 2x \cdot \left\{-\frac{0+2y}{(x^2+y^2)^2}\right\} = -\frac{4xy}{(x^2+y^2)^2}$$

$$f_{yy} = (f_y)_y = \left(\frac{2y}{x^2+y^2}\right)_y = 2\left(\frac{y}{x^2+y^2}\right)_y$$

y で偏微分 x は定数扱い

$$\overset{❹}{=} 2 \cdot \frac{(y)_y \cdot (x^2+y^2) - y \cdot (x^2+y^2)_y}{(x^2+y^2)^2} = 2 \cdot \frac{1 \cdot (x^2+y^2) - y \cdot (0+2y)}{(x^2+y^2)^2}$$

$$= 2 \cdot \frac{x^2-y^2}{(x^2+y^2)^2} = \frac{2(x^2-y^2)}{(x^2+y^2)^2}$$

【解終】

❹ $\left\{\dfrac{f(x)}{g(x)}\right\}' = \dfrac{f'(x) \cdot g(x) - f(x) \cdot g'(x)}{\{g(x)\}^2}$　❺ $\left\{\dfrac{1}{g(x)}\right\}' = \dfrac{g'(x)}{\{g(x)\}^2}$

演習 ▶ 3.6　　　　　　　　　　　　　　　　　　　　　　　　　　　　　　解答 p.256

演習 3.4（p.149）の結果を使い，次の関数について f_{xx}, f_{xy}, f_{yy} を求めよ．

(1)　$f(x, y) = 2x^2 + y^4 - 3xy^2 - 2$　　(2)　$f(x, y) = \cos xy$

(3)　$f(x, y) = \log(x^2 - xy + y^2)$

例題 ▶ 3.7　2次の偏微分（2）

$$\frac{\partial^2 f}{\partial x^2} + \frac{\partial^2 f}{\partial y^2} = 0$$

をみたす関数 $f(x,y)$ を**調和関数**という．
次の関数は調和関数かどうか調べよう．

$$f(x,y) = \tan^{-1}\frac{y}{x}$$

CHECK

❶ $\dfrac{\partial f}{\partial x}$: $f(x,y)$ を x で偏微分

❷ $\dfrac{\partial f}{\partial y}$: $f(x,y)$ を y で偏微分

❸ $\dfrac{\partial^2 f}{\partial x^2} = \dfrac{\partial}{\partial x}\left(\dfrac{\partial f}{\partial x}\right)$

❹ $\dfrac{\partial^2 f}{\partial y^2} = \dfrac{\partial}{\partial y}\left(\dfrac{\partial f}{\partial y}\right)$

❺ $(\tan^{-1} x)' = \dfrac{1}{1+x^2}$

❻ $\left\{\dfrac{f(x)}{g(x)}\right\}' = \dfrac{f'(x)\cdot g(x) - f(x)\cdot g'(x)}{\{g(x)\}^2}$

❼ $\left\{\dfrac{1}{g(x)}\right\}' = -\dfrac{g'(x)}{\{g(x)\}^2}$

STEP

① y を定数とみて，x で微分して $\dfrac{\partial^2 f}{\partial x^2}$ を求める．

② x を定数とみて，y で微分して $\dfrac{\partial^2 f}{\partial y^2}$ を求める．

③ ①②の結果を使って調べる．

解

① はじめに $\dfrac{\partial f}{\partial x}, \dfrac{\partial^2 f}{\partial x^2}$ を求める．y を定数とみて

$$\frac{\partial f}{\partial x} = \frac{\partial}{\partial x}\left(\tan^{-1}\frac{y}{x}\right)$$

y は定数扱い

$$\overset{❺}{=} \frac{1}{1+\left(\dfrac{y}{x}\right)^2}\cdot\frac{\partial}{\partial x}\left(\frac{y}{x}\right) = \frac{y}{1+\dfrac{y^2}{x^2}}\frac{\partial}{\partial x}\left(\frac{1}{x}\right) = \frac{y}{1+\dfrac{y^2}{x^2}}\left(-\frac{1}{x^2}\right) = \frac{-y}{x^2+y^2}$$

y は定数扱い

$\left(\dfrac{1}{x}\right)' = (x^{-1})' = -x^{-2} = -\dfrac{1}{x^2}$

$$\frac{\partial^2 f}{\partial x^2} = \frac{\partial}{\partial x}\left(\frac{\partial}{\partial x}\right) = \frac{\partial}{\partial x}\left(\frac{-y}{x^2+y^2}\right)$$

y は定数扱い

$$= -y\frac{\partial}{\partial x}\left(\frac{1}{x^2+y^2}\right) \overset{❼}{=} -y\left\{-\frac{\dfrac{\partial}{\partial x}(x^2+y^2)}{(x^2+y^2)^2}\right\}$$

$$= y\cdot\frac{2x+0}{(x^2+y^2)^2} = \frac{2xy}{(x^2+y^2)^2}$$

$\dfrac{\partial}{\partial x}\left(\dfrac{y}{x}\right)$ などの記号は $\left(\dfrac{y}{x}\right)_x$ とかいてもよい

② 次に $\dfrac{\partial f}{\partial y}, \dfrac{\partial^2 f}{\partial y^2}$ を求める．x を定数として，同様に

$$\dfrac{\partial f}{\partial y} = \dfrac{\partial}{\partial y}\left(\tan^{-1}\dfrac{y}{x}\right)$$

$$\overset{\color{red}❺}{=} \dfrac{1}{1+\left(\dfrac{y}{x}\right)^2} \cdot \dfrac{\partial}{\partial y}\left(\dfrac{y}{x}\right) = \dfrac{1}{1+\dfrac{y^2}{x^2}} \cdot \dfrac{1}{x} \cdot \dfrac{\partial}{\partial y}(y)$$

（x は定数扱い）

$$= \dfrac{x^2}{x^2+y^2} \cdot \dfrac{1}{x} \cdot 1 = \dfrac{x}{x^2+y^2}$$

（x は定数扱い）

$$\dfrac{\partial^2 f}{\partial y^2} = \dfrac{\partial}{\partial y}\left(\dfrac{\partial f}{\partial y}\right) = \dfrac{\partial}{\partial y}\left(\dfrac{x}{x^2+y^2}\right)$$

$$= x\dfrac{\partial}{\partial y}\left(\dfrac{1}{x^2+y^2}\right) \overset{\color{red}❼}{=} x\left\{-\dfrac{\dfrac{\partial}{\partial y}(x^2+y^2)}{(x^2+y^2)^2}\right\}$$

$$= -x \cdot \dfrac{0+2y}{(x^2+y^2)^2} = -\dfrac{2xy}{(x^2+y^2)^2}$$

③ 以上の結果より

$$\dfrac{\partial^2 f}{\partial x^2} + \dfrac{\partial^2 f}{\partial y^2} = \dfrac{2xy}{(x^2+y^2)^2} + \dfrac{-2xy}{(x^2+y^2)^2} = 0$$

となるので，調和関数である．

【解終】

この式を f のラプラシアンといいます
ラプラスの方程式
$f_{xx} + f_{yy} = 0$
をみたす関数が調和関数です

演習 ▶ 3.7　　　　　　　　　　　　　　　　　　　　解答 p.257

次の関数は調和関数かどうか調べよ．

$$f(x,y) = \dfrac{x}{x^2+y^2}$$

Section 2. 全微分と接平面

■確認事項

【1】全微分

- $z=f(x,y)$ が (a,b) において偏微分可能とする.
  $$\Delta z = f(a+h, b+k) - f(a,b)$$
  について

p.194

$$\Delta z = f_x(a,b)h + f_y(a,b)k + \varepsilon(h,k), \quad \lim_{(h,k)\to(0,0)} \frac{\varepsilon(h,k)}{\sqrt{h^2+k^2}} = 0$$

と表せるとき, $z=f(x,y)$ は (a,b) で**全微分可能**であるという.
- f_x, f_y がともに連続なら, $f(x,y)$ は全微分可能である.
- $z=f(x,y)$ が全微分可能なとき, 次の式 df を f の**全微分**という.
  $$df = f_x dx + f_y dy$$

【2】接平面

- $z=f(x,y)$ が (a,b) において全微分可能なとき, 曲面 $z=f(x,y)$ には点 (a,b) において接平面が存在する.

p.196

- 点 (a,b) における接平面の方程式は
  $$z - f(a,b) = f_x(a,b)(x-a) + f_y(a,b)(y-b)$$

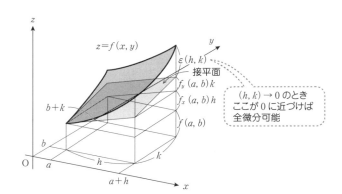

例題 ▶ 3.8 全微分

次の関数 $f(x,y)$ の全微分を求めよう．
(1)　$f(x,y) = 3x^2 + 2y^2 - xy$
(2)　$f(x,y) = \log(1+x^2+y^2)$

CHECK

❶ 曲面 $f(x,y)$ の全微分
$$df = f_x dx + f_y dy$$

全微分の式は個々の変数の微小な変化 dx, dy と関数全体の変化 df との関係を表しています

STEP
① f_x, f_y を求める．
② 全微分 df をつくる．

解　(1)　① f_x と f_y を求める．
$$f_x = (3x^2+2y^2-xy)_x = 3\cdot 2x + 0 - 1\cdot y = 6x - y$$
$$f_y = (3x^2+2y^2-xy)_y = 0 + 2\cdot 2y - x\cdot 1 = 4y - x$$

② 全微分 df の定義式❶へ代入すると
$$df = (6x-y)dx + (4y-x)dy$$

(2)　① f_x と f_y を計算する．
$$f_x = \frac{\partial f}{\partial x} = \frac{\partial}{\partial x}\log(1+x^2+y^2) = \frac{1}{1+x^2+y^2}\cdot\frac{\partial}{\partial x}(1+x^2+y^2)$$
$$= \frac{1}{1+x^2+y^2}(0+2x+0) = \frac{2x}{1+x^2+y^2}$$

$$f_y = \frac{\partial f}{\partial y} = \frac{\partial}{\partial y}\log(1+x^2+y^2) = \frac{1}{1+x^2+y^2}\cdot\frac{\partial}{\partial y}(1+x^2+y^2)$$
$$= \frac{1}{1+x^2+y^2}(0+0+2y) = \frac{2y}{1+x^2+y^2}$$

$(\log x)' = \dfrac{1}{x}$

② 全微分 df の定義式❶に代入して
$$df = \frac{2x}{1+x^2+y^2}dx + \frac{2y}{1+x^2+y^2}dy$$

【解終】

――― 代表的な全微分 ―――
$d(xy) = ydx + xdy, \quad d(x^2+y^2) = 2xdx + 2ydy$

この本にたくさん…

p.198
p.199

演習 ▶ 3.8

解答 p. 258

次の関数の全微分を求めよ．
(1)　$f(x,y) = \sqrt{1-(x^2+y^2)}$
(2)　$f(x,y) = \sin xy$

例題 ▶ 3.9 接平面

次の方程式が表す曲面の，与えられた点における接平面の方程式を求めよう．

(1) $z = x^3 - y^2 + 2xy$, $(x, y) = (1, -1)$

(2) $z = \sin xy$, $(x, y) = \left(\dfrac{\pi}{3}, 0\right)$

● 曲面 $z = f(x, y)$ の点 (a, b, c) における接平面
$z - c = f_x(a, b)(x - a)$
$\qquad + f_y(a, b)(y - b)$

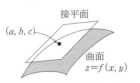

STEP
1. $\dfrac{\partial z}{\partial x}$, $\dfrac{\partial z}{\partial y}$ を求める．
2. 1を使い各点における偏微分係数を求める．
3. 各点における z の値を求める．
4. 接平面の式に各値を代入して整理する．

接平面はイメージが大切だぜ

解 (1) 1 z の式を x と y でそれぞれ偏微分して

$$\dfrac{\partial z}{\partial x} = 3x^2 - 0 + 2 \cdot 1 \cdot y = 3x^2 + 2y, \qquad \dfrac{\partial z}{\partial y} = 0 - 2y + 2x \cdot 1 = -2y + 2x$$

2 1で求めた $\dfrac{\partial z}{\partial x}$, $\dfrac{\partial z}{\partial y}$ に $x = 1$, $y = -1$ を代入すると

$$\left.\dfrac{\partial z}{\partial x}\right|_{\substack{x=1\\y=-1}} = 3 \cdot 1^2 + 2 \cdot (-1) = 3 - 2 = 1$$

……「この値を代入」の意味

$$\left.\dfrac{\partial z}{\partial y}\right|_{\substack{x=1\\y=-1}} = -2 \cdot (-1) + 2 \cdot 1 = 2 + 2 = 4$$

3 $(x, y) = (1, -1)$ における z の値は

$$z = 1^3 - (-1)^2 + 2 \cdot 1 \cdot (-1) = 1 - 1 - 2 = -2$$

4 これより $(x, y) = (1, -1)$ における接平面の方程式は

$$z - (-2) = 1 \cdot (x - 1) + 4\{y - (-1)\}$$
$$z + 2 = x - 1 + 4(y + 1) \qquad \therefore\ z = x + 4y + 1$$

(2) 1 z の式を x と y でそれぞれ偏微分して

$$\dfrac{\partial z}{\partial x} = (\cos xy) \cdot (xy)_x = (\cos xy) \cdot (1 \cdot y) = y \cos xy$$

$$\dfrac{\partial z}{\partial y} = (\cos xy) \cdot (xy)_y = (\cos xy) \cdot (x \cdot 1) = x \cos xy$$

2 1 で求めた $\dfrac{\partial z}{\partial x}$, $\dfrac{\partial z}{\partial y}$ に $x=\dfrac{\pi}{3}$, $y=0$ を代入して

$$\left.\dfrac{\partial z}{\partial x}\right|_{\substack{x=\frac{\pi}{3}\\ y=0}} = 0 \cdot \cos\left(\dfrac{\pi}{3}\cdot 0\right) = 0$$

$$\left.\dfrac{\partial z}{\partial y}\right|_{\substack{x=\frac{\pi}{3}\\ y=0}} = \dfrac{\pi}{3}\cos\left(\dfrac{\pi}{3}\cdot 0\right) = \dfrac{\pi}{3}\cos 0 = \dfrac{\pi}{3}\cdot 1 = \dfrac{\pi}{3}$$

3 $(x,y)=\left(\dfrac{\pi}{3}, 0\right)$ における z の値は

$$z = \sin\left(\dfrac{\pi}{3}\cdot 0\right) = \sin 0 = 0$$

4 これらより $(x,y)=\left(\dfrac{\pi}{3}, 0\right)$ における接平面の方程式は

$$z - 0 = 0\cdot\left(x-\dfrac{\pi}{3}\right) + \dfrac{\pi}{3}(y-0) \quad \therefore \quad z = \dfrac{\pi}{3}y$$

⋯ x 軸に平行な平面です

【解終】

空間曲線

空間における曲線を表示するには，2つの曲面が交わって曲線ができると考え，2つの式を連立させて

$$\begin{cases} f(x,y,z)=0 \\ g(x,y,z)=0 \end{cases}$$

のように表します．特に点 (a,b,c) を通る直線の方程式は

$$\dfrac{x-a}{l} = \dfrac{y-b}{m} = \dfrac{z-c}{n}$$

と，2つの平面の交線として表され，l, m, n は直線の方向を決定する定数です．また，曲面 $z=f(x,y)$ 上の点 (a,b,c) を通り，この点における接平面に垂直な直線（法線）の方程式は

$$\dfrac{x-a}{f_x(a,b)} = \dfrac{y-b}{f_y(a,b)} = \dfrac{z-c}{-1}$$

となります．接平面の方程式と比べてみてください．

よっしゃ…

演習 ▶ 3.9

解答 p.259

次の方程式が表す曲面の，与えられた点における接平面の方程式を求めよ．

(1) $z = 3x^2 + 2y^3 - xy^2$, $(x,y)=(1,1)$

(2) $z = \cos(x-y)$, $(x,y)=\left(\dfrac{\pi}{2}, \dfrac{\pi}{3}\right)$

Section 3. 合成関数の偏微分

■確認事項

【1】合成関数の偏微分

● $z = f(x, y)$ が全微分可能で，$x = \varphi(u, v)$，$y = \psi(u, v)$ が偏微分可能なとき

$$\frac{\partial z}{\partial u} = \frac{\partial z}{\partial x}\frac{\partial x}{\partial u} + \frac{\partial z}{\partial y}\frac{\partial y}{\partial u}$$

$$\frac{\partial z}{\partial v} = \frac{\partial z}{\partial x}\frac{\partial x}{\partial v} + \frac{\partial z}{\partial y}\frac{\partial y}{\partial v}$$

p.203

$z = f(x, y)$ の全微分
$dz = z_x dx + z_y dy$
に関連させて覚えましょう

【2】よく使われる変換公式

● 極座標への変換　$x = r\cos\theta,\ y = r\sin\theta$

$$\left(\frac{\partial f}{\partial x}\right)^2 + \left(\frac{\partial f}{\partial y}\right)^2 = \left(\frac{\partial f}{\partial r}\right)^2 + \frac{1}{r^2}\left(\frac{\partial f}{\partial \theta}\right)^2$$

$$\frac{\partial^2 f}{\partial x^2} + \frac{\partial^2 f}{\partial y^2} = \frac{\partial^2 f}{\partial r^2} + \frac{1}{r}\frac{\partial f}{\partial r} + \frac{1}{r^2}\frac{\partial^2 f}{\partial \theta^2}$$

これらの変換式は偏微分方程式を扱うときに使われます

例題 3.12 参照

● 直交変換　$x = u\cos\alpha - v\sin\alpha,\ y = u\sin\alpha + v\cos\alpha$ （α：定数）

$$\left(\frac{\partial f}{\partial x}\right)^2 + \left(\frac{\partial f}{\partial y}\right)^2 = \left(\frac{\partial f}{\partial u}\right)^2 + \left(\frac{\partial f}{\partial v}\right)^2$$

$$\frac{\partial^2 f}{\partial x^2} + \frac{\partial^2 f}{\partial y^2} = \frac{\partial^2 f}{\partial u^2} + \frac{\partial^2 f}{\partial v^2}$$

xy 軸を原点のまわりに α だけ回転して，uv 軸に変換するときの座標の関係式です

演習 3.12 参照

● 極座標への変換

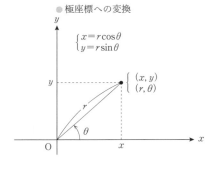

● 直交変換

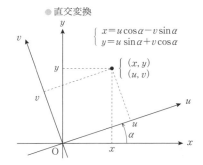

例題 ▶ 3.10 合成関数の偏微分 (1)

$z = f(x, y)$ を次の式で (u, v) 変数に変換するとき, $\dfrac{\partial z}{\partial u}$ を $\dfrac{\partial z}{\partial x}$, $\dfrac{\partial z}{\partial y}$ を使って表そう.

$$\begin{cases} x = 2u - 3v \\ y = 3u + 2v \end{cases}$$

CHECK

❶ $z = f(x, y)$
　$x = x(u, v), \; y = y(u, v)$
のとき

$$\dfrac{\partial z}{\partial u} = \dfrac{\partial z}{\partial x}\dfrac{\partial x}{\partial u} + \dfrac{\partial z}{\partial y}\dfrac{\partial y}{\partial u}$$

$$\dfrac{\partial z}{\partial v} = \dfrac{\partial z}{\partial x}\dfrac{\partial x}{\partial v} + \dfrac{\partial z}{\partial y}\dfrac{\partial y}{\partial v}$$

STEP
① 変換式をよく見る.
② 合成関数の偏微分公式❶をみながら, $\dfrac{\partial z}{\partial u}$ を求める.

解
① x, y はそれぞれ u, v の1次式となっている.
② はじめに z_u を求める公式をかくと

$$\dfrac{\partial z}{\partial u} = \dfrac{\partial z}{\partial x}\dfrac{\partial x}{\partial u} + \dfrac{\partial z}{\partial y}\dfrac{\partial y}{\partial u}$$

$\dfrac{\partial x}{\partial u}, \dfrac{\partial y}{\partial u}$ を求めて $\dfrac{\partial z}{\partial u}$ を計算すると

$$= \dfrac{\partial z}{\partial x}(2u - 3v)_u + \dfrac{\partial z}{\partial y}(3u + 2v)_u$$

$$= \dfrac{\partial z}{\partial x}(2 \cdot 1 - 3 \cdot 0) + \dfrac{\partial z}{\partial y}(3 \cdot 1 + 2 \cdot 0) = 2\dfrac{\partial z}{\partial x} + 3\dfrac{\partial z}{\partial y}$$

公式を見ながら
ゆっくり計算すれば
いいよな

【解終】

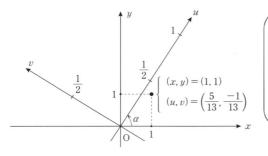

この変換は
軸を原点のまわり α だけ

$\left(\text{ただし } \sin\alpha = \dfrac{3}{\sqrt{13}}, \cos\alpha = \dfrac{2}{\sqrt{13}}\right)$

回転させたもので
軸は $\sqrt{13}$ 倍されてしまいます

演習 ▶ 3.10　　　解答 p.260

上記例題において $\dfrac{\partial z}{\partial v}$ を $\dfrac{\partial z}{\partial x}$, $\dfrac{\partial z}{\partial y}$ を使って表せ.

例題 ▶ 3.11 合成関数の偏微分 (2)

$z = f(x, y)$ を次の式で (u, v) 変数に変換するとき，$\dfrac{\partial^2 z}{\partial u^2}$ を $\dfrac{\partial^2 z}{\partial x^2}$, $\dfrac{\partial^2 z}{\partial x \partial y}$, $\dfrac{\partial^2 z}{\partial y^2}$ を使って表そう．
$$\begin{cases} x = 2u - 3v \\ y = 3u + 2v \end{cases}$$
ただし，$\dfrac{\partial^2 z}{\partial x \partial y} = \dfrac{\partial^2 z}{\partial y \partial x}$ は成立しているものとする．

CHECK

❶ $z = f(x, y)$
$x = x(u, v), \; y = y(u, v)$
のとき
$$\dfrac{\partial z}{\partial u} = \dfrac{\partial z}{\partial x} \dfrac{\partial x}{\partial u} + \dfrac{\partial z}{\partial y} \dfrac{\partial y}{\partial u}$$
$$\dfrac{\partial z}{\partial v} = \dfrac{\partial z}{\partial x} \dfrac{\partial x}{\partial v} + \dfrac{\partial z}{\partial y} \dfrac{\partial y}{\partial v}$$

前の例題と同じ変換式だな…

STEP

① $\dfrac{\partial^2 z}{\partial u^2} = \dfrac{\partial}{\partial u}\left(\dfrac{\partial z}{\partial u}\right)$ に注意して $Z = \dfrac{\partial z}{\partial u}$ とおき $\dfrac{\partial Z}{\partial u}$ に公式❶を適用する．

② 前例題で求めた $\dfrac{\partial z}{\partial u}$ を使い $\dfrac{\partial^2 z}{\partial u^2}$ を求める．

解

① $\dfrac{\partial z}{\partial u} = Z$ とおくと，合成関数の偏微分公式❶より

$$\dfrac{\partial^2 z}{\partial u^2} = \dfrac{\partial}{\partial u}\left(\dfrac{\partial z}{\partial u}\right) = \dfrac{\partial Z}{\partial u} = \dfrac{\partial Z}{\partial x}\dfrac{\partial x}{\partial u} + \dfrac{\partial Z}{\partial y}\dfrac{\partial y}{\partial u} \quad \cdots Ⓐ$$

② ここで前例題で求めた結果より

$$\dfrac{\partial Z}{\partial x} = \dfrac{\partial}{\partial x}\left(2\dfrac{\partial z}{\partial x} + 3\dfrac{\partial z}{\partial y}\right) = 2\dfrac{\partial^2 z}{\partial x^2} + 3\dfrac{\partial^2 z}{\partial x \partial y}$$

$$\dfrac{\partial Z}{\partial y} = \dfrac{\partial}{\partial y}\left(2\dfrac{\partial z}{\partial x} + 3\dfrac{\partial z}{\partial y}\right) = 2\dfrac{\partial^2 z}{\partial y \partial x} + 3\dfrac{\partial^2 z}{\partial y^2}$$

となるのでⒶに代入して

$$\dfrac{\partial^2 z}{\partial u^2} = \left(2\dfrac{\partial^2 z}{\partial x^2} + 3\dfrac{\partial^2 z}{\partial x \partial y}\right)\cdot 2 + \left(2\dfrac{\partial^2 z}{\partial y \partial x} + 3\dfrac{\partial^2 z}{\partial y^2}\right)\cdot 3$$

$$= \left(4\dfrac{\partial^2 z}{\partial x^2} + 6\dfrac{\partial^2 z}{\partial x \partial y}\right) + \left(6\dfrac{\partial^2 z}{\partial y \partial x} + 9\dfrac{\partial^2 z}{\partial y^2}\right)$$

$\dfrac{\partial^2 z}{\partial x \partial y} = \dfrac{\partial^2 z}{\partial y \partial x}$ が成立しているので

$$= 4\dfrac{\partial^2 z}{\partial x^2} + 12\dfrac{\partial^2 z}{\partial x \partial y} + 9\dfrac{\partial^2 z}{\partial y^2}$$

【解終】

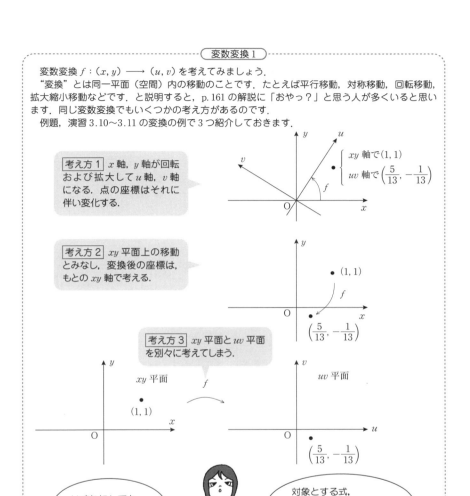

演習 ▶ 3.11

$z = f(x, y)$ を前例題と同じ次式で (u, v) 変数に変換するとき，

$\dfrac{\partial^2 z}{\partial u \partial v}$ および $\dfrac{\partial^2 z}{\partial v^2}$ を $\dfrac{\partial^2 z}{\partial x^2}$, $\dfrac{\partial^2 z}{\partial x \partial y}$, $\dfrac{\partial^2 z}{\partial y^2}$ を使って表せ．

ただし，$\dfrac{\partial^2 z}{\partial x \partial y} = \dfrac{\partial^2 z}{\partial y \partial x}$ は成立しているものとする．

例題 ▶ 3.12 合成関数の偏微分 (3)

$z = f(x, y)$ を
$$\begin{cases} x = r\cos\theta \\ y = r\sin\theta \end{cases}$$
により極座標 (r, θ) に変換するとき,次の式が成立することを示そう.
$$z_x^2 + z_y^2 = z_r^2 + \frac{1}{r^2} z_\theta^2$$

CHECK

❶ $z = f(x, y)$
 $x = x(r, \theta),\ y = y(r, \theta)$
 のとき
$$\frac{\partial z}{\partial r} = \frac{\partial z}{\partial x}\frac{\partial x}{\partial r} + \frac{\partial z}{\partial y}\frac{\partial y}{\partial r}$$
$$\frac{\partial z}{\partial \theta} = \frac{\partial z}{\partial x}\frac{\partial x}{\partial \theta} + \frac{\partial z}{\partial y}\frac{\partial y}{\partial \theta}$$

❷ $(\sin x)' = \cos x$
❸ $(\cos x)' = -\sin x$

STEP
① $z_r,\ z_\theta$ を $z_x,\ z_y$ で表しておく.
② 右辺に代入して左辺に等しくなることを示す.

解

① 合成関数の偏微分公式 ❶ より

$$z_r = \frac{\partial z}{\partial r} = \frac{\partial z}{\partial x}\frac{\partial x}{\partial r} + \frac{\partial z}{\partial y}\frac{\partial y}{\partial r}$$

（θ は定数扱い）

$$= z_x \cdot \frac{\partial}{\partial r}(r\cos\theta) + z_y \cdot \frac{\partial}{\partial r}(r\sin\theta) = z_x \cos\theta + z_y \sin\theta$$

$$z_\theta = \frac{\partial z}{\partial \theta} = \frac{\partial z}{\partial x}\frac{\partial x}{\partial \theta} + \frac{\partial z}{\partial y}\frac{\partial y}{\partial \theta}$$

（r は定数扱い）

$$= z_x \cdot \frac{\partial}{\partial \theta}(r\cos\theta) + z_y \cdot \frac{\partial}{\partial \theta}(r\sin\theta)$$

$$= z_x \cdot r(-\sin\theta) + z_y \cdot (r\cos\theta) = r(-z_x \sin\theta + z_y \cos\theta)$$

② 示したい式の右辺に代入すると

$$z_r^2 + \frac{1}{r^2} z_\theta^2 = (z_x \cos\theta + z_y \sin\theta)^2 + \frac{1}{r^2}\{r(-z_x \sin\theta + z_y \cos\theta)\}^2$$

$$= z_x^2 \cos^2\theta + 2z_x z_y \cos\theta \sin\theta + z_y^2 \sin^2\theta$$
$$\quad + z_x^2 \sin^2\theta - 2z_x z_y \sin\theta \cos\theta + z_y^2 \cos^2\theta$$

$$\frac{1}{r^2} \cdot r^2 = 1$$

$$= z_x^2(\cos^2\theta + \sin^2\theta) + z_y^2(\sin^2\theta + \cos^2\theta)$$
$$= z_x^2 \cdot 1 + z_y^2 \cdot 1 = z_x^2 + z_y^2$$

これで示せた.

【解終】

┌─────────── 変数変換 2 ───────────┐

f_1, f_2 をそれぞれ次の式で決められた変換とします．
$f_1 : (x, y) \longrightarrow (u, v)$
$\begin{cases} x = 2u - 3v \\ y = 3u + 2v \end{cases}$　　（例題，演習 3.10〜3.11）

$f_2 : (x, y) \longrightarrow (u, v)$
$\begin{cases} x = u\cos\alpha - v\sin\alpha \\ y = u\sin\alpha + v\cos\alpha \end{cases}$　　（演習 3.12）

f_1, f_2 のように x, y がともに定数項のない 1 次式で表されている変換を 1 次変換または線形変換といいます．

変換を軸の移動（p.163 考え方 1）と考えると
f_1：軸を回転させ，原点からの距離を $\sqrt{13}$ 倍する．
f_2：軸を回転させる．軸のスケールは不変．
という変換になります．

また，ラプラシアン（p.155）については
● f_1 で変換すると例題，演習 3.11 の結果を使って
$$\frac{\partial^2 z}{\partial x^2} + \frac{\partial^2 z}{\partial y^2} = \frac{1}{13}\left(\frac{\partial^2 z}{\partial u^2} + \frac{\partial^2 z}{\partial v^2}\right)$$

● f_2 で変換すると演習 3.12 の結果より
$$\frac{\partial^2 z}{\partial x^2} + \frac{\partial^2 z}{\partial y^2} = \frac{\partial^2 z}{\partial u^2} + \frac{\partial^2 z}{\partial v^2}$$

となります．

このように，変換 f_2 は "長さ" と "直交性" を変えないので，図形や偏微分方程式などの性質がそのまま維持される特別な 1 次変換で，**直交変換**と呼ばれています．

1 次変換は線形代数でも勉強します！

が…がんばります

演習 ▶ 3.12　　　　　　　　　　　　　　　　　　　　　　　　解答 p.261

$z = f(x, y)$ を
$\begin{cases} x = u\cos\alpha - v\sin\alpha \\ y = u\sin\alpha + v\cos\alpha \end{cases}$　　（α：定数）

により (u, v) 変数に変換するとき，次式が成立することを示せ．
$${z_x}^2 + {z_y}^2 = {z_u}^2 + {z_v}^2$$

Section 4. 極値問題

【1】極値

- $z = f(x, y)$ は連続な 2 次偏導関数をもつとする.
  $z = f(x, y)$ が $(x, y) = (a, b)$ で極値をとるなら,
  $f_x(a, b) = f_y(a, b) = 0$

p.208
p.212

- 極値の判定

$$\Delta(x, y) = \begin{vmatrix} f_{xx} & f_{xy} \\ f_{yx} & f_{yy} \end{vmatrix} = f_{xx}f_{yy} - f_{xy}f_{yx} = f_{xx}f_{yy} - f_{xy}^2$$

とするとき

$f_{xy} = f_{yx}$ が成立

$\Delta(x, y)$ をヘッセ行列といいます

$\Delta(a, b) > 0$, $f_{xx}(a, b) > 0$	なら	$f(a, b)$ は極小値
$\Delta(a, b) > 0$, $f_{xx}(a, b) < 0$	なら	$f(a, b)$ は極大値
$\Delta(a, b) < 0$	なら	$f(a, b)$ は極値ではない
$\Delta(a, b) = 0$	なら	不明（他の方法で判定する必要あり）

【2】条件つき極値問題

- 条件 $\varphi(x, y) = 0$ のもとで, $z = f(x, y)$ の極値を求める問題のこと
- ラグランジュの未定乗数法

  $F(x, y) = f(x, y) + \lambda \varphi(x, y)$ とおき,

  $F_x(a, b) = F_y(a, b) = F_\lambda(a, b) = 0$

  である (a, b) を極値をとる候補とする方法.

  ただし, $f(a, b)$ が極値かどうか簡単に判定できるとは限らない.

2 次の行列式

$$\begin{vmatrix} a & b \\ c & d \end{vmatrix} = ad - bc$$

極値を求める手順は右ページにあります 利用してください

$z = f(x, y)$ の極値を求める手順

STEP 1 $f_x(x, y)$, $f_y(x, y)$ を求め，$f_x(a, b) = f_y(a, b) = 0$ となる (a, b) を求める

STEP 2 $f_{xx}(x, y)$, $f_{yy}(x, y)$, $f_{xy}(x, y)$ を求め，$\Delta(x, y)$ を求める

$$\Delta(x, y) = \begin{vmatrix} f_{xx} & f_{xy} \\ f_{yx} & f_{yy} \end{vmatrix}$$

STEP 3 $\Delta(a, b)$ の値に従って，極値を判定する

→ $\Delta(a, b) > 0$ ┬→ $f_{xx}(a, b) > 0$ → $f(a, b)$ は極小値
　　　　　　　　　└→ $f_{xx}(a, b) < 0$ → $f(a, b)$ は極大値

→ $\Delta(a, b) < 0$ → $f(a, b)$ は極値ではない

→ $\Delta(a, b) = 0$ → この方法では判定できない

条件 $\varphi(x, y) = 0$ のもとで $z = f(x, y)$ の極値を求める手順

STEP 1 $F(x, y) = f(x, y) + \lambda \varphi(x, y)$ とおく

STEP 2 $F_x(x, y)$, $F_y(x, y)$, $F_\lambda(x, y)$ を求め，$F_x(a, b) = F_y(a, b) = F_\lambda(a, b) = 0$ となる (a, b) を求める

STEP 3 $f(a, b)$ が極値となるかどうか調べる

例題 ▶ 3.13　2変数関数の極値

$f(x,y) = x^3 + y^3 - 3x - 3y$ について極値を求めよう.

CHECK

❶ $\Delta(x,y) = \begin{vmatrix} f_{xx} & f_{xy} \\ f_{yx} & f_{yy} \end{vmatrix}$
$= f_{xx}f_{yy} - f_{xy}f_{yx}$

STEP
① f_x, f_y を求め, $f_x = 0$, $f_y = 0$ の連立方程式を解く.
② f_{xx}, $f_{xy}(=f_{yx})$, f_{yy} を求め, $\Delta(x,y)$ を計算する.
③ $\Delta(x,y)$ の値により, 極値かどうか判定する.

解　① f_x, f_y を求めると

$$f_x = (x^3 + y^3 - 3x - 3y)_x$$
$$= 3x^2 + 0 - 3 - 0 = 3x^2 - 3 = 3(x^2 - 1)$$
$$f_y = (x^3 + y^3 - 3x - 3y)_y$$
$$= 0 + 3y^2 - 0 - 3 = 3y^2 - 3 = 3(y^2 - 1)$$

$f_x = f_y = 0$ のとき

$$\begin{cases} x^2 - 1 = 0 \\ y^2 - 1 = 0 \end{cases} \longrightarrow \begin{cases} x = \pm 1 \\ y = \pm 1 \end{cases}$$

（複号同順ではない）

これより (x,y) の次の4つの組合わせが求まる.

$$(1, 1), \quad (1, -1), \quad (-1, 1), \quad (-1, -1)$$

② f_{xx}, $f_{xy}(=f_{yx})$, f_{yy} を求めると

$$f_{xx} = (f_x)_x = \{3(x^2-1)\}_x = 3 \cdot 2x = 6x$$
$$f_{xy} = (f_x)_y = \{3(x^2-1)\}_y = 3 \cdot (0-0) = 0$$
$$f_{yy} = (f_y)_y = \{3(y^2-1)\}_y = 3 \cdot 2y = 6y$$

これらより, ヘッセ行列は

$$\Delta(x,y) = \begin{vmatrix} f_{xx} & f_{xy} \\ f_{yx} & f_{yy} \end{vmatrix} = \begin{vmatrix} 6x & 0 \\ 0 & 6y \end{vmatrix}$$
$$= 6x \cdot 6y - 0 \cdot 0 = 36xy$$

（2次の行列式）
$\begin{vmatrix} a & b \\ c & d \end{vmatrix} = ad - bc$

4つも候補が出てきたぞ…

3 ①で求めた各 (x,y) について，$\Delta(x,y)$ を使って極値をとるかどうか調べる．

・$(x,y) = (1,1)$ のとき
$\Delta(1,1) = 36 \cdot 1 \cdot 1 = 36 > 0$ より，極値をとる．
$f_{xx}(1,1) = 6 \cdot 1 = 6 > 0$ より極小となり，極小値は
$f(1,1) = 1^3 + 1^3 - 3 \cdot 1 - 3 \cdot 1 = -4$

・$(x,y) = (1,-1)$ のとき
$\Delta(1,-1) = 36 \cdot 1 \cdot (-1) = -36 < 0$ より，極値をとらない．

・$(x,y) = (-1,1)$ のとき
$\Delta(-1,1) = 36 \cdot (-1) \cdot 1 = -36 < 0$ より，極値をとらない．

・$(x,y) = (-1,-1)$ のとき
$\Delta(-1,-1) = 36 \cdot (-1)(-1) = 36 > 0$ より，極値をとる．
$f_{xx}(-1,-1) = 6 \cdot (-1) = -6 < 0$ より，極大となり，極大値は
$f(-1,-1) = (-1)^3 + (-1)^3 - 3 \cdot (-1) - 3 \cdot (-1) = 4$

以上より
$(1,1)$　　において　極小値 -4　をとり
$(-1,-1)$ において　極大値　4　をとる．

【解終】

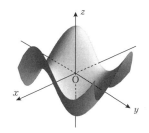

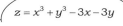

$z = x^3 + y^3 - 3x - 3y$
が表す曲面は
このような形をしています

平面 $x=k$（yz 平面に平行）で切っても
平面 $y=k$（xz 平面に平行）で切っても
3次曲線が現れます

演習 ▶ 3.13　　　　　　　　　　　　　　　　　　解答 p. 261

$f(x,y) = x^2 + 4y + 2y^2 - y^3$ の極値について調べよ．

例題 ▶ 3.14 条件つき極値問題

ラグランジュの未定乗数法を使って，$x^2+y^2=1$ の条件のもとでの $f(x,y)=xy$ の最大値，最小値を求めよう．

CHECK

❶ ラグランジュの未定乗数法
条件を $\varphi(x,y)=0$ とおく
$F(x,y)=f(x,y)+\lambda\varphi(x,y)$
$$\begin{cases} F_x(a,b)=0 \\ F_y(a,b)=0 \\ F_\lambda(a,b)=0 \end{cases}$$
となる (a,b) は，$f(x,y)$ の極値をとる候補

STEP
① 条件を $\varphi(x,y)=0$ とおき
$F(x,y)=f(x,y)+\lambda\varphi(x,y)$ をつくる．
② $F_x(x,y)$, $F_y(x,y)$, $F_\lambda(x,y)$ を求め，
$F_x(a,b)=F_y(a,b)=F_\lambda(a,b)=0$ となる (a,b) を求める．
③ $f(a,b)$ が最大値，最小値になるかどうか調べる．

解
① 条件は $x^2+y^2=1$ なので，$\varphi(x,y)=x^2+y^2-1=0$ とおき
$$F(x,y)=f(x,y)+\lambda\varphi(x,y)=xy+\lambda(x^2+y^2-1)$$
とする．

② $F_x(x,y)$, $F_y(x,y)$, $F_\lambda(x,y)$ を求めると

$$F_x(x,y)=\frac{\partial}{\partial x}\{xy+\lambda(x^2+y^2-1)\}=1\cdot y+\lambda(2x+0-0)=y+2\lambda x$$

$$F_y(x,y)=\frac{\partial}{\partial y}\{xy+\lambda(x^2+y^2-1)\}=x\cdot 1+\lambda(0+2y-0)=x+2\lambda y$$

$$F_\lambda(x,y)=\frac{\partial}{\partial \lambda}\{xy+\lambda(x^2+y^2-1)\}=0+1\cdot(x^2+y^2-1)=x^2+y^2-1$$

$F_x(x,y)=F_y(x,y)=F_\lambda(x,y)=0$ とおいて連立方程式を解く．

$$\begin{cases} y+2\lambda x=0 & \cdots\text{Ⓐ} \\ x+2\lambda y=0 & \cdots\text{Ⓑ} \\ x^2+y^2-1=0 & \cdots\text{Ⓒ} \end{cases}$$

Ⓐ×x より $xy+2\lambda x^2=0$ $\cdots$Ⓐ′
Ⓑ×y より $xy+2\lambda y^2=0$ $\cdots$Ⓑ′
Ⓐ′−Ⓑ′ より
$$2\lambda(x^2-y^2)=0, \quad \lambda(x+y)(x-y)=0$$
$$\lambda=0, \quad x=-y, \quad x=y$$

$\lambda=0$ のとき，Ⓐ，Ⓑへ代入して，$y=0$, $x=0$
　しかし，これはⒸをみたさないので $\lambda \neq 0$
$x=-y$ のとき，$y=-x$ をⒸへ代入して，$x^2+x^2=1$, $2x^2=1$
$$x=\pm\frac{1}{\sqrt{2}}, \quad y=\mp\frac{1}{\sqrt{2}} \quad \text{（複号同順）}$$

$x = y$ のとき，Ⓒへ代入して，同様にして

$$x = \pm\frac{1}{\sqrt{2}}, \quad y = \pm\frac{1}{\sqrt{2}} \quad \text{(複号同順)}$$

ゆえに，ⒶⒷⒸをみたす (x, y) の組は次の4つ．

$$(x, y) = \left(\pm\frac{1}{\sqrt{2}}, \pm\frac{1}{\sqrt{2}}\right), \left(\pm\frac{1}{\sqrt{2}}, \mp\frac{1}{\sqrt{2}}\right) \quad \text{(複号同順)}$$

> これらの4つの (x, y) は，$f(x, y)$ が極大または極小になる候補である

3 2で求めた (x, y) について，$f(x, y)$ の値を求めておくと

$$f\left(\pm\frac{1}{\sqrt{2}}, \pm\frac{1}{\sqrt{2}}\right) = \left(\pm\frac{1}{\sqrt{2}}\right)\left(\pm\frac{1}{\sqrt{2}}\right) = \frac{1}{2}$$

$$f\left(\pm\frac{1}{\sqrt{2}}, \mp\frac{1}{\sqrt{2}}\right) = \left(\pm\frac{1}{\sqrt{2}}\right)\left(\mp\frac{1}{\sqrt{2}}\right) = -\frac{1}{2}$$

条件 $x^2 + y^2 = 1$ のもとでの曲面 $z = xy$ のグラフは，下左図のように連続した閉じた輪が曲面 $z = xy$ 上にはりついている曲線なので，求めた値は最大値，最小値である．したがって，

$(x, y) = \left(\pm\dfrac{1}{\sqrt{2}}, \pm\dfrac{1}{\sqrt{2}}\right)$ のとき　最大値　$\dfrac{1}{2}$ をとり

$(x, y) = \left(\pm\dfrac{1}{\sqrt{2}}, \mp\dfrac{1}{\sqrt{2}}\right)$ のとき　最小値 $-\dfrac{1}{2}$ をとる．（複号同順）

【解終】

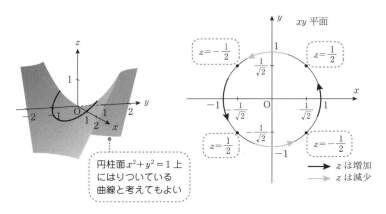

円柱面 $x^2 + y^2 = 1$ 上にはりついている曲線と考えてもよい

演習 ▶ 3.14

解答 p. 262

ラグランジュの未定乗数法を使って，条件 $x^2 + y^2 = 1$ のもとでの $f(x, y) = x^3 + y^3$ の極値および最大値，最小値を求めよ．

総合演習 ▶ 3

解答 p. 263

問 1 次の関数は $(0,0)$ で連続かどうか調べよ．

$$f(x,y) = \begin{cases} xy \sin \dfrac{1}{\sqrt{x^2+y^2}} & (x,y) \ne (0,0) \\ 0 & (x,y) = (0,0) \end{cases}$$

問 2 $f(x,y) = e^{-(x+y)} \sin(x-y)$ について次の問いに答えよ．

(1) 全微分 df を求めよ．
(2) $(0,0)$ における接平面の方程式を求めよ．

問 3 xy 平面上で，方程式 $5x^2 - 2xy + 2y^2 = 18$ で表される曲線 C を考える．

(1) C はどのような曲線になるか，概形を描け．
(2) 原点から C 上の点 (x,y) までの距離を $L(x,y)$ とするとき，$\{L(x,y)\}^2$ の最大値と最小値を求めよ．

問 4 $u = x-y$，$v = 4x$ と変数変換することにより，次の x, y に関する偏微分方程式を u, v に関する偏微分方程式にかえよ．

（ただし，$\dfrac{\partial^2 f}{\partial x \partial y} = \dfrac{\partial^2 f}{\partial y \partial x}$，$\dfrac{\partial^2 f}{\partial u \partial v} = \dfrac{\partial^2 f}{\partial v \partial u}$ は成立するものとする）

$$\frac{\partial^2 f}{\partial x^2} + 2 \frac{\partial^2 f}{\partial x \partial y} + 17 \frac{\partial^2 f}{\partial y^2} = 0$$

問 1 ➡ p. 113 確認事項 [3], 例題 3.2
問 2 (1)➡ 例題 3.8　(2)➡ 例題 3.9
問 3 (1)➡ $y=$ に変形して式の形より概形を描く　(2)➡ 例題 3.14
問 4 ➡ 例題 3.11

第4章 重積分

定積分を多変数にまで拡張したものが重積分です．第4章では2変数に関する重積分と体積，曲面積への応用について勉強します．
3次元空間の立体や曲面を対象にしますので，イメージがとりづらかったり計算が大変なところも出てきますが，今まで学習してきたことを思い出しながら焦らずじっくりと勉強を進めてください．

Multiple integral

第4章の流れ

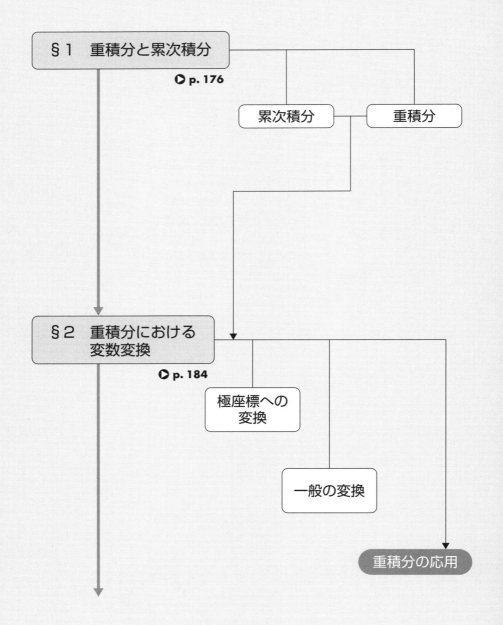

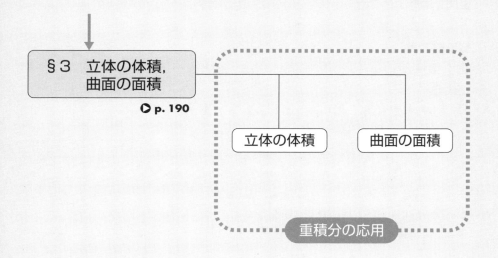

Section 1. 重積分と累次積分

■確認事項

【1】重積分

考え方

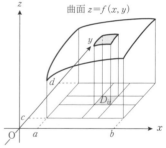

① 長方形領域 $D = \{(x, y) \mid a \leq x \leq b, c \leq y \leq d\}$ を分割

  分割 Δ $\begin{cases} a = x_0 < x_1 < \cdots < x_i < \cdots < x_m = b \\ c = y_0 < y_1 < \cdots < y_j < \cdots < y_n = d \end{cases}$

  $D_{ij} = \{(x_i, y_j) \mid x_{i-1} \leq x < x_i,\ y_{j-1} \leq y < y_j\}$

② D_{ij} と D_{ij} 上にある曲面 $z = f(x, y)$ ではさまれた立体の体積を直方体の体積で近似するために，D_{ij} 内の点 (s_i, t_j) をとり

$$v_{ij} = \underbrace{f(s_i, t_j)}_{\text{高さ}} \underbrace{(x_i - x_{i-1})(y_j - y_{j-1})}_{D_{ij} \text{ の面積}}$$

をつくる．

③ v_{ij} をすべて加えてリーマン和 R_{mn} をつくる．

$$R_{mn} = \sum_{i=1}^{m} \sum_{j=1}^{n} f(s_i, t_j)(x_i - x_{i-1})(y_j - y_{j-1})$$

(D で $f(x, y) \geq 0$ なら R_{mn} は D と曲面 $z = f(x, y)$ の間の体積の近似)

④ 分割 Δ を限りなく細かくする (これを $\Delta \to 0$ とかく) とき，各 D_{ij} 内の点 (s_i, t_j) の選び方によらず R_{mn} が収束するとき，$z = f(x, y)$ は D 上で**重積分可能**であるといい，極限値 $\lim_{\Delta \to 0} R_{mn}$ を

$$\iint_D f(x, y)\, dxdy$$

とかき，$z = f(x, y)$ の D 上での**重積分**の値という．

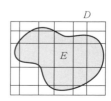

● 一般の領域 E 上で定義された関数 $f(x, y)$ については，E を含む長方形領域 D を考え，新しい関数

$$F(x, y) = \begin{cases} f(x, y) & (x, y) \text{ は } E \text{ の内部の点} \\ 0 & (x, y) \text{ は } E \text{ の外部の点} \end{cases}$$

を使って，次のように重積分を定義する．
$$\iint_E f(x,y)\,dxdy = \iint_D F(x,y)\,dxdy$$

- $f(x,y)$ が D 上で連続であれば，D 上で重積分可能である．
- $\iint_D 1\,dxdy\ (=\iint_D dxdy\ とかく)$ は D の面積と一致する．

【2】重積分の性質

- $\iint_D kf(x,y)\,dxdy = k\iint_D f(x,y)\,dxdy$ （k：定数）
- $\iint_D f(x,y)\,dxdy = \iint_{D_1} f(x,y)\,dxdy + \iint_{D_2} f(x,y)\,dxdy$
  $(D = D_1 \cup D_2,\ D_1 \cap D_2 = \phi)$

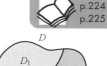
p.224
p.225

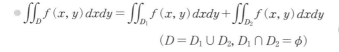

【3】重積分の累次積分への変換

- $D = \{(x,y)\,|\,a \leqq x \leqq b,\ c \leqq y \leqq d\}$（長方形領域）のとき
$$\iint_D f(x,y)\,dxdy = \int_c^d \left\{\int_a^b f(x,y)\,dx\right\}dy$$
$$= \int_a^b \left\{\int_c^d f(x,y)\,dy\right\}dx$$

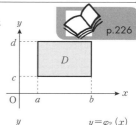

累次積分には { } を書かない場合も多い

- $D = \{(x,y)\,|\,a \leqq x \leqq b,\ \varphi_1(x) \leqq y \leqq \varphi_2(x)\}$ のとき
$$\iint_D f(x,y)\,dxdy = \int_a^b \left\{\int_{\varphi_1(x)}^{\varphi_2(x)} f(x,y)\,dy\right\}dx$$

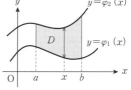

- $D = \{(x,y)\,|\,\psi_1(y) \leqq x \leqq \psi_2(y),\ c \leqq y \leqq d\}$ のとき
$$\iint_D f(x,y)\,dxdy = \int_c^d \left\{\int_{\psi_1(y)}^{\psi_2(y)} f(x,y)\,dx\right\}dy$$

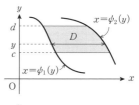

- $D = \{(x,y)\,|\,a \leqq x \leqq b,\ \varphi_1(x) \leqq y \leqq \varphi_2(x)\}$
  $= \{(x,y)\,|\,\psi_1(y) \leqq x \leqq \psi_2(y),\ c \leqq y \leqq d\}$ のとき
  累次積分の順序変更が可能である．
$$\iint_D f(x,y)\,dxdy = \int_a^b \left\{\int_{\varphi_1(x)}^{\varphi_2(x)} f(x,y)\,dy\right\}dx$$
$$= \int_c^d \left\{\int_{\psi_1(y)}^{\psi_2(y)} f(x,y)\,dx\right\}dy$$

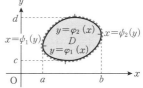

Section 1．重積分と累次積分

例題 ▶ 4.1 累次積分

次の累次積分について,積分領域 D を図示し,値を求めよう.

(1) $\int_1^2 \left\{ \int_0^1 (x-y+1)\,dy \right\} dx$

(2) $\int_0^2 \left\{ \int_0^y (x^2+y^2)\,dx \right\} dy$

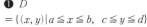

❶ $D = \{(x,y) | a \leq x \leq b,\ c \leq y \leq d\}$

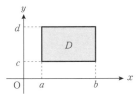

❷ $D = \{(x,y) | a \leq x \leq b,\ \varphi_1(x) \leq y \leq \varphi_2(x)\}$

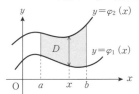

❸ $D = \{(x,y) | \phi_1(y) \leq x \leq \phi_2(y),\ c \leq y \leq d\}$

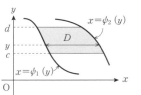

STEP
① 式より D を集合の形で表記し,図示する.
② 2つの変数 x, y のうち,どちらの変数で積分するのか注意しながら $\{\ \}$ の中の積分を行い,式を整理する.このとき,積分した変数は消えていることを確認する.
③ 残った方の変数で積分して値を求める.

解 (1) ① 累次積分の式を見ながら y と x の変域を読みとると

$\{\ \}$ の中の積分より

$D = \{(x,y) | 0 \leq y \leq 1,\ 1 \leq x \leq 2\}$

これを図示すると,右下のような正方形の領域である.

$\{\ \}$ の外の積分より

② $\{\ \}$ の中は y で積分するので,x は定数とみなして

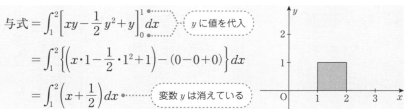

y に値を代入

変数 y は消えている

③ 続けて x で積分すると

$$= \left[\frac{1}{2}x^2 + \frac{1}{2}x \right]_1^2 = \frac{1}{2} \left[x^2 + x \right]_1^2$$

$$= \frac{1}{2}\{(2^2+2)-(1^2+1)\} = \frac{1}{2}(6-2) = \frac{4}{2} = 2$$

(2) ① x の変域には y が入っているので注意して D をかくと

$D = \{(x, y) \mid 0 \leq x \leq y, \ 0 \leq y \leq 2\}$

{ } の外より

{ } の中より

となる.

領域 D は

$0 \leq x \leq y$ より $x \geq 0$ かつ 直線 $y = x$ の上側

$0 \leq y \leq 2$ より 2本の直線 $y = 0$, $y = 2$ にはさまれた部分

なので, 図示すると下のような三角形である.

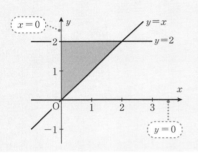

重積分は累次積分に直してから値を求めるので先に累次積分に慣れておきましょう

② { } の中は x について積分するので, y は定数とみなして

$$与式 = \int_0^2 \left[\frac{1}{3}x^3 + y^2 x\right]_0^y dy$$

x に値を代入

$$= \int_0^2 \left\{\left(\frac{1}{3}y^3 + y^2 \cdot y\right) - (0+0)\right\} dy$$

$$= \int_0^2 \left(\frac{1}{3}y^3 + y^3\right) dy = \frac{4}{3}\int_0^2 y^3 dy$$

③ 続けて y で積分して

$$= \frac{4}{3}\left[\frac{1}{4}y^4\right]_0^2 = \frac{1}{3}[y^4]_0^2 = \frac{1}{3}(2^4 - 0) = \frac{16}{3}$$

偏微分の逆みたいだな…

【解終】

演習 ▶ 4.1 解答 p.268

次の累次積分について, 積分領域 D を図示して値を求めよ.

(1) $\int_0^2 \left\{\int_1^3 (xy+1) dx\right\} dy$

(2) $\int_0^1 \left\{\int_0^{2x} (x+1)(y-1) dy\right\} dx$

Section 1. 重積分と累次積分

例題 ▶ 4.2 重積分

次の重積分の値を求めよう．

$$\iint_D xy\,dxdy,$$
$$D = \{(x, y)\,|\,x^2 \leq y \leq 2-x,\ x \geq 0\}$$

❶ $\iint_{D_1} f(x, y)\,dxdy$
$= \int_a^b \left\{ \int_{\varphi_1(x)}^{\varphi_2(x)} f(x, y)\,dy \right\} dx$

STEP
1. 積分領域 D を図示する．
2. D を見ながら重積分を累次積分に直す．
3. 累次積分を計算して値を求める．

❷ $\iint_{D_2} f(x, y)\,dxdy$
$= \int_c^d \left\{ \int_{\psi_1(y)}^{\psi_2(y)} f(x, y)\,dx \right\} dy$

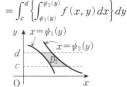

解 1 D を図示する．

はじめに境界となる

$$x^2 = y,\ y = 2-x,\ x = 0$$

のグラフを描く．

$x^2 \leq y$ をみたす (x, y) は放物線 $y = x^2$ の上側
$y \leq 2-x$ をみたす (x, y) は直線 $y = 2-x$ の下側
$x \geq 0$ をみたす (x, y) は y 軸の右側

なので，D はこれらの共通部分，つまり右図の
 の部分である．

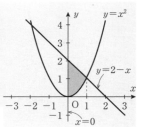

2 累次積分に直す前に，2 つのグラフの交点の x 座標を求めておく．

2 つの式を連立させて x の値を求めると

$$\begin{cases} y = x^2 \\ y = 2-x \end{cases} \longrightarrow \begin{array}{l} x^2 = 2-x,\ x^2+x-2 = 0, \\ (x+2)(x-1) = 0,\quad x = -2,\ 1 \end{array}$$

したがって領域 D の x の範囲は $0 \leq x \leq 1$ である．
そこで，x の方をこの範囲の 1 つの値として定数とみなすと，

y の動く範囲は $x^2 \leq y \leq 2-x$

となるので，y で先に積分する累次積分に直すと

与式 = $\int_0^1 \left\{ \int_{x^2}^{2-x} xy\,dy \right\} dx$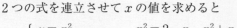

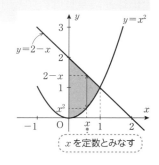

③ 累次積分を計算する．{ }の中を先に積分すると

$$= \int_0^1 \left[x \cdot \frac{1}{2} y^2\right]_{x^2}^{2-x} dx = \frac{1}{2} \int_0^1 x \left[y^2\right]_{x^2}^{2-x} dx$$

y へ代入，x は定数扱い

$$= \frac{1}{2} \int_0^1 x\{(2-x)^2 - (x^2)^2\} dx = \frac{1}{2} \int_0^1 x(4-4x+x^2-x^4) dx$$

$$= \frac{1}{2} \int_0^1 (4x - 4x^2 + x^3 - x^5) dx = \frac{1}{2} \left[2x^2 - \frac{4}{3}x^3 + \frac{1}{4}x^4 - \frac{1}{6}x^6\right]_0^1$$

$$= \frac{1}{2}\left(2 - \frac{4}{3} + \frac{1}{4} - \frac{1}{6}\right) = \frac{1}{2} \cdot \frac{24-16+3-2}{12} = \frac{1}{2} \cdot \frac{9}{12} = \frac{3}{8}$$

【解終】

---

② において，x で先に積分する累次積分で表すとどうなるでしょう．
領域 D の y の値の範囲は $0 \leq y \leq 2$ です．
　y をこの範囲で定数とみなすとき
　　　$0 \leq y \leq 1$ のとき　$0 \leq x \leq \sqrt{y}$
　　　$1 \leq y \leq 2$ のとき　$0 \leq x \leq 2-y$
となるので

与式 $= \int_0^1 \left\{\int_0^{\sqrt{y}} xy\, dx\right\} dy + \int_1^2 \left\{\int_0^{2-y} xy\, dx\right\} dy$

と累次積分は 2 つに分かれてしまいます．

$1 \leq y \leq 2$ で y を定数とみなす

$0 \leq y \leq 1$ で y を定数とみなす

$y = x^2, x \geq 0 \Leftrightarrow x = \sqrt{y}$

$y = 2 - x \Leftrightarrow x = 2 - y$

こっちの方は重積分を2つ計算することになるぞ

演習 ▶ 4.2　　　　　　　　　　　　　　　　　　　　　　　解答 p. 268

次の重積分の値を求めよ．

(1) $\iint_D (x+1)\, dxdy \quad D = \left\{(x,y) \,\middle|\, x^2 \leq y \leq \dfrac{2}{x+1},\ x \geq 0\right\}$

(2) $\iint_D (x+y)\, dxdy \quad D = \{(x,y) \mid x+y \geq 2,\ x+y^2 \leq 4,\ y \geq 0\}$

例題 ▶ 4.3　累次積分の順序変更

積分の順序を変更することにより，次の累次積分の値を求めよう．
$$\int_0^1 \left\{ \int_y^1 e^{x^2} dx \right\} dy$$

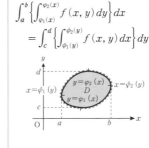

CHECK
$$\int_a^b \left\{ \int_{\varphi_1(x)}^{\varphi_2(x)} f(x,y) dy \right\} dx = \int_c^d \left\{ \int_{\psi_1(y)}^{\psi_2(y)} f(x,y) dx \right\} dy$$

STEP
① 積分領域 D を図示する．
② 図を見ながら累次積分の順序を変更する．
③ 累次積分を計算する．

解　e^{x^2} の不定積分は求まらないので，このままの順序では積分できない．

① 積分領域 D を求めて図示する．

累次積分の｛　｝の外より，y の積分範囲は $0 \leq y \leq 1$

累次積分の｛　｝の中と y の範囲より，x の積分範囲は $y \leq x \leq 1$

これらより
$$D = \{(x,y) | y \leq x \leq 1, \ 0 \leq y \leq 1\}$$
とかける．D の境界は
$$y=x, \ x=1, \ y=0, \ y=1$$
のグラフなので，D は右図■の部分．

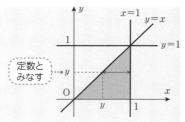

定数とみなす

② 積分順序を入れかえる．

D の x の範囲は $0 \leq x \leq 1$ なので，この範囲で x を定数とすると，y の動ける範囲は $0 \leq y \leq x$ となる．

ゆえに，積分順序を入れかえると
$$与式 = \int_0^1 \left\{ \int_0^x e^{x^2} dy \right\} dx$$

x は定数扱い
y で積分

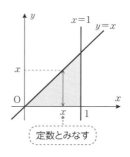

定数とみなす

③ 計算する．

{ } の中は x を定数とみなすので

$$
\text{与式} = \int_0^1 \left\{ e^{x^2} \int_0^x 1 dy \right\} dx = \int_0^1 e^{x^2} [y]_0^x dx
$$
$$
= \int_0^1 e^{x^2}(x-0) dx = \int_0^1 x e^{x^2} dx \quad \text{……うまく置換できる形になった}
$$

ここで $x^2 = t$ とおくと

$$
2x = \frac{dt}{dx}, \quad x dx = \frac{1}{2} dt
$$

x	0 $\longrightarrow$ 1
t	0 $\longrightarrow$ 1

置換積分
$g(x) = t$ とおくと
$\int f(g(x)) g'(x) dx = \int f(t) dt$

となるので

$$
\text{与式} = \int_0^1 e^{x^2} \cdot x dx = \int_0^1 e^t \cdot \frac{1}{2} dt = \frac{1}{2} \int_0^1 e^t dt = \frac{1}{2} [e^t]_0^1
$$
$$
= \frac{1}{2}(e^1 - e^0) = \frac{1}{2}(e-1)
$$

【解終】

この例題や演習のように
そのままでは重積分ができなかったり
複雑な積分計算になったりするときに
積分の順序変更が
有効な場合があります

演習 ▶ 4.3　　　　　　　　　　　　　　　　　　　　　　　解答 p.270

積分順序を変更することにより，次の積分の値を求めよ．

(1) $\displaystyle\int_0^1 \left\{ \int_{y^2}^1 \frac{y}{\sqrt{1+x^2}} dx \right\} dy$　　　(2) $\displaystyle\int_0^1 \left\{ \int_{\sin^{-1}x}^{\frac{\pi}{2}} \cos^4 y \, dy \right\} dx$

Section 2. 重積分における変数変換

■確認事項
- 平面極座標

$x = r\cos\theta, \ y = r\sin\theta$ （$r \geqq 0$ としておく）

p.236

に変換するとき

$$\iint_D f(x,y)\,dxdy = \iint_E f(r\cos\theta, r\sin\theta)\,r\,drd\theta$$

（E は D に対応した (r, θ) の領域）

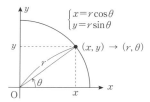

- 一般に，$x = x(u, v), \ y = y(u, v)$ と変換するとき ……… 絶対値

$$\iint_D f(x,y)\,dxdy = \iint_E f(x(u,v),\ y(u,v))|J|\,dudv$$

（E は D に対応した (u, v) の領域）

$$J = \frac{\partial(x,y)}{\partial(u,v)} = \begin{vmatrix} \dfrac{\partial x}{\partial u} & \dfrac{\partial x}{\partial v} \\ \dfrac{\partial y}{\partial u} & \dfrac{\partial y}{\partial v} \end{vmatrix}$$

……… 関数行列式，ヤコビアン

$|J|$ は変数変換による積分領域のゆがみから生じます

例題 ▶ 4.4 平面極座標への変数変換 (1)

極座標に変数変換することにより，次の重積分の値を求めよう．

$$\iint_D x\,dxdy,$$
$$D=\{(x,y)\,|\,x^2+y^2\leq 1,\ x\geq 0\}$$

CHECK

❶ 極座標
$$\begin{cases} x=r\cos\theta \\ y=r\sin\theta \end{cases}$$

❷ 重積分の極座標への変数変換
$$\iint_D f(x,y)\,dxdy$$
$$=\iint_E f(r\cos\theta,r\sin\theta)\,r\,drd\theta$$

STEP
1. 積分領域 D を図示する．
2. D の図を見ながら，D を (r,θ) の領域 E にかき直し，図示する．
3. 式を極座標 (r,θ) の重積分にかき直す．
4. 重積分を累次積分に直し，値を求める．

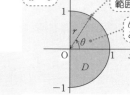

解　[1] D を図示する．D の境界は
$$x^2+y^2=1,\quad x=0$$
より，D は右図のような半円の領域である．

[2] D 内で θ を 1 つ固定して定数とみなすとき，r の動ける範囲は $0\leq r\leq 1$ なので，D は次の (r,θ) 領域

$$E=\left\{(r,\theta)\,\bigg|\,0\leq r\leq 1,\ -\frac{\pi}{2}\leq\theta\leq\frac{\pi}{2}\right\}$$

にかわる（右図, 長方形領域）．

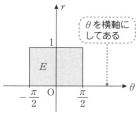

[3] 与式を (r,θ) の重積分にかき直すと

$$与式 = \iint_E r\cos\theta\cdot r\,drd\theta = \iint_E r^2\cos\theta\,drd\theta$$

[4] 累次積分に直して値を求めると

$$=\int_{-\frac{\pi}{2}}^{\frac{\pi}{2}}\left\{\int_0^1 r^2\cos\theta\,dr\right\}d\theta = \int_{-\frac{\pi}{2}}^{\frac{\pi}{2}}\cos\theta\left[\frac{1}{3}r^3\right]_0^1 d\theta = \int_{-\frac{\pi}{2}}^{\frac{\pi}{2}}\frac{1}{3}\cos\theta\,d\theta$$

$$=\frac{1}{3}\Big[\sin\theta\Big]_{-\frac{\pi}{2}}^{\frac{\pi}{2}} = \frac{1}{3}\left[\sin\frac{\pi}{2}-\left\{\sin\left(-\frac{\pi}{2}\right)\right\}\right] = \frac{1}{3}\{1-(-1)\} = \frac{2}{3}$$

【解終】

演習 ▶ 4.4　　　　　　　　　　　　　　　　　　　　　解答 p.271

極座標に変数変換することにより，次の重積分の値を求めよ．

$$\iint_D y\,dxdy,\quad D=\{(x,y)\,|\,x^2+y^2\leq 2,\ y\geq 0\}$$

例題 ▶ 4.5 平面極座標への変数変換 (2)

極座標に変数変換することにより，次の重積分の値を求めよう．

$$\iint_D xy\,dxdy,$$
$$D = \{(x, y) \mid 1 \leq x^2 + y^2 \leq 3,\ x \geq 0,\ y \geq 0\}$$

❶ 重積分の極座標への変数変換

$$\iint_D f(x, y)\,dxdy$$
$$= \iint_E f(r\cos\theta, r\sin\theta)\,r\,drd\theta$$

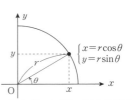

STEP
1. 積分領域 D を図示する．
2. D の図を見ながら，D を (r, θ) の領域 E にかき直し，図示する．
3. 式を極座標 (r, θ) の重積分にかき直す．
4. 重積分を累次積分に直し，値を求める．

解 ① D を図示する．

D の境界は
$$x^2 + y^2 = 1,\quad x^2 + y^2 = 3,$$
$$x = 0,\quad y = 0$$
より D は右図のような領域である．

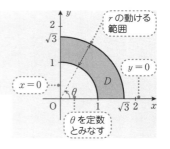

② D 内で θ を 1 つ固定して定数とみなしたとき，r の動ける範囲は $1 \leq r \leq \sqrt{3}$ なので，D を (r, θ) で表した領域 E は次の長方形領域となる（右図）．

$$E = \left\{(r, \theta) \mid 1 \leq r \leq \sqrt{3},\ 0 \leq \theta \leq \frac{\pi}{2}\right\}$$

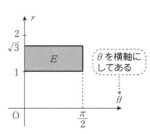

③ 与式を (r, θ) の重積分にかき直すと

$$\text{与式} = \iint_E r\cos\theta \cdot r\sin\theta \cdot r\,drd\theta$$
$$= \iint_E r^3 \sin\theta\cos\theta\,drd\theta$$

[4] E は長方形領域なので，r と θ のどちらから先に積分しても問題ない．
はじめに θ を定数とみなして，r で積分すると

$$与式 = \int_0^{\frac{\pi}{2}} \left\{ \int_1^{\sqrt{3}} r^3 \sin\theta \cos\theta \, dr \right\} d\theta$$

（θ は定数扱い r で積分）

$$= \int_0^{\frac{\pi}{2}} \sin\theta \cos\theta \left\{ \int_1^{\sqrt{3}} r^3 \, dr \right\} d\theta$$

（θ にまったく関係ないので θ の積分の外に出せる）

$$= \left(\int_0^{\frac{\pi}{2}} \sin\theta \cos\theta \, d\theta \right) \left(\int_1^{\sqrt{3}} r^3 \, dr \right) = \left(\frac{1}{2} \int_0^{\frac{\pi}{2}} \sin 2\theta \, d\theta \right) \left(\int_0^{\sqrt{3}} r^3 \, dr \right)$$

（倍角公式） （倍角公式 $2\sin\theta\cos\theta = \sin 2\theta$）

$$= \frac{1}{2} \left[-\frac{1}{2} \cos 2\theta \right]_0^{\frac{\pi}{2}} \cdot \left[\frac{1}{4} r^4 \right]_1^{\sqrt{3}}$$

$$= -\frac{1}{4} (\cos\pi - \cos 0) \cdot \frac{1}{4} (\sqrt{3}^4 - 1^4)$$

$$= -\frac{1}{16} (-1-1)(9-1) = -\frac{1}{16} \cdot (-2) \cdot 8 = 1$$

演習 ▶ 4.5　　　　　　　　　　　　　　　　　　　　　　　　　　　　解答 p. 271

極座標に変換することにより，次の重積分の値を求めよ．

(1) $\displaystyle\iint_D e^{\sqrt{x^2+y^2}} \, dxdy$ 　　　$D = \{(x,y) \mid x^2+y^2 \leq 1,\ 0 \leq y \leq x\}$

(2) $\displaystyle\iint_D y \, dxdy$ 　　　　　$D = \{(x,y) \mid x^2+(y-1)^2 \leq 1\}$

例題 ▶ 4.6 重積分の変数変換

変数変換 $x = u+v$, $y = u-v$ を行うことにより，次の重積分の値を求めよう．

$$\iint_D (x+y)e^{(x-y)} dxdy,$$
$$D = \{(x,y) \mid 0 \leq x+y \leq 1,\ 0 \leq x-y \leq 1\}$$

CHECK

❶ 重積分の変数変換（一般の場合）
$x = x(u,v),\ y = y(u,v)$
$$J = \frac{\partial(x,y)}{\partial(u,v)} = \begin{vmatrix} \dfrac{\partial x}{\partial u} & \dfrac{\partial x}{\partial v} \\ \dfrac{\partial y}{\partial u} & \dfrac{\partial y}{\partial v} \end{vmatrix}$$

$$\iint_D f(x,y)\,dxdy = \iint_E f(x(u,v), y(u,v))|J|\,dudv$$

❷ 2次の行列式
$$\begin{vmatrix} a & b \\ c & d \end{vmatrix} = ad - bc$$

STEP
① 変数変換の関数行列式 J を求める．
② 積分領域 D を図示する．
③ D を (u,v) の領域 E に直し，E を図示する．
④ 式を (u,v) の重積分に変換する．
⑤ 累次積分に直して値を求める．

解

① 関数行列式 J を求めておくと

$$J = \frac{\partial(x,y)}{\partial(u,v)} = \begin{vmatrix} \dfrac{\partial x}{\partial u} & \dfrac{\partial x}{\partial v} \\ \dfrac{\partial y}{\partial u} & \dfrac{\partial y}{\partial v} \end{vmatrix} = \begin{vmatrix} \dfrac{\partial}{\partial u}(u+v) & \dfrac{\partial}{\partial v}(u+v) \\ \dfrac{\partial}{\partial u}(u-v) & \dfrac{\partial}{\partial v}(u-v) \end{vmatrix}$$

$$= \begin{vmatrix} 1+0 & 0+1 \\ 1-0 & 0-1 \end{vmatrix} = \begin{vmatrix} 1 & 1 \\ 1 & -1 \end{vmatrix} ❷ = 1\cdot(-1) - 1\cdot 1 = -2$$

② D の境界は

$$x+y = 0,\ x+y = 1,\ x-y = 0,\ x-y = 1$$

なので，D は右図の領域である．

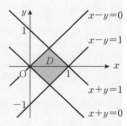

③ D を (u,v) の領域として表す．

$$\left.\begin{array}{l} x+y = (u+v)+(u-v) = 2u \\ x-y = (u+v)-(u-v) = 2v \end{array}\right\} \cdots Ⓐ$$

より

$$E = \{(u,v) \mid 0 \leq 2u \leq 1,\ 0 \leq 2v \leq 1\}$$
$$= \left\{(u,v) \mid 0 \leq u \leq \frac{1}{2},\ 0 \leq v \leq \frac{1}{2}\right\}$$

となる．これは右図のような正方形領域である．

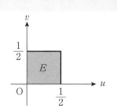

4 与式を (u,v) の重積分にかき直すと，Ⓐを使って

$$与式 = \iint_E 2ue^{2v}|J|dudv = \iint_E 2ue^{2v}|-2|dudv$$
$$= 2\cdot 2\iint_E ue^{2v}dudv = 4\iint_E ue^{2v}dudv$$

5 累次積分に直して値を求める．正方形領域なので，どちらから先に積分してもよい．

u を先に定数とみなし，v から積分すると

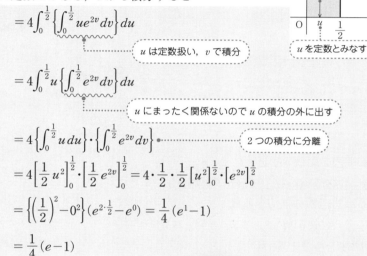

$$= 4\int_0^{\frac{1}{2}}\left\{\int_0^{\frac{1}{2}} ue^{2v}dv\right\}du$$

（u は定数扱い，v で積分）

$$= 4\int_0^{\frac{1}{2}} u\left\{\int_0^{\frac{1}{2}} e^{2v}dv\right\}du$$

（u にまったく関係ないので u の積分の外に出す）

$$= 4\left\{\int_0^{\frac{1}{2}} u\,du\right\}\cdot\left\{\int_0^{\frac{1}{2}} e^{2v}dv\right\}$$

（2つの積分に分離）

$$= 4\left[\frac{1}{2}u^2\right]_0^{\frac{1}{2}}\cdot\left[\frac{1}{2}e^{2v}\right]_0^{\frac{1}{2}} = 4\cdot\frac{1}{2}\cdot\frac{1}{2}\left[u^2\right]_0^{\frac{1}{2}}\cdot\left[e^{2v}\right]_0^{\frac{1}{2}}$$

$$= \left\{\left(\frac{1}{2}\right)^2 - 0^2\right\}(e^{2\cdot\frac{1}{2}} - e^0) = \frac{1}{4}(e^1 - 1)$$

$$= \frac{1}{4}(e-1)$$

【解終】

$$\int_c^d\left\{\int_a^b f(x)g(y)dx\right\}dy = \left\{\int_a^b f(x)dx\right\}\cdot\left\{\int_c^d g(y)dy\right\}$$

一般にこの公式が成り立ちます

演習 ▶ 4.6

解答 p.273

（ ）内の変数変換を行うことにより，次の重積分の値を求めよ．

(1) $\displaystyle\iint_D (y-x)\cos\frac{x+y}{4}\pi\, dxdy \quad (x = u+v,\ y = u-v)$

$D = \{(x,y) \mid 0 \leq x-y \leq 2,\ 2 \leq x+y \leq 4\}$

(2) $\displaystyle\iint_D \frac{x^2+y^2}{(x+y)^3}dxdy \quad (x+y = u,\ y = uv)$

$D = \{(x,y) \mid 1 \leq x+y \leq 2,\ x \geq 0,\ y \geq 0\}$

Section 3. 立体の体積，曲面の面積

■確認事項

【1】立体の体積

● 領域 D 上にある曲面 $z = f(x, y)$ と D とではさまれた立体の体積 V

$$V = \iint_D f(x, y)\,dxdy$$

（ただし，D 上で $f(x, y) \geq 0$）

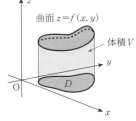

【2】曲面の面積（曲面積）

領域 D 上にある曲面 $z = f(x, y)$ の面積の考え方

① はじめ D が長方形領域
$$\{(x, y) \mid a \leq x \leq b,\ c \leq y \leq d\}$$
の場合を考える．

② D を次のように分割する．
$$\Delta : \begin{cases} a = x_0 < x_1 < \cdots < x_i < \cdots < x_m = b \\ c = y_0 < y_1 < \cdots < y_j < \cdots < y_n = d \end{cases}$$

③ 曲面を分割 Δ に合わせて分割する．

④ D の小領域
$$D_{ij} = \{(x, y) \mid x_{i-1} \leq x < x_i,\ y_{j-1} \leq y < y_j\}$$
上にある曲面 F_{ij} の面積を接平面の面積 S_{ij} で近似する．

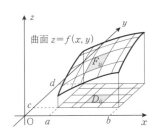

⑤ S_{ij} を全部加えて，Δ を限りなく細かくしたときの極限を曲面積 S とする．

⑥ D が一般の領域の場合には，分割の網を長方形で近似して極限を考えることにより，長方形の場合と同じ結果を得る．

- 領域 D 上にある曲面 $z = f(x, y)$ の曲面積 S

$$S = \iint_D \sqrt{1 + \left(\frac{\partial z}{\partial x}\right)^2 + \left(\frac{\partial z}{\partial y}\right)^2}\, dxdy$$

総合演習4 問1参照

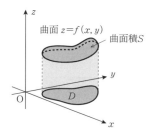

- 円柱座標表示された領域 E 上にある曲面 $z = \varphi(r, \theta)$ の曲面積 S

$$S = \iint_E \sqrt{1 + \left(\frac{\partial z}{\partial r}\right)^2 + \frac{1}{r^2}\left(\frac{\partial z}{\partial \theta}\right)^2}\, r\, drd\theta$$

総合演習4 問1参照

- 空間極座標表示された領域 F 上にある曲面 $r = \psi(\theta, \varphi)$ の曲面積 S

$$S = \iint_F \sqrt{\left\{r^2 + \left(\frac{\partial r}{\partial \theta}\right)^2\right\}\sin^2\theta + \left(\frac{\partial r}{\partial \varphi}\right)^2}\, r\, d\theta d\varphi$$

円柱座標
$$\begin{cases} x = r\cos\theta \\ y = r\sin\theta \\ z = z \end{cases}$$

空間極座標
$$\begin{cases} x = r\sin\theta\cos\varphi \\ y = r\sin\theta\sin\varphi \\ z = r\cos\theta \end{cases}$$

本書では重積分として
2重積分しか扱いませんでしたが
同様にして3重積分も考えられます
重積分は体積や曲面積に応用されるほか

- 領域上の関数の平均値
- 図形の重心
- 図形の慣性能率 など

物理学，工学に広く応用されています

ほんとだ〜

Section 3. 立体の体積，曲面の面積

例題 ▶ 4.7 立体の体積

次の曲面と平面で囲まれた立体の体積 V を求めよう．

　回転放物面 $z = x^2 + y^2$
　平面 $x + y = 1$
　各座標平面

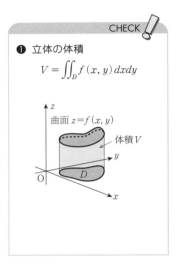

CHECK

❶ 立体の体積
$$V = \iint_D f(x, y)\,dxdy$$

STEP
① なるべく立体の図を描く．
② 図を見ながら，求める体積を重積分を用いて表す．
③ 重積分の値を求める．

解

① 回転放物面 $z = x^2 + y^2$：

　　xz 平面上の放物線 $z = x^2$ を z 軸を中心に回転させてできる曲面

　平面 $x + y = 1$：

　　xy 平面上の直線 $x + y = 1$ を含み z 軸と平行な平面

より，

立体は $x \geq 0$，$y \geq 0$，$z \geq 0$ の部分にできる右図のような形である．

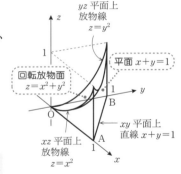

② 重積分で体積を求めるには，どの曲面 $f(x, y)$ をどの領域 D 上で重積分すればよいか考える．

この立体では

　　曲面は $f(x, y) = x^2 + y^2$，
　　領域 D は xy 平面上の三角形 OAB

なので

$$V = \iint_D (x^2 + y^2)\,dxdy \qquad D = \{(x, y)\,|\,x + y \leq 1,\ x \geq 0,\ y \geq 0\}$$

と表される．

> D は曲面
> 　$f(x, y) = x^2 + y^2$ ($x \geq 0, y \geq 0$)
> の xy 平面への正射影

3 D をあらためて図示すると右図の領域である．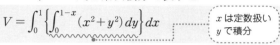
$0 \leq x \leq 1$ の範囲で x の方を定数と考えると，
y の動ける範囲は
$$0 \leq y \leq 1-x$$
となるので，V の式を累次積分で表すと
$$V = \int_0^1 \left\{ \int_0^{1-x} (x^2+y^2)\,dy \right\} dx$$
（x は定数扱い　y で積分）

計算していくと
$$= \int_0^1 \left[x^2 y + \frac{1}{3} y^3 \right]_0^{1-x} dx$$
（y に値を代入）
$$= \int_0^1 \left\{ x^2(1-x) + \frac{1}{3}(1-x)^3 \right\} dx = \int_0^1 \left\{ (x^2-x^3) + \frac{1}{3}(1-x)^3 \right\} dx$$
$$= \int_0^1 (x^2-x^3)\,dx + \frac{1}{3} \int_0^1 (1-x)^3 dx$$

第 2 項の積分は例題 2.19 の方法を使うと
$$= \left[\frac{1}{3} x^3 - \frac{1}{4} x^4 \right]_0^1 + \frac{1}{3} \left[\frac{1}{-1} \cdot \frac{1}{3+1} (1-x)^{3+1} \right]_0^1$$
$$= \left(\frac{1}{3} - \frac{1}{4} \right) - \frac{1}{12} \left[(1-x)^4 \right]_0^1 = \frac{1}{12} - \frac{1}{12}(0-1)$$
$$= \frac{1}{12} + \frac{1}{12} = \frac{1}{6}$$

【解終】

方程式から曲面を描くのは
なかなかムズカシイ…

演習 ▶ 4.7

解答 p.274

次の曲面と平面で囲まれた立体の体積 V を重積分を使って求めよ．

(1) 放物面 $z=y^2$ の $x \geq 0$, $y \geq 0$ の部分，平面 $x+2y=2$，xy 平面，yz 平面

(2) 回転放物面 $z=x^2+y^2$，円柱面 $x^2+y^2=1$，xy 平面

例題 ▶ 4.8 曲面積

双曲面 $z = xy$ が，円柱面 $x^2 + y^2 = 1$ により切り取られる部分の面積 S を求めよう．

> **CHECK**
> ❶ 曲面の面積
> $$S = \iint_D \sqrt{1 + \left(\frac{\partial z}{\partial x}\right)^2 + \left(\frac{\partial z}{\partial y}\right)^2}\, dxdy$$
> ❷ 極座標への変換
> $$\iint_D f(x, y)\, dxdy = \iint_E f(r\cos\theta, r\sin\theta)\, r\, drd\theta$$
> (E は D に対応する (r, θ) の領域)

STEP
① 面積を求めたい部分の図を描く．
② 図を見ながら面積を求める重積分の式を立てる．
③ 重積分の値を求める．

解　① 図は次のようになる．

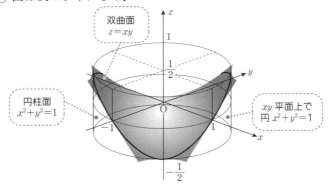

② 図形は $x \geq 0$, $y \geq 0$ の部分と同じ形 4 つでできているので

$$S = 4\iint_D \sqrt{1 + \left(\frac{\partial z}{\partial x}\right)^2 + \left(\frac{\partial z}{\partial y}\right)^2}\, dxdy$$

$$D = \{(x, y) \mid x^2 + y^2 \leq 1,\ x \geq 0,\ y \geq 0\}$$

とかける．$\sqrt{\ }$ の中を先に求めておくと，$z = xy$ より

$$\frac{\partial z}{\partial x} = \frac{\partial}{\partial x}(xy) = y, \quad \frac{\partial z}{\partial y} = \frac{\partial}{\partial y}(xy) = x$$

$$1 + \left(\frac{\partial z}{\partial x}\right)^2 + \left(\frac{\partial z}{\partial y}\right)^2 = 1 + y^2 + x^2 = 1 + x^2 + y^2$$

これらより S は次の式で求められる．

$$S = 4\iint_D \sqrt{1 + x^2 + y^2}\, dxdy \qquad D = \{(x, y) \mid x^2 + y^2 \leq 1,\ x \geq 0,\ y \geq 0\}$$

③ D を図示すると右図のような四分円なので，極座標への変換が有効である．

極座標 $x = r\cos\theta,\ y = r\sin\theta$ に変換すると
$$x^2 + y^2 = (r\cos\theta)^2 + (r\sin\theta)^2$$
$$= r^2(\cos^2\theta + \sin^2\theta) = r^2 \cdot 1 = r^2$$

より
$$S = 4\iint_E \sqrt{1+r^2}\, r\, dr d\theta \quad E = \left\{(r,\theta) \mid 0 \leq r \leq 1,\ 0 \leq \theta \leq \frac{\pi}{2}\right\}$$

累次積分に直して
$$= 4\int_0^{\frac{\pi}{2}} \left\{\int_0^1 \sqrt{1+r^2}\, r\, dr\right\} d\theta$$

{ } の中は θ とは関係ないので，θ の積分の外に出すと
$$= 4\left(\int_0^{\frac{\pi}{2}} d\theta\right)\left(\int_0^1 \sqrt{1+r^2}\, r\, dr\right)$$

θ の方の積分は
$$\int_0^{\frac{\pi}{2}} d\theta = \left[\theta\right]_0^{\frac{\pi}{2}} = \frac{\pi}{2}$$

r の方の積分は，$1+r^2 = t$ とおくと

> $2rdr = dt$ より $rdr = \frac{1}{2}dt$
>
> | r | $0 \longrightarrow 1$ |
> |---|---|
> | t | $0 \longrightarrow 2$ |

$$\int_0^1 \sqrt{1+r^2}\, r\, dr = \int_1^2 \sqrt{t} \cdot \frac{1}{2}\, dt = \frac{1}{2}\int_1^2 t^{\frac{1}{2}}\, dt$$
$$= \frac{1}{2}\left[\frac{1}{\frac{1}{2}+1} t^{\frac{1}{2}+1}\right]_1^2 = \frac{1}{2} \cdot \frac{2}{3}\left[t^{\frac{3}{2}}\right]_1^2 = \frac{1}{3}(2\sqrt{2}-1)$$

以上より
$$S = 4 \cdot \frac{\pi}{2} \cdot \frac{1}{3}(2\sqrt{2}-1) = \frac{2}{3}(2\sqrt{2}-1)\pi$$

【解終】

演習 ▶ 4.8 解答 p.275

次の図形の曲面積を求めよ．

(1) 円錐面 $z = \sqrt{x^2+y^2}$ が3つの平面 $x+y=1$，xz 平面，yz 平面により切り取られる図形

(2) 球面 $x^2+y^2+z^2=4$ が，2つの円柱面 $x^2+y^2=1$ $(z \geq 0)$，$x^2+y^2=2$ $(z \geq 0)$ により切り取られる図形

総合演習 ▶ 4

解答 p.276

問1 直交座標 (x, y, z) から円柱座標 (r, θ, z) への変換
$$x = r\cos\theta, \quad y = r\sin\theta, \quad z = z$$
について，次の問に答えよ．

(1) 次の式を示せ．
$$\frac{\partial x}{\partial r} = \frac{\partial r}{\partial x}, \quad \frac{\partial x}{\partial \theta} = r^2 \frac{\partial \theta}{\partial x}$$
$$\frac{\partial y}{\partial r} = \frac{\partial r}{\partial y}, \quad \frac{\partial y}{\partial \theta} = r^2 \frac{\partial \theta}{\partial y}$$

> ヒント：
> $x = r\cos\theta, \; y = r\sin\theta$ のとき
> $r = \sqrt{x^2 + y^2}, \; \theta = \tan^{-1}\dfrac{y}{x}$
> という関係があります

(2) (1)を使って，曲面 $z = f(x, y)$ の曲面積公式
$$S = \iint_D \sqrt{1 + \left(\frac{\partial z}{\partial x}\right)^2 + \left(\frac{\partial z}{\partial y}\right)^2} \, dxdy$$
$\quad\quad\quad\quad\quad$（$D$ は $z = f(x, y)$ の xy 平面への正射影）

は円柱座標では次の式で与えられることを示せ．
$$S = \iint_E \sqrt{1 + \left(\frac{\partial z}{\partial r}\right)^2 + \frac{1}{r^2}\left(\frac{\partial z}{\partial \theta}\right)^2} \, rdrd\theta$$
$\quad\quad\quad\quad\quad$（$E$ は D に対応する (r, θ) の領域）

問2 半径 a の球について，重積分を用いて次の公式を導け．

(1) 体積 $V = \dfrac{4}{3}\pi a^3$ $\quad$ (2) 表面積 $S = 4\pi a^2$

問3 底円の半径 a，高さ h の円錐について，重積分を用いて次の公式を導け．

(1) 体積 $V = \dfrac{1}{3}\pi a^2 h$ $\quad$ (2) 側面積 $S = \pi a\sqrt{a^2 + h^2}$

球

円錐

> 球面，円錐面の方程式は
> 自分で作りましょう

 問1 (1)➡右辺の偏微分は r, θ を x, y で表した式を使う．
$\quad\quad\quad$ (2)➡合成関数の偏微分(p.138)と(1)を使って示す．
$\quad\quad$ 問2 (1)➡例題4.7 $\quad$ (2)➡問1(2)
$\quad\quad$ 問3 (1)➡例題4.7 $\quad$ (2)➡問1(2)

解答

演習は，まず何も見ずにチャレンジしましょう．例題をどれだけ理解できたかがわかります．つまずいたら STEP の方針をちらっと見ましょう．それでもだめなら例題の解答を真似て解いてください．きっと解けるはずです．解こうとあれこれ考えることはさまざまな能力を培っていること．おおいに悩んでください．

Answer

第1章 微　分

● **演習 1.1**

(1) ① $x \to 1$ のとき，分子 $\to 0$，分母 $\to 0$

② $\dfrac{0}{0}$ の不定形である．分子について
$$|x-1| = \begin{cases} x-1 & (x \geq 1) \\ -(x-1) & (x<1) \end{cases}$$
より
$$\lim_{x \to 1+0} \frac{|x-1|}{x^2-1} = \lim_{x \to 1+0} \frac{x-1}{(x+1)(x-1)} = \lim_{x \to 1+0} \frac{1}{x+1} = \frac{1}{2}$$
$$\lim_{x \to 1-0} \frac{|x-1|}{x^2-1} = \lim_{x \to 1-0} \frac{-(x-1)}{(x+1)(x-1)} = \lim_{x \to 1-0} \frac{-1}{x+1} = -\frac{1}{2}$$
$x=1$ における右側極限と左側極限が異なるので，$x=1$ においては極限値なし．

(2) ① $x \to 0$ のとき，分子 $\to 0$，分母 $\to 0$

② $\dfrac{0}{0}$ の不定形である．分子，分母に $(\sqrt{x^2+4}+2)$ をかけて変形すると
$$\text{与式} = \lim_{x \to 0} \frac{(\sqrt{x^2+4}-2)(\sqrt{x^2+4}+2)}{x^2(\sqrt{x^2+4}+2)} = \lim_{x \to 0} \frac{(\sqrt{x^2+4})^2 - 2^2}{x^2(\sqrt{x^2+4}+2)} = \lim_{x \to 0} \frac{(x^2+4)-4}{x^2(\sqrt{x^2+4}+2)}$$
$$= \lim_{x \to 0} \frac{x^2}{x^2(\sqrt{x^2+4}+2)} = \lim_{x \to 0} \frac{1}{\sqrt{x^2+4}+2} = \frac{1}{\sqrt{0+4}+2} = \frac{1}{4}$$

(3) ① 分子は1次関数，分母は2次関数なので，$x \to -\infty$ のとき，分子 $\to -\infty$，分母 $\to +\infty$ となる．

② 全体としては $\dfrac{-\infty}{+\infty}$ の不定形なので，分子，分母を x^2 で割って調べると
$$\text{与式} = \lim_{x \to -\infty} \frac{\frac{1}{x^2}(2x+1)}{\frac{1}{x^2}(x^2+x-1)} = \lim_{x \to -\infty} \frac{\frac{2}{x}+\frac{1}{x^2}}{1+\frac{1}{x}-\frac{1}{x^2}} = \frac{0+0}{1+0-0} = 0 \quad \text{収束}$$

● **演習 1.2**

(1) ① $x \to 0$ のとき，分子 $\to 0$，分母 $\to \sin 0 = 0$

なので，このままでは極限を確定できないが，$\sin$ の極限公式の分子，分母が逆になった形なので，変形すれば極限公式❶が使えそうである．

② 分子を分母へ下ろして，係数を調整すると
$$\text{与式} = \lim_{x \to 0} \frac{1}{\frac{\sin 3x}{x}} = \lim_{x \to 0} \frac{1}{\frac{\sin 3x}{3x} \cdot 3} = \frac{1}{1 \cdot 3} = \frac{1}{3} \quad \text{収束}$$

(2) ① $x \to +\infty$ のとき，$\dfrac{1}{x} \to 0_{+0}$

② このとき，$\sin \dfrac{1}{x} \to \sin 0 = 0$ $\quad \therefore \quad$ 与式 $= 0$ 　収束

(3) ① $x \to +\infty$ のとき，$\sin x$ は振動，$x^2 \to +\infty$

② 絶対値をとって調べると

$$0 \leq \left|\frac{\sin x}{x^2}\right| = \frac{|\sin x|}{x^2} \leq \frac{1}{x^2} \to 0 \quad (x \to +\infty) \quad \therefore \quad 与式 = 0 \quad \text{収束}$$

● **演習 1.3**

(1) ① $x \to 0$ のとき，$3x \to 0$，$\frac{1}{x} \to \pm\infty$ となるので，極限公式❸が使えそうである．

② $3x = t$ とおくと $x = \frac{1}{3}t$ で，$x \to 0$ のとき $t \to 0$ となるので

$$与式 = \lim_{t \to 0}(1+t)^{\frac{1}{\frac{1}{3}t}} = \lim_{t \to 0}(1+t)^{\frac{3}{t}} = \lim_{t \to 0}\left\{(1+t)^{\frac{1}{t}}\right\}^3 = e^3 \quad \text{収束}$$

(2) ① $x \to 0_{-0}$ のとき，$\frac{1}{x} \to -\infty$ となるので，このとき，$e^{-\frac{1}{x}} \to +\infty$，$e^{\frac{1}{x}} \to 0$ となり，与式は $\frac{+\infty}{+\infty}$ の形の不定形である．

② 分子，分母に $e^{\frac{1}{x}}$ をかけて計算すると

$$与式 = \lim_{x \to 0_{-0}} \frac{e^{\frac{1}{x}}e^{-\frac{1}{x}}}{e^{\frac{1}{x}}\left(e^{\frac{1}{x}}+e^{-\frac{1}{x}}\right)} = \lim_{x \to 0_{-0}} \frac{e^{\frac{1}{x}}e^{-\frac{1}{x}}}{e^{\frac{1}{x}}e^{\frac{1}{x}}+e^{\frac{1}{x}}e^{-\frac{1}{x}}} = \lim_{x \to 0_{-0}} \frac{e^0}{\left(e^{\frac{1}{x}}\right)^2+e^0} = \lim_{x \to 0_{-0}} \frac{1}{\left(e^{\frac{1}{x}}\right)^2+1}$$

$$= \frac{1}{0^2+1} = 1 \quad \text{収束}$$

● **演習 1.4**

(1) ① グラフは右図のようになる．

② $\lim_{x \to 0} f(x)$ を調べる．

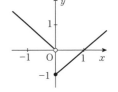

$x \geq 0$ と $x < 0$ で $f(x)$ の式が異なるので，別々に調べると

$$\lim_{x \to 0_{-0}} f(x) = \lim_{x \to 0_{-0}}(-x) = 0, \quad \lim_{x \to 0_{+0}} f(x) = \lim_{x \to 0_{+0}}(x-1) = -1$$

左側極限と右側極限が異なるので，$\lim_{x \to 0} f(x)$ は存在しない．

③ $x = 0$ のとき，$x \geq 0$ のときの式へ代入すると $f(0) = 0 - 1 = -1$ であるが，$\lim_{x \to 0} f(x)$ は存在しないので，$x = 0$ で連続ではない．

(2) ① グラフは p.15 参照．

② 例題 1.2(3) より，$\lim_{x \to 0} x \sin \frac{1}{x} = 0$

③ $f(x)$ の定義式より，$f(0) = 0$ なので $\lim_{x \to 0} f(x) = f(0)$ が成立．ゆえに連続．

● **演習 1.5**

(1) ① $f'(x) = \lim_{h \to 0} \frac{(x+h)^3 - x^3}{h}$

② $h \to 0$ のとき，分子 $\to 0$，分母 $\to 0$ なので，このままでは極限を確定できない．

③ 分子を展開して計算すると

$$= \lim_{h \to 0} \frac{(x^3 + 3x^2h + 3xh^2 + h^3) - x^3}{h} = \lim_{h \to 0} \frac{3x^2h + 3xh^2 + h^3}{h}$$

199

$$= \lim_{h \to 0} \frac{h(3x^2+3xh+h^2)}{h} = \lim_{h \to 0}(3x^2+3xh+h^2) = 3x^2+0+0 = 3x^2$$

(2) ① $f'(x) = \lim_{h \to 0} \dfrac{\dfrac{1}{\sqrt{x+h}} - \dfrac{1}{\sqrt{x}}}{h}$

② $h \to 0$ のとき, 分子 $\to 0$, 分母 $\to 0$ より, このままでは極限を確定できない.

③ 変形して

$$= \lim_{h \to 0} \frac{1}{h}\left(\frac{1}{\sqrt{x+h}} - \frac{1}{\sqrt{x}}\right) = \lim_{h \to 0} \frac{1}{h} \cdot \frac{\sqrt{x}-\sqrt{x+h}}{\sqrt{x+h}\sqrt{x}}$$

分子, 分母に $\sqrt{x}+\sqrt{x+h}$ をかけて

$$= \lim_{h \to 0} \frac{1}{h} \cdot \frac{(\sqrt{x}-\sqrt{x+h})(\sqrt{x}+\sqrt{x+h})}{\sqrt{x+h}\sqrt{x}(\sqrt{x}+\sqrt{x+h})} = \lim_{h \to 0} \frac{1}{h} \cdot \frac{x-(x+h)}{\sqrt{x(x+h)}(\sqrt{x}+\sqrt{x+h})}$$

$$= \lim_{h \to 0} \frac{1}{h} \cdot \frac{-h}{\sqrt{x(x+h)}(\sqrt{x}+\sqrt{x+h})} = \lim_{h \to 0} \frac{-1}{\sqrt{x(x+h)}(\sqrt{x}+\sqrt{x+h})}$$

$$= \frac{-1}{\sqrt{x(x+0)}(\sqrt{x}+\sqrt{x+0})} = \frac{-1}{\sqrt{x^2}(\sqrt{x}+\sqrt{x})} = \frac{-1}{x \cdot 2\sqrt{x}} = -\frac{1}{2x\sqrt{x}}$$

(3) ① $f'(x) = \lim_{h \to 0} \dfrac{\dfrac{1}{(x+h)^2} - \dfrac{1}{x^2}}{h}$

② $h \to 0$ のとき, 分子 $\to 0$ なので, このままでは極限は確定できない.

③ 変形して計算していく.

$$= \lim_{h \to 0} \frac{1}{h} \cdot \left\{\frac{1}{(x+h)^2} - \frac{1}{x^2}\right\} = \lim_{h \to 0} \frac{1}{h} \cdot \frac{x^2-(x+h)^2}{(x+h)^2 x^2}$$

$$= \lim_{h \to 0} \frac{1}{h} \cdot \frac{x^2-(x^2+2xh+h^2)}{(x+h)^2 x^2} = \lim_{h \to 0} \frac{1}{h} \cdot \frac{-2hx-h^2}{(x+h)^2 x^2}$$

$$= \lim_{h \to 0} \frac{1}{h} \cdot \frac{h(-2x-h)}{(x+h)^2 x^2} = \lim_{h \to 0} \frac{-2x-h}{(x+h)^2 x^2} = \frac{-2x-0}{(x+0)^2 x^2} = \frac{-2x}{x^2 x^2} = -\frac{2}{x^3}$$

● **演習 1.6**

(1) ① $f'(x) = \lim_{h \to 0} \dfrac{\cos 2(x+h) - \cos 2x}{h}$

② $h \to 0$ のとき, 分子 $\to 0$ となり $\dfrac{0}{0}$ の不定形.

③ 差を積に直す公式で変形して

$$= \lim_{h \to 0} \frac{1}{h}\left(-2\sin\frac{2(x+h)+2x}{2} \cdot \sin\frac{2(x+h)-2x}{2}\right)$$

$$= -\lim_{h \to 0} \frac{2}{h}\sin\frac{4x+2h}{2} \cdot \sin\frac{2h}{2} = -\lim_{h \to 0} \frac{2}{h}\sin(2x+h) \cdot \sin h$$

$$= -\lim_{h \to 0} 2\sin(2x+h) \cdot \frac{\sin h}{h} = -2\sin 2x \cdot 1 = -2\sin 2x$$

(2) ① $f'(x) = \lim_{h \to 0} \dfrac{\sin 3(x+h) - \sin 3x}{h}$

② $h \to 0$ のとき, 分子 $\to 0$ となるので $\dfrac{0}{0}$ の不定形.

③ 差を積に直す公式を使って変形すると

$$= \lim_{h \to 0} \frac{1}{h} \cdot 2\cos\frac{3(x+h)+3x}{2} \cdot \sin\frac{3(x+h)-3x}{2}$$

$$= \lim_{h \to 0} \frac{2}{h} \cos\frac{6x+3h}{2} \cdot \sin\frac{3h}{2} = \lim_{h \to 0} 2\cos\frac{6x+3h}{2} \cdot \frac{\sin\frac{3}{2}h}{h}$$

$$= \lim_{h \to 0} 2\cos\frac{6x+3h}{2} \cdot \frac{\sin\frac{3}{2}h}{\frac{3}{2}h} \cdot \frac{3}{2} = 2\cos\frac{6x}{2} \cdot 1 \cdot \frac{3}{2} = 3\cos 3x$$

● **演習 1.7**

(1) ① $f'(x) = \lim_{h \to 0} \dfrac{e^{2(x+h)} - e^{2x}}{h}$

② $h \to 0$ のとき, 分子 $\to 0$, 分母 $\to 0$ となり $\dfrac{0}{0}$ の不定形.

③ 変形して

$$= \lim_{h \to 0} \frac{e^{2x+2h} - e^{2x}}{h} = \lim_{h \to 0} \frac{e^{2x}e^{2h} - e^{2x}}{h} = \lim_{h \to 0} \frac{e^{2x}(e^{2h} - 1)}{h}$$

$$= \lim_{h \to 0} e^{2x} \cdot \frac{e^{2h} - 1}{h} = \lim_{h \to 0} e^{2x} \cdot \frac{e^{2h} - 1}{2h} \cdot 2 = e^{2x} \cdot 1 \cdot 2 = 2e^{2x}$$

(2) ① $f'(x) = \lim_{h \to 0} \dfrac{\log\{2(x+h)-1\} - \log(2x-1)}{h}$

② $h \to 0$ のとき, 分子 $\to 0$, 分母 $\to 0$ となり $\dfrac{0}{0}$ の不定形.

③ 分子の log をまとめて計算すると

$$= \lim_{h \to 0} \frac{1}{h} \log\frac{2(x+h)-1}{2x-1} = \lim_{h \to 0} \frac{1}{h} \log\frac{(2x-1)+2h}{2x-1}$$

$$= \lim_{h \to 0} \log\left(1 + \frac{2h}{2x-1}\right)^{\frac{1}{h}} = \lim_{h \to 0} \log\left(1 + \frac{2h}{2x-1}\right)^{\frac{2x-1}{2h} \cdot \frac{2}{2x-1}}$$

$$= \lim_{h \to 0} \log\left\{\left(1 + \frac{2h}{2x-1}\right)^{\frac{2x-1}{2h}}\right\}^{\frac{2}{2x-1}} = \lim_{h \to 0} \frac{2}{2x-1} \log\left(1 + \frac{2h}{2x-1}\right)^{\frac{1}{\frac{2h}{2x-1}}}$$

$$= \frac{2}{2x-1} \cdot \log e = \frac{2}{2x-1} \cdot 1 = \frac{2}{2x-1}$$

● **演習 1.8**

(1) ① x^α の形になるので ❶ を使う.

② $\dfrac{1}{\sqrt{x}} = \dfrac{1}{x^{\frac{1}{2}}} = x^{-\frac{1}{2}}$ なので

$$y' = \left(x^{-\frac{1}{2}}\right)' = -\frac{1}{2} x^{-\frac{1}{2}-1} = -\frac{1}{2} x^{-\frac{3}{2}} = -\frac{1}{2} \frac{1}{x^{\frac{3}{2}}} = -\frac{1}{2\sqrt{x^3}} = -\frac{1}{2x\sqrt{x}}$$

(2) ① ❻ が直接使える.

② ❻ より

$$y' = (\tan 3x)' = \frac{3}{\cos^2 3x}$$

(3) ① $\dfrac{1}{e^{2x}} = e^{-2x}$ なので ❼❽❷ が使える.
② $y' = 2(e^{3x})' + (e^{-2x})' = 2\cdot 3e^{3x} - 2e^{-2x} = 6e^{3x} - 2e^{-2x}$
(4) ① $\sin 3x$ と $\cos 2x$ の積なので ❾❹❺ を使う.
② $y' = (\sin 3x)' \cdot \cos 2x + \sin 3x \cdot (\cos 2x)' = 3\cos 3x \cdot \cos 2x + \sin 3x \cdot (-2\sin 2x)$
$= 3\cos 3x \cos 2x - 2\sin 3x \sin 2x$
(5) ① x^3 と e^{-x} の積なので ❾❶❷ を使う.
② $y' = (x^3)' \cdot e^{-x} + x^3 \cdot (e^{-x})' = 3x^2 \cdot e^{-x} + x^3 \cdot (-e^{-x})$
$= 3x^2 e^{-x} - x^3 e^{-x} = x^2(3-x)e^{-x} = -x^2(x-3)e^{-x}$
(6) ① 商の形なので ❿ と ❹❺ を使う.
② $y' = \dfrac{(\cos 3x)' \cdot \sin 2x - \cos 3x \cdot (\sin 2x)'}{(\sin 2x)^2}$
$= \dfrac{(-3\sin 3x) \cdot \sin 2x - \cos 3x \cdot (2\cos 2x)}{\sin^2 2x}$
$= \dfrac{-3\sin 3x \sin 2x - 2\cos 3x \cos 2x}{\sin^2 2x} = -\dfrac{3\sin 3x \sin 2x + 2\cos 3x \cos 2x}{\sin^2 2x}$
(7) ① 商の形なので ❿ と ❶❸ を使う.
② $y' = \dfrac{(x^3)' \cdot \log x - x^3 \cdot (\log x)'}{(\log x)^2} = \dfrac{3x^2 \cdot \log x - x^3 \cdot \dfrac{1}{x}}{(\log x)^2}$
$= \dfrac{3x^2 \log x - x^2}{(\log x)^2} = \dfrac{x^2(3\log x - 1)}{(\log x)^2}$

● 演習 1.9
(1) ① $y = (\sin 2x)^3 (\cos 3x)^2$ とかけるので,$(\sin 2x)^3$ と $(\cos 3x)^2$ の積になっている.
② 積の微分公式を使って
$y' = \{(\sin 2x)^3\}' \cdot (\cos 3x)^2 + (\sin 2x)^3 \cdot \{(\cos 3x)^2\}'$
さらに,合成関数の微分公式を使って
$= \{3(\sin 2x)^2 \cdot (\sin 2x)'\}(\cos 3x)^2 + (\sin 2x)^3\{2(\cos 3x)^1 \cdot (\cos 3x)'\}$
$= \{3(\sin 2x)^2 (2\cos 2x)\}(\cos 3x)^2 + (\sin 2x)^3\{2(\cos 3x)(-3\sin 3x)\}$
$= 6\sin^2 2x \cos 2x \cos^2 3x - 6\sin^3 2x \cos 3x \sin 3x$
$= 6\sin^2 2x \cos 3x (\underbrace{\cos 2x \cos 3x - \sin 2x \sin 3x}_{\text{加法定理}})$
$= 6\sin^2 2x \cos 3x \cos(2x+3x) = 6\sin^2 2x \cos 3x \cos 5x$
(2) ① x と $\sqrt{1+x^2}$ の商の形をしている.
② 商の微分公式を使って
$y' = \dfrac{x' \cdot (\sqrt{1+x^2}) - x \cdot (\sqrt{1+x^2})'}{(\sqrt{1+x^2})^2} = \dfrac{1 \cdot \sqrt{1+x^2} - x\left\{\dfrac{1}{2\sqrt{1+x^2}} \cdot (1+x^2)'\right\}}{1+x^2}$
$= \dfrac{1}{1+x^2}\left(\sqrt{1+x^2} - x \cdot \dfrac{1}{2\sqrt{1+x^2}} \cdot 2x\right) = \dfrac{1}{1+x^2}\left(\sqrt{1+x^2} - \dfrac{x^2}{\sqrt{1+x^2}}\right)$

$$= \frac{1}{1+x^2} \cdot \frac{(\sqrt{1+x^2})^2 - x^2}{\sqrt{1+x^2}} = \frac{1}{1+x^2} \cdot \frac{1+x^2 - x^2}{\sqrt{1+x^2}} = \frac{1}{(1+x^2)\sqrt{1+x^2}}$$

(3) ① 分子が 1 である商の形.

② $y' = -\dfrac{\{1+(\log x)^2\}'}{\{1+(\log x)^2\}^2} = -\dfrac{0+2(\log x)^1 \cdot (\log x)'}{\{1+(\log x)^2\}^2} = -\dfrac{2\log x \cdot \dfrac{1}{x}}{\{1+(\log x)^2\}^2}$

$= -\dfrac{2\log x}{x\{1+(\log x)^2\}^2}$

● 演習 1.10

(1) ① $g(x) = 1+\sqrt{x}$ と $f(x) = \sqrt[3]{x}$ の合成関数である.

② $u = 1+\sqrt{x}$ とおくと, $y = \sqrt[3]{u} = u^{\frac{1}{3}}$

$\dfrac{du}{dx} = (1+\sqrt{x})' = 0 + \dfrac{1}{2\sqrt{x}} = \dfrac{1}{2\sqrt{x}}, \qquad \dfrac{dy}{du} = \left(u^{\frac{1}{3}}\right)' = \dfrac{1}{3}u^{\frac{1}{3}-1} = \dfrac{1}{3}u^{-\frac{2}{3}}$

$\dfrac{dy}{dx} = \dfrac{dy}{du} \dfrac{du}{dx} = \dfrac{1}{3}u^{-\frac{2}{3}} \cdot \dfrac{1}{2\sqrt{x}} = \dfrac{1}{6\sqrt{x}}u^{-\frac{2}{3}} = \dfrac{1}{6\sqrt{x} \cdot \sqrt[3]{u^2}}$ 　　$\boxed{a^{m/n} = \sqrt[n]{a^m}}$

u をもとにもどすと

$\dfrac{dy}{dx} = \dfrac{1}{6\sqrt{x}\sqrt[3]{(1+\sqrt{x})^2}}$

(2) ① $g(x) = \sqrt{x^2+1} - x$ と $f(x) = \log x$ の合成関数である.

② $y' = \dfrac{1}{\sqrt{x^2+1}-x} \cdot (\sqrt{x^2+1}-x)' = \dfrac{1}{\sqrt{x^2+1}-x} \cdot \{(\sqrt{x^2+1})' - x'\}$

$= \dfrac{1}{\sqrt{x^2+1}-x} \left\{ \dfrac{1}{2\sqrt{x^2+1}} \cdot (x^2+1)' - 1 \right\} = \dfrac{1}{\sqrt{x^2+1}-x} \left(\dfrac{2x}{2\sqrt{x^2+1}} - 1 \right)$

$= \dfrac{1}{\sqrt{x^2+1}-x} \left(\dfrac{x}{\sqrt{x^2+1}} - 1 \right) = \dfrac{1}{\sqrt{x^2+1}-x} \cdot \dfrac{x-\sqrt{x^2+1}}{\sqrt{x^2+1}} = \dfrac{-1}{\sqrt{x^2+1}}$

(3) ① $y = (\cos 3x)^4$ とかけるので, $g(x) = \cos 3x$ と $f(x) = x^4$ の合成関数である.

② $y' = 4(\cos 3x)^3 \cdot (\cos 3x)' = 4(\cos 3x)^3 \cdot (-3\sin 3x) = -12\cos^3 3x \cdot \sin 3x$

● 演習 1.11

(1) ① そのまま両辺の対数をとると

$\log y = \log x^{\frac{1}{x}} = \dfrac{1}{x}\log x = \dfrac{\log x}{x}$

② 両辺を x で微分する. 右辺は商の微分公式を使って

$\dfrac{1}{y}y' = \dfrac{(\log x)' \cdot x - (\log x) \cdot x'}{x^2} = \dfrac{\dfrac{1}{x} \cdot x - (\log x) \cdot 1}{x^2} = \dfrac{1-\log x}{x^2}$

③ y' に直して x で表すと

$y' = y \cdot \dfrac{1-\log x}{x^2} = x^{\frac{1}{x}} \cdot \dfrac{1-\log x}{x^2} = x^{\frac{1}{x}-2}(1-\log x)$

(2) ① y の絶対値 $|y|$ の対数をとると

$$\log|y| = \log\left(|x|\sqrt{\frac{1-x}{1+x}}\right) = \log\left\{|x|\left(\frac{1-x}{1+x}\right)^{\frac{1}{2}}\right\} = \log|x| + \log\left(\frac{1-x}{1+x}\right)^{\frac{1}{2}}$$

$$= \log|x| + \frac{1}{2}\log\left|\frac{1-x}{1+x}\right|$$

$$= \log|x| + \frac{1}{2}\{\log|1-x| - \log|1+x|\}$$

2 両辺を x で微分して

$$\frac{1}{y}y' = (\log|x|)' + \frac{1}{2}\{\log|1-x| - \log|1+x|\}'$$

$$= \frac{1}{x} + \frac{1}{2}\left\{\frac{1}{1-x}\cdot(1-x)' - \frac{1}{1+x}\cdot(1+x)'\right\}$$

$$= \frac{1}{x} + \frac{1}{2}\left\{\frac{1}{1-x}\cdot(-1) - \frac{1}{1+x}\cdot 1\right\} = \frac{1}{x} - \frac{1}{2}\left(\frac{1}{1-x} + \frac{1}{1+x}\right)$$

$$= \frac{1}{x} - \frac{1}{2}\cdot\frac{1+x+1-x}{(1-x)(1+x)} = \frac{1}{x} - \frac{1}{2}\cdot\frac{2}{(1-x)(1+x)} = \frac{1}{x} - \frac{1}{(1-x)(1+x)}$$

3 $y' =$ に直して y を x で表すと

$$y' = y\left\{\frac{1}{x} - \frac{1}{(1-x)(1+x)}\right\} = x\sqrt{\frac{1-x}{1+x}}\left\{\frac{1}{x} - \frac{1}{(1-x)(1+x)}\right\}$$

外の x を { } の中へ入れて

$$= \sqrt{\frac{1-x}{1+x}}\left\{1 - \frac{x}{(1-x)(1+x)}\right\}$$

● **演習 1.12**

(1) 1 x と y をそれぞれ t で微分すると

$$\frac{dx}{dt} = (t^2)' = 2t, \qquad \frac{dy}{dt} = (2t)' = 2$$

2 微分公式 ❶ より

$$\frac{dy}{dx} = \frac{2}{2t} = \frac{1}{t}$$

(1) は放物線
(2) は双曲線
(p. 8 参照)

(2) 1 x と y をそれぞれ t で微分すると

$$\frac{dx}{dt} = \left(\frac{3}{\cos t}\right)' = -\frac{3(\cos t)'}{(\cos t)^2} = -\frac{3(-\sin t)}{\cos^2 t} = \frac{3\sin t}{\cos^2 t}$$

$$\left\{\frac{1}{g(x)}\right\}' = -\frac{g'(x)}{\{g(x)\}^2}$$

$$\frac{dy}{dx} = (2\tan t)' = \frac{2}{\cos^2 t}$$

2 微分公式 ❶ より

$$\frac{dy}{dx} = \frac{\frac{2}{\cos^2 t}}{\frac{3\sin t}{\cos^2 t}} = \frac{2}{\cos^2 t}\cdot\frac{\cos^2 t}{3\sin t} = \frac{2}{3\sin t}$$

● **演習 1.13**

(1) 1 $y = \cos^{-1} x$ とおくと $x = \cos y$ $(0 \leqq y \leqq \pi)$, $|x| \leqq 1$

2 両辺を y で微分すると

$$\frac{dx}{dy} = -\sin y = -\sqrt{1-\cos^2 y} = -\sqrt{1-x^2} \quad (0 \leq y \leq \pi \text{ より } \sin y \geq 0)$$

3 $1-x^2 \neq 0$, つまり, $x \neq \pm 1$ のとき

$$\frac{dy}{dx} = \frac{1}{\frac{dx}{dy}} = \frac{1}{-\sqrt{1-x^2}} = -\frac{1}{\sqrt{1-x^2}} \quad (|x|<1)$$

(2) 1 $y = \tan^{-1} x$ とおくと $x = \tan y$ $\left(-\frac{\pi}{2} < y < \frac{\pi}{2}\right)$

2 両辺を y で微分すると

$$\frac{dx}{dy} = \frac{1}{\cos^2 y} = 1+\tan^2 y = 1+x^2$$

3 $\dfrac{dy}{dx} = \dfrac{1}{\frac{dx}{dy}} = \dfrac{1}{1+x^2}$

● **演習 1.14**

(1) 1 第 1 項は x と $\tan^{-1} ax$ の積, 第 2 項は log の中に $(1+a^2 x^2)$ が入っている.

2 積の微分公式と合成関数の微分公式を使って微分すると

$$y' = (x\tan^{-1} ax)' - \frac{1}{2a}\{\log(1+a^2 x^2)\}'$$

$$= \{x' \cdot \tan^{-1} ax + x \cdot (\tan^{-1} ax)'\} - \frac{1}{2a} \cdot \frac{1}{1+a^2 x^2} \cdot (1+a^2 x^2)'$$

$$= \left\{1 \cdot \tan^{-1} ax + x \cdot \frac{a}{1+(ax)^2}\right\} - \frac{1}{2a} \cdot \frac{1}{1+a^2 x^2} \cdot 2a^2 x$$

3 式をきれいにする.

$$= \left(\tan^{-1} ax + \frac{ax}{1+a^2 x^2}\right) - \frac{ax}{1+a^2 x^2} = \tan^{-1} ax$$

(2) 1 y は x と $\sqrt{\dfrac{1-x}{1+x}}$ の積になっている.

> 演習 1.11 (2) と同じ関数. ここでは対数微分法を使わずに y' を求めてみます

2 積の微分公式で微分していくと

$$y' = x' \cdot \sqrt{\frac{1-x}{1+x}} + x \cdot \left(\sqrt{\frac{1-x}{1+x}}\right)'$$

第 2 項の微分は合成関数の微分公式を使って

$$= 1 \cdot \sqrt{\frac{1-x}{1+x}} + x \cdot \frac{1}{2\sqrt{\frac{1-x}{1+x}}} \cdot \left(\frac{1-x}{1+x}\right)'$$

第 2 項の微分を商の微分公式で微分すると

$$\left(\frac{1-x}{1+x}\right)' = \frac{(1-x)' \cdot (1+x) - (1-x) \cdot (1+x)'}{(1+x)^2} = \frac{-1 \cdot (1+x) - (1-x) \cdot 1}{(1+x)^2}$$

$$= \frac{-1-x-1+x}{(1+x)^2} = \frac{-2}{(1+x)^2}$$

y' に代入して

$$y' = \sqrt{\frac{1-x}{1+x}} + x \cdot \frac{1}{2}\sqrt{\frac{1+x}{1-x}} \cdot \frac{-2}{(1+x)^2}$$

③ 整理していくと
$$= \sqrt{\frac{1-x}{1+x}}\left\{1-x\cdot\sqrt{\frac{1+x}{1-x}}\sqrt{\frac{1+x}{1-x}}\cdot\frac{1}{(1+x)^2}\right\} = \sqrt{\frac{1-x}{1+x}}\left\{1-x\cdot\frac{1+x}{1-x}\cdot\frac{1}{(1+x)^2}\right\}$$
$$= \sqrt{\frac{1-x}{1+x}}\left\{1-\frac{x}{(1-x)(1+x)}\right\}$$

> 関数の式より
> $|x|<1$

(3) ① log の中に商の形が入っているので，対数法則を使って変形してから微分する．

② $y = \log e^{2x} - \log\sqrt{1+e^{2x}} = 2x\log e - \log(1+e^{2x})^{\frac{1}{2}} = 2x - \frac{1}{2}\log(1+e^{2x})$

> $\log e = 1$

$$y' = (2x)' - \frac{1}{2}\{\log(1+e^{2x})\}'$$

第 2 項は合成関数の微分公式を使って
$$= 2 - \frac{1}{2}\cdot\frac{1}{1+e^{2x}}\cdot(1+e^{2x})' = 2 - \frac{1}{2}\cdot\frac{1}{1+e^{2x}}\cdot 2e^{2x} = 2 - \frac{e^{2x}}{1+e^{2x}}$$

③ 通分すると
$$= \frac{2(1+e^{2x})-e^{2x}}{1+e^{2x}} = \frac{2+e^{2x}}{1+e^{2x}}$$

● **演習 1.15**

(1) ① $y = x^2$ は 3 回微分すると 0 になることに注意する．

② 順に微分して
$$y' = 2x, \quad y'' = 2, \quad y''' = 0$$

③ $y^{(k)} = 0 \quad (k = 4, 5, \cdots)$

④ 以上のことより
$$y^{(n)} = \begin{cases} 2x & (n=1) \\ 2 & (n=2) \\ 0 & (n\geq 3) \end{cases}$$

(2) ① $y' = \dfrac{1}{x}$ なのでその後の微分は例題 1.15 (2) と同じように求まる．

② $y' = \dfrac{1}{x} = x^{-1}, \quad y'' = (x^{-1})' = (-1)x^{-2}, \quad y''' = (-1)(-2)x^{-3}$

③ ② の結果より $y^{(n)}$ を推定すると
$$y^{(n)} = (-1)(-2)\cdots(-(n-1))x^{-n}$$

④ 係数をまとめて
$$= (-1)^{n-1}1\cdot 2\cdots(n-1)x^{-n} = (-1)^{n-1}(n-1)!\,x^{-n}$$
$$= \frac{(-1)^{n-1}(n-1)!}{x^n} \quad (n=1,2,3,\cdots)$$

(3) ① $y = \cos x$ は微分するごとに $\sin x$, $\cos x$ が交互に現れ
$$y' = -\sin x, \quad y'' = -\cos x, \quad y''' = -(-\sin x) = \sin x, \quad y^{(4)} = \cos x$$
と，4 回目にはもとの y にもどる．これを統一的にもとの余弦関数で表す．

② 微分して $\sin x$ が現れたら $\cos x$ に直しながら y', y'', y''' を求めると
$$y' = (\cos x)' = -\sin x = \cos\left(x + \frac{\pi}{2}\right)$$

$$y'' = \left\{\cos\left(x+\frac{\pi}{2}\right)\right\}' = -\sin\left(x+\frac{\pi}{2}\right) \cdot \left(x+\frac{\pi}{2}\right)'$$
$$= -\sin\left(x+\frac{\pi}{2}\right) = \cos\left\{\left(x+\frac{\pi}{2}\right)+\frac{\pi}{2}\right\} = \cos\left(x+\frac{\pi}{2}\times 2\right)$$
$$y''' = \left\{\cos\left(x+\frac{\pi}{2}\times 2\right)\right\}' = -\sin\left(x+\frac{\pi}{2}\times 2\right) \cdot \left(x+\frac{\pi}{2}\times 2\right)'$$
$$= -\sin\left(x+\frac{\pi}{2}\times 2\right) = \cos\left\{\left(x+\frac{\pi}{2}\times 2\right)+\frac{\pi}{2}\right\}$$
$$= \cos\left(x+\frac{\pi}{2}\times 3\right)$$

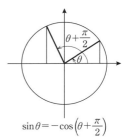

$\sin\theta = -\cos\left(\theta+\frac{\pi}{2}\right)$

③ ② より $y^{(n)}$ は次のように推定される.
$$y^{(n)} = \cos\left(x+\frac{\pi}{2}\times n\right) \quad (n=1, 2, 3, \cdots)$$

④ ∴ $y^{(n)} = \cos\left(x+\frac{n}{2}\pi\right) \quad (n=1, 2, 3, \cdots)$

● **演習 1.16**

① y は $f(x) = x^2$ と $g(x) = e^{2x}$ の積である.

② $f^{(k)}$ と $g^{(k)}(x)$ を求める.

$$\begin{array}{ll} f(x) = x^2 & g(x) = e^{2x} \\ f'(x) = 2x & g'(x) = 2e^{2x} \\ f''(x) = 2 & g''(x) = 2^2 e^{2x} \\ f'''(x) = 0 & \vdots \\ \vdots & \\ f^{(k)}(x) = 0 \ (k \geqq 3) & g^{(k)}(x) = 2^k e^{2x} \\ \vdots & \vdots \\ f^{(n)}(x) = 0 & g^{(n)}(x) = 2^n e^{2x} \end{array}$$

③ ライプニッツの公式へ代入.
$$y^{(n)} = \sum_{k=0}^{n} {}_nC_k f^{(k)}(x) \cdot g^{(n-k)}(x) = \sum_{k=0}^{2} {}_nC_k f^{(k)}(x) \cdot g^{(n-k)}(x) + \underbrace{\sum_{k=3}^{n} {}_nC_k \cdot 0 \cdot g^{(n-k)}(x)}_{=0}$$
$$= {}_nC_0 f^{(0)}(x) g^{(n)}(x) + {}_nC_1 f'(x) g^{(n-1)}(x) + {}_nC_2 f''(x) g^{(n-2)}(x)$$
$$= 1 \cdot x^2 \cdot 2^n e^{2x} + \frac{n}{1!} \cdot 2x \cdot 2^{n-1} e^{2x} + \frac{n(n-1)}{2!} \cdot 2 \cdot 2^{n-2} e^{2x}$$
$$= x^2 2^n e^{2x} + 2^n nx e^{2x} + 2^{n-2} \cdot n(n-1) e^{2x}$$

④ 共通因子をくくると
$$= 2^{n-2}\{2^2 x^2 + 2^2 nx + n(n-1)\} e^{2x} = 2^{n-2}\{4x^2 + 4nx + n(n-1)\} e^{2x}$$

● **演習 1.17**

① $f(x) = x^3$, $g(x) = \cos x$ の積になっている.

② $f^{(k)}(x)$, $g^{(k)}(x)$ を求め, $g^{(k)}(x)$ は cos で表しておく.

$$\begin{array}{ll} f(x) = x^3 & g(x) = \cos x \\ f'(x) = 3x^2 & g'(x) = -\sin x = \cos\left(x+\frac{1}{2}\pi\right) \end{array}$$

$$f''(x) = 6x \qquad\qquad g''(x) = \left\{\cos\left(x+\frac{1}{2}\pi\right)\right\}' = -\sin\left(x+\frac{1}{2}\pi\right) = \cos\left(x+\frac{2}{2}\pi\right)$$

$$f'''(x) = 6$$
$$f^{(4)}(x) = 0$$
$$\vdots \qquad\qquad\qquad\qquad \vdots$$
$$f^{(k)}(x) = 0 \ (k \geqq 4) \qquad g^{(k)}(x) = \cos\left(x+\frac{k}{2}\pi\right)$$
$$\vdots \qquad\qquad\qquad\qquad \vdots$$
$$f^{(n)}(x) = 0 \qquad\qquad g^{(n)}(x) = \cos\left(x+\frac{n}{2}\pi\right)$$

③ ライプニッツの公式へ代入．

$$\begin{aligned}
y^{(n)} &= \sum_{k=0}^{n} {}_nC_k f^{(k)}(x) \cdot g^{(n-k)}(x) = \sum_{k=0}^{3} {}_nC_k f^{(k)}(x) \cdot g^{(n-k)}(x) + 0 \\
&= {}_nC_0 f^{(0)}(x) \cdot g^{(n)}(x) + {}_nC_1 f'(x) \cdot g^{(n-1)}(x) + {}_nC_2 f''(x) \cdot g^{(n-2)}(x) \\
&\quad + {}_nC_3 f'''(x) \cdot g^{(n-3)}(x) \\
&= 1 \cdot x^3 \cdot \cos\left(x+\frac{n}{2}\pi\right) + \frac{n}{1!} \cdot 3x^2 \cdot \cos\left(x+\frac{n-1}{2}\pi\right) \\
&\quad + \frac{n(n-1)}{2!} \cdot 6x \cdot \cos\left(x+\frac{n-2}{2}\pi\right) + \frac{n(n-1)(n-2)}{3!} \cdot 6 \cdot \cos\left(x+\frac{n-3}{2}\pi\right) \\
&= x^3 \cos\left(x+\frac{n}{2}\pi\right) + 3nx^2 \cos\left(x+\frac{n-1}{2}\pi\right) + 3n(n-1)x \cos\left(x+\frac{n-2}{2}\pi\right) \\
&\quad + n(n-1)(n-2) \cos\left(x+\frac{n-3}{2}\pi\right)
\end{aligned}$$

④ ここで，角を $x+\dfrac{n}{2}\pi$ に合わせる．

$$\cos\left(x+\frac{n-1}{2}\pi\right) = \cos\left(x+\frac{n}{2}\pi-\frac{1}{2}\pi\right) = \sin\left(x+\frac{n}{2}\pi\right)$$
$$\cos\left(x+\frac{n-2}{2}\pi\right) = \cos\left(x+\frac{n}{2}\pi-\pi\right) = -\cos\left(x+\frac{n}{2}\pi\right)$$
$$\cos\left(x+\frac{n-3}{2}\pi\right) = \cos\left(x+\frac{n}{2}\pi-\frac{3}{2}\pi\right) = -\sin\left(x+\frac{n}{2}\pi\right)$$

となるので

$$\begin{aligned}
y^{(n)} &= x^3 \cos\left(x+\frac{n}{2}\pi\right) + 3nx^2 \sin\left(x+\frac{n}{2}\pi\right) + 3n(n-1)x\left\{-\cos\left(x+\frac{n}{2}\pi\right)\right\} \\
&\quad + n(n-1)(n-2)\left\{-\sin\left(x+\frac{n}{2}\pi\right)\right\} \\
&= \{x^3 - 3n(n-1)x\} \cos\left(x+\frac{n}{2}\pi\right) \\
&\quad + \{3nx^2 - n(n-1)(n-2)\} \sin\left(x+\frac{n}{2}\pi\right)
\end{aligned}$$

$$\cos\left(\theta+\frac{\pi}{2}\right) = -\sin\theta \qquad \cos\left(\theta-\frac{\pi}{2}\right) = \sin\theta$$
$$\cos(\theta-\pi) = -\cos\theta \qquad \cos\left(\theta-\frac{3}{2}\pi\right) = -\sin\theta$$

公式を忘れたときのためにも p.45 のような図を描けるようになりましょう

● **演習 1.18**

(1) ① 順次 $f(x)$ を微分していき，規則性を見つける．

$$f(x) = \log(1+x)$$
$$f'(x) = \frac{1}{1+x} \cdot (1+x)' = \frac{1}{1+x} = (1+x)^{-1} \quad \text{●······ この形に直して微分}$$
$$f''(x) = \{(1+x)^{-1}\}' = (-1)(1+x)^{-2} \cdot (1+x)' = (-1)(1+x)^{-2}$$
$$f'''(x) = \{(-1)(1+x)^{-2}\}' = (-1)(-2)(1+x)^{-3} \cdot (1+x)' = (-1)(-2)(1+x)^{-3}$$
$$\vdots$$
$$f^{(n)}(x) = (-1)(-2)\cdots(-n+1)(1+x)^{-n} = (-1)^{n-1} \cdot 1 \cdot 2 \cdots (n-1)(1+x)^{-n}$$
$$= \frac{(-1)^{n-1}(n-1)!}{(1+x)^n}$$

② $f(0)$ と $f^{(n)}(0)$ の値を求めておくと

$$f(0) = \log(1+0) = \log 1 = 0, \quad f^{(n)}(0) = \frac{(-1)^{n-1}(n-1)!}{(1+0)^n} = (-1)^{n-1}(n-1)!$$

マクローリン級数展開の式

$$f(x) = f(0) + \frac{f'(0)}{1!}x + \frac{f''(0)}{2!}x^2 + \cdots + \frac{f^{(n)}(0)}{n!}x^n + \cdots \quad \begin{array}{l} n! = n(n-1)\cdots 2 \cdot 1 \\ 0! = 1 \end{array}$$

の x^n の係数を先に計算しておくと

$$\frac{f^{(n)}(0)}{n!} = \frac{(-1)^{n-1}(n-1)!}{n!} = \frac{(-1)^{n-1}(n-1)!}{n \cdot (n-1)!} = \frac{(-1)^{n-1}}{n} \quad (n=1,2,3,\cdots)$$

③ マクローリン級数展開の式に代入すると

$$f(x) = 0 + \frac{(-1)^{1-1}}{1}x + \frac{(-1)^{2-1}}{2}x^2 + \cdots + \frac{(-1)^{n-1}}{n}x^n + \cdots$$
$$= (-1)^0 x + \frac{(-1)}{2}x^2 + \cdots + \frac{(-1)^{n-1}}{n}x^n + \cdots \quad \boxed{(-1)^0 = 1}$$
$$\therefore \quad f(x) = x - \frac{1}{2}x^2 + \cdots + \frac{(-1)^{n-1}}{n}x^n + \cdots$$

(2) ① $f^{(n)}(x) = \cos\left(x + \frac{n}{2}\pi\right)$ より $f^{(n)}(0) = \cos\left(0 + \frac{n}{2}\pi\right) = \cos\frac{n}{2}\pi$

この値は n の値により次の4通りとなる．

$$\cos\frac{n}{2}\pi = \begin{cases} 1 & (n=0,4,8,12,\cdots) \\ 0 & (n=1,5,9,13,\cdots) \\ -1 & (n=2,6,10,14,\cdots) \\ 0 & (n=3,7,11,15,\cdots) \end{cases}$$

② これより

$$\frac{f^{(n)}(0)}{n!} = \begin{cases} 0 & (n=1,3,5,7,9,11,\cdots) \\ \dfrac{1}{n!} & (n=0,4,8,12,\cdots) \quad \text{●······} \boxed{n=4m=2\cdot 2m} \\ -\dfrac{1}{n!} & (n=2,6,10,14,\cdots) \quad \text{●······} \boxed{n=4m+2=2(2m+1)} \end{cases}$$

さらに場合分けをまとめて

$$\frac{f^{(n)}(0)}{n!} = \begin{cases} 0 & (n=2m+1) \\ (-1)^m \dfrac{1}{n!} = (-1)^m \dfrac{1}{(2m)!} & (n=2m) \end{cases}$$

とかける．
③ マクローリン級数展開の式へ代入する．②の結果より $n=2m+1$（奇数）の項の係数は 0 なので $n=2m$（偶数）の項だけ残り

$$\cos x = (-1)^0 \frac{1}{0!} x^0 + (-1)^1 \frac{1}{2!} x^2 + (-1)^2 \frac{1}{4!} x^4 + \cdots + (-1)^m \frac{1}{(2m)!} x^{2m} + \cdots$$

$\underbrace{\quad}_{m=0}$ $\underbrace{\quad}_{m=1}$ $\underbrace{\quad}_{m=2}$ $\underbrace{\quad}_{\text{一般項}}$

$$= 1 - \frac{1}{2} x^2 + \frac{1}{24} x^4 - \cdots + (-1)^m \frac{1}{(2m)!} x^{2m} + \cdots$$

● **演習 1.19**

① $f(x) = (1+x)^{-\frac{1}{2}}$ とおいて微分する．

$$f'(x) = -\frac{1}{2}(1+x)^{-\frac{1}{2}-1} \cdot (1+x)' = -\frac{1}{2}(1+x)^{-\frac{3}{2}}$$

$$f''(x) = \left\{-\frac{1}{2}(1+x)^{-\frac{3}{2}}\right\}' = -\frac{1}{2}\left(-\frac{3}{2}\right)(1+x)^{-\frac{3}{2}-1} \cdot (1+x)' = \frac{3}{4}(1+x)^{-\frac{5}{2}}$$

$$f'''(x) = \left\{\frac{3}{4}(1+x)^{-\frac{5}{2}}\right\}' = \frac{3}{4}\left(-\frac{5}{2}\right)(1+x)^{-\frac{5}{2}-1} \cdot (1+x)' = -\frac{15}{8}(1+x)^{-\frac{7}{2}}$$

② $f(0) = \frac{1}{\sqrt{1+0}} = 1, \quad f'(0) = -\frac{1}{2}(1+0)^{-\frac{3}{2}} = -\frac{1}{2} \cdot 1^{-\frac{3}{2}} = -\frac{1}{2}$

$f''(0) = \frac{3}{4}(1+0)^{-\frac{5}{2}} = \frac{3}{4} \cdot 1^{-\frac{5}{2}} = \frac{3}{4}$

$f'''(0) = -\frac{15}{8}(1+0)^{-\frac{7}{2}} = -\frac{15}{8} \cdot 1^{-\frac{7}{2}} = -\frac{15}{8}$

③ マクローリン級数展開の x^3 の項までに代入して

$$f(x) \fallingdotseq 1 + \frac{-\frac{1}{2}}{1!} x + \frac{\frac{3}{4}}{2!} x^2 + \frac{-\frac{15}{8}}{3!} x^3$$

$$= 1 - \frac{1}{2} x + \frac{3}{8} x^2 - \frac{5}{16} x^3$$

$\therefore \quad \frac{1}{\sqrt{1+x}} \fallingdotseq 1 - \frac{1}{2} x + \frac{3}{8} x^2 - \frac{5}{16} x^3$

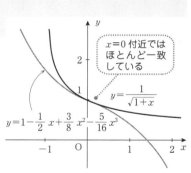

$x=0$ 付近ではほとんど一致している

$y = \frac{1}{\sqrt{1+x}}$

$y = 1 - \frac{1}{2} x + \frac{3}{8} x^2 - \frac{5}{16} x^3$

● **演習 1.20**

(1) ① $x \to 0_{+0}$ のとき $x^2 \to 0$, $\log x \to -\infty$ より，$0 \cdot (-\infty)$ の不定形である．このままではロピタルの定理は使えない．変形して

$$\text{与式} = \lim_{x \to 0_{+0}} \frac{\log x}{x^{-2}}$$

とすると，$x \to 0_{+0}$ のとき $\log x \to -\infty$, $x^{-2} = \frac{1}{x^2} \to +\infty$ となり，$\frac{-\infty}{+\infty}$ の不定形である．

② 分子，分母を別々に微分して極限を調べると

$$\lim_{x \to 0_{+0}} \frac{(\log x)'}{(x^{-2})'} = \lim_{x \to 0_{+0}} \frac{\frac{1}{x}}{-2x^{-3}}$$

$$= \lim_{x \to +0} \frac{\frac{1}{x}}{-\frac{2}{x^3}} = \lim_{x \to +0} \frac{1}{x} \times \frac{x^3}{-2} = \lim_{x \to +0} \frac{x^2}{-2} = 0$$

③ ②の結果より，もとの極限も収束して

与式 $= 0$

(2) ① $x \to +\infty$ のとき，分子 $\to +\infty$，分母 $\to +\infty$ より，$\frac{+\infty}{+\infty}$ の不定形である．

② 分子，分母を別々に微分して調べると

$$\lim_{x \to +\infty} \frac{(x^3)'}{(2^x)'} = \lim_{x \to +\infty} \frac{3x^2}{(\log 2) 2^x}$$

公式 $(a^x)' = (\log a) a^x$ は対数微分法により導かれる

③ $x \to +\infty$ のとき，分子 $\to +\infty$，分母 $\to +\infty$ となり，まだ $\frac{+\infty}{+\infty}$ の不定形なのでさらに微分して調べると

$$\lim_{x \to +\infty} \frac{(3x^2)'}{(\log 2 \cdot 2^x)'} = \lim_{x \to +\infty} \frac{3 \cdot 2x}{(\log 2)(\log 2) 2^x} = \lim_{x \to +\infty} \frac{6x}{(\log 2)^2 \cdot 2^x}$$

まだ $\frac{+\infty}{+\infty}$ の不定形なので，もう一度微分して

$$\lim_{x \to +\infty} \frac{(6x)'}{\{(\log 2)^2 \cdot 2^x\}'} = \lim_{x \to +\infty} \frac{6}{(\log 2)^2 (\log 2) \cdot 2^x} = \lim_{x \to +\infty} \frac{6}{(\log 2)^3 \cdot 2^x} = 0$$

これでようやく確定したので

与式 $= 0$

● 演習 1.21

① y' を求め，$y' = 0$ となる x を求める．

$$y' = \left(\frac{x-1}{x^2+1}\right)' = \frac{(x-1)' \cdot (x^2+1) - (x-1) \cdot (x^2+1)'}{(x^2+1)^2} = \frac{1 \cdot (x^2+1) - (x-1) \cdot 2x}{(x^2+1)^2}$$

$$= \frac{x^2+1-2x^2+2x}{(x^2+1)^2} = \frac{-x^2+2x+1}{(x^2+1)^2} = -\frac{x^2-2x-1}{(x^2+1)^2}$$

$y' = 0$ のとき，$x^2 - 2x - 1 = 0$

解の公式を用いて

$$x = -(-1) \pm \sqrt{(-1)^2 - 1 \cdot (-1)} = 1 \pm \sqrt{2} \fallingdotseq \begin{cases} 2.41 \\ -0.41 \end{cases}$$

2次方程式の解の公式
・$ax^2 + bx + c = 0$
$$x = \frac{-b \pm \sqrt{b^2 - 4ac}}{2a}$$
・$ax^2 + 2bx + c = 0$
$$x = \frac{-b \pm \sqrt{b^2 - ac}}{a}$$

② y'' を求め，$y'' = 0$ となる x を求める．

$$y'' = -\left\{\frac{x^2-2x-1}{(x^2+1)^2}\right\}'$$

分子 $= (x^2-2x-1)' \cdot (x^2+1)^2 - (x^2-2x-1) \cdot \{(x^2+1)^2\}'$

$= (2x-2)(x^2+1)^2 - (x^2-2x-1)\{2(x^2+1)^1 \cdot (x^2+1)'\}$

$= 2(x-1)(x^2+1)^2 - (x^2-2x-1) \cdot 2(x^2+1) \cdot 2x$

$= 2(x-1)(x^2+1)^2 - 4x(x^2-2x-1)(x^2+1)$

$= 2(x^2+1)\{(x-1)(x^2+1) - 2x(x^2-2x-1)\}$

$= 2(x^2+1)(x^3+x-x^2-1-2x^3+4x^2+2x)$

$= 2(x^2+1)(-x^3+3x^2+3x-1)$

$= 2(x^2+1)\{-(x^3+1) + (3x^2+3x)\}$

$x^3 + 1 = (x+1)(x^2-x+1)$
$x^3 - 1 = (x-1)(x^2+x+1)$

$$= -2(x^2+1)\{(x+1)(x^2-x+1)-3x(x+1)\}$$
$$= -2(x^2+1)(x+1)\{(x^2-x+1)-3x\} = -2(x^2+1)(x+1)(x^2-4x+1)$$
$$\therefore \quad y'' = -\frac{-2(x^2+1)(x+1)(x^2-4x+1)}{(x^2+1)^4} = \frac{2(x+1)(x^2-4x+1)}{(x^2+1)^3}$$

$y''=0$ のとき，$x+1=0$ より $x=-1$

$x^2-4x+1=0$ より解の公式を用いて

$$x = -(-2) \pm \sqrt{(-2)^2 - 1 \cdot 1} = 2 \pm \sqrt{3} \fallingdotseq \begin{cases} 3.73 \\ 0.27 \end{cases}$$

③ $\lim_{x \to +\infty} y$, $\lim_{x \to -\infty} y$ を調べる．

$\lim_{x \to +\infty} \dfrac{x-1}{x^2+1}$ は $\dfrac{+\infty}{+\infty}$ の不定形なので，分子，分母を微分して調べると

$$\lim_{x \to +\infty} \frac{(x-1)'}{(x^2+1)'} = \lim_{x \to +\infty} \frac{1}{2x} = 0 \quad \cdots \text{（+の方から近づく）}$$

$\therefore \quad \lim_{x \to +\infty} y = +0$

$\lim_{x \to -\infty} \dfrac{x-1}{x^2+1}$ も $\dfrac{-\infty}{+\infty}$ の不定形なので，分子，分母を微分して

$$\lim_{x \to -\infty} \frac{(x-1)'}{(x^2+1)'} = \lim_{x \to -\infty} \frac{1}{2x} = 0 \quad \cdots \text{（−の方から近づく）}$$

$\therefore \quad \lim_{x \to -\infty} y = -0$

④ 増減表をかくと，下のようになる．

x	$-\infty$	$\cdots$	-1	$\cdots$	$1-\sqrt{2}$	$\cdots$	$2-\sqrt{3}$	$\cdots$	$1+\sqrt{2}$	$\cdots$	$2+\sqrt{3}$	$\cdots$	$+\infty$
y'		$-$	$-$	$-$	0	$+$	$+$	$+$	0	$-$	$-$	$-$	
y''		$-$	0	$+$	$+$	$+$	0	$-$	$-$	$-$	0	$+$	
y	-0	↘	-1	↘	$-\dfrac{1+\sqrt{2}}{2}$	↗	$-\dfrac{1+\sqrt{3}}{4}$	↗	$\dfrac{-1+\sqrt{2}}{2}$	↘	$\dfrac{-1+\sqrt{3}}{4}$	↘	$+0$

（約 -0.41：$1-\sqrt{2}$，約 0.27：$2-\sqrt{3}$，約 2.41：$1+\sqrt{2}$，約 3.73：$2+\sqrt{3}$）

（変曲点，約 -1.21 極小点，約 -0.68 変曲点，約 0.21 極大点，約 0.18 変曲点）

$$y' = -\frac{x^2-2x-1}{(x^2+1)^2}, \quad y'' = \frac{2(x+1)(x^2-4x+1)}{(x^2+1)^3}, \quad y = \frac{x-1}{x^2+1}$$

⑤ 関数の式より

$y=0$ のとき $x-1=0$，$x=1$ なので，x 軸との交点は $(1, 0)$

$x=0$ のとき $y=-1$ なので，y 軸との交点は $(0, -1)$

⑥ グラフは図 A のようになる．

● 図 A

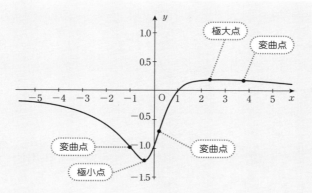

極値について，
$x=1-\sqrt{2}$ のとき極小となり，極小値は

$$\frac{(1-\sqrt{2})-1}{(1-\sqrt{2})^2+1} = \frac{-\sqrt{2}}{(1-2\sqrt{2}+2)+1} = \frac{-\sqrt{2}}{4-2\sqrt{2}} = \frac{-\sqrt{2}}{2(2-\sqrt{2})}$$

$$= \frac{-\sqrt{2}(2+\sqrt{2})}{2(2-\sqrt{2})(2+\sqrt{2})} = \frac{-2\sqrt{2}-2}{2(4-2)} = \frac{-2(\sqrt{2}+1)}{2\cdot 2} = -\frac{1+\sqrt{2}}{2}$$

$x=1+\sqrt{2}$ のとき極大となり，極大値は

$$\frac{-1+\sqrt{2}}{2}$$ ……… 極小値の $\sqrt{2}$ の符号をかえた

以上より

$x=1-\sqrt{2}$ のとき 極小値 $-\dfrac{1+\sqrt{2}}{2}$，$x=1+\sqrt{2}$ のとき 極大値 $\dfrac{-1+\sqrt{2}}{2}$

をとる．

● 演習 1.22

はじめに，関数は $x=0$ では定義されていないことに注意．

[1] y' と $y'=0$ となる x を求める．

$$y' = (x+4x^{-2})' = 1+4\cdot(-2)x^{-3} = 1-8x^{-3} = 1-\frac{8}{x^3}$$

$y'=0$ のとき，$1-\dfrac{8}{x^3}=0$ より，$x^3=8$，$x=2$

[2] y'' と $y''=0$ となる x を求める．

$$y'' = (1-8x^{-3})' = -8\cdot(-3)x^{-4} = \frac{24}{x^4}$$

$y''=0$ となる x は存在しない．

[3] $x\to\pm\infty$，$x\to 0_{\pm 0}$ のときの y，y' の様子を調べ，増減表に追加する．

$$\lim_{x\to+\infty} y = \lim_{x\to+\infty}\left(x+\frac{4}{x^2}\right) = +\infty, \quad \lim_{x\to-\infty} y = \lim_{x\to-\infty}\left(x+\frac{4}{x^2}\right) = -\infty$$

$$\lim_{x\to+\infty} y' = \lim_{x\to+\infty}\left(1-\frac{8}{x^3}\right)=1, \qquad \lim_{x\to-\infty} y' = \lim_{x\to-\infty}\left(1-\frac{8}{x^3}\right)=1$$

$$\lim_{x\to 0_{+0}} y = \lim_{x\to 0_{+0}}\left(x+\frac{4}{x^2}\right)=+\infty, \qquad \lim_{x\to 0_{-0}} y = \lim_{x\to 0_{-0}}\left(x+\frac{4}{x^2}\right)=+\infty$$

$$\lim_{x\to 0_{+0}} y' = \lim_{x\to 0_{+0}}\left(1-\frac{8}{x^3}\right)=-\infty, \qquad \lim_{x\to 0_{-0}} y' = \lim_{x\to 0_{-0}}\left(1-\frac{8}{x^3}\right)=+\infty$$

4 増減表をかく.

x	$-\infty$	$\cdots$	0	$\cdots$	2	$\cdots$	$+\infty$
y'	1	$+$	$+\infty\mid -\infty$	$-$	0	$+$	1
y''		$+$		$+$	$+$	$+$	
y	$-\infty$	↗	$+\infty\mid +\infty$	↘	3	↗	$+\infty$

$y'=1-\dfrac{8}{x^3}$
($x=0$ の前後でも y' の符号が変わるので注意)

$y''=\dfrac{24}{x^4}$

$y=x+\dfrac{4}{x^2}$

5 x 軸, y 軸の交点について調べる.

$x \neq 0$ より, y 軸との交点はない.

$y=0$ のとき $x+\dfrac{4}{x^2}=0$, $x^3=-4$, $x=-\sqrt[3]{4}$

つまり, x 軸とは $(-\sqrt[3]{4}, 0)$ で交わる. $\sqrt[3]{4}\fallingdotseq 1.59$

また, $y=x+\dfrac{4}{x^2}$ の式の形から, 関数の値は $y=x$ と $y=\dfrac{4}{x^2}$ の関数の値の和である.

6 以上のことを参考にしてグラフを描くと, 右図のようになる.

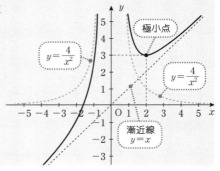

● 演習 1.23

y の定義域は $x>0$ である.

1 y' および $y'=0$ となる x を求める.

$$y'=\left(\frac{\log x}{x}\right)'=\frac{(\log x)'\cdot x-(\log x)\cdot x'}{x^2}=\frac{\frac{1}{x}\cdot x-\log x\cdot 1}{x^2}=\frac{1-\log x}{x^2}$$

$y'=0$ のとき, $1-\log x=0$, $\log x=1$, $x=e\fallingdotseq 2.72$

2 y'' と $y''=0$ となる x を求める.

$$y''=\left(\frac{1-\log x}{x^2}\right)'=\frac{(1-\log x)'\cdot x^2-(1-\log x)\cdot(x^2)'}{(x^2)^2}=\frac{-\frac{1}{x}\cdot x^2-(1-\log x)\cdot 2x}{x^4}$$

$$= \frac{-x-2x(1-\log x)}{x^4} = \frac{-x\{1+2(1-\log x)\}}{x^4} = -\frac{3-2\log x}{x^3} = \frac{2\log x-3}{x^3}$$

$y''=0$ のとき，$2\log x-3=0$，$\log x = \dfrac{3}{2}$，$x=e^{\frac{3}{2}}=\sqrt{e^3}=e\sqrt{e} \fallingdotseq 4.48$

3 $x\to+\infty$，$x\to 0_{+0}$ のときの y，y' を調べる．

・$\displaystyle\lim_{x\to+\infty} y = \lim_{x\to+\infty}\frac{\log x}{x}$ ……… $\dfrac{+\infty}{+\infty}$ の不定形

$\displaystyle\lim_{x\to+\infty}\frac{(\log x)'}{x'} = \lim_{x\to+\infty}\frac{\frac{1}{x}}{1} = \lim_{x\to+\infty}\frac{1}{x} = 0$ より $\displaystyle\lim_{x\to+\infty} y = 0$ ……… 正の方から近づく

・$\displaystyle\lim_{x\to+\infty} y' = \lim_{x\to+\infty}\frac{1-\log x}{x^2}$ ……… $\dfrac{-\infty}{+\infty}$ の不定形

$\displaystyle\lim_{x\to+\infty}\frac{(1-\log x)'}{(x^2)'} = \lim_{x\to+\infty}\frac{-\frac{1}{x}}{2x} = \lim_{x\to+\infty}\frac{-1}{2x^2} = 0$ より $\displaystyle\lim_{x\to+\infty} y' = 0$ ……… 負の方から近づく

・$\displaystyle\lim_{x\to 0_{+0}} y = \lim_{x\to 0_{+0}}\frac{\log x}{x} = -\infty$ ・$\displaystyle\lim_{x\to 0_{+0}} y' = \lim_{x\to 0_{+0}}\frac{1-\log x}{x^2} = +\infty$

4 増減表をかく．

約 2.72　　　　　　　　　　　　　　　　　　　　　　　　　　　　約 4.48

x	0	$\cdots$	e	$\cdots$	$e\sqrt{e}$	$\cdots$	$+\infty$
y'	$+\infty$	$+$	0	$-$	$-$	$-$	-0
y''		$-$	$-$	$-$	0	$+$	
y	$-\infty$	↗	$\dfrac{1}{e}$	↘	$\dfrac{3}{2e\sqrt{e}}$	↘	$+0$

$y' = \dfrac{1-\log x}{x^2}$

$y'' = \dfrac{2\log x-3}{x^3}$

$y = \dfrac{\log x}{x}$

約 0.37　　約 0.33

5 x 軸，y 軸との交点を求める．
$x>0$ より，y 軸との交点はない．
$y=0$ のとき，$\dfrac{\log x}{x}=0$，$\log x=0$，
$x=1$ より x 軸とは $(1,0)$ で交わる．

6 以上より，グラフを描くと右のようになる．

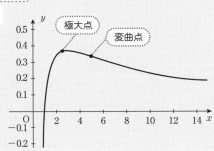

総合演習1

問1 $x\to 0$ のとき分子 $\to 0-\sin^{-1}0 = 0$，分母 $\to 0$ より $\dfrac{0}{0}$ の不定形である．ロピタルの定理を使うために，分子，分母を微分して極限を考えると

$$L = \lim_{x \to 0} \frac{(x - \sin^{-1} x)'}{(x^3)'} = \lim_{x \to 0} \frac{1 - \dfrac{1}{\sqrt{1-x^2}}}{3x^2} = \lim_{x \to 0} \frac{1}{3x^2}\left(1 - \frac{1}{\sqrt{1-x^2}}\right) = \lim_{x \to 0} \frac{\sqrt{1-x^2}-1}{3x^2\sqrt{1-x^2}}$$

ここで $x \to 0$ のときを考えてみると

分子 $\to \sqrt{1-0}-1 = 0$, 分母 $\to 0 \cdot \sqrt{1-0} = 0$

より，まだ $\dfrac{0}{0}$ の不定形である．式の形より判断して，分子，分母に $\left(\sqrt{1-x^2}+1\right)$ をかけて計算してみると

$$L = \lim_{x \to 0} \frac{\left(\sqrt{1-x^2}-1\right)\left(\sqrt{1-x^2}+1\right)}{3x^2\sqrt{1-x^2}\left(\sqrt{1-x^2}+1\right)} = \lim_{x \to 0} \frac{(1-x^2)-1}{3x^2\sqrt{1-x^2}\left(\sqrt{1-x^2}+1\right)}$$

$$= \lim_{x \to 0} \frac{-x^2}{3x^2\sqrt{1-x^2}\left(\sqrt{1-x^2}+1\right)} = \lim_{x \to 0} \frac{-1}{3\sqrt{1-x^2}\left(\sqrt{1-x^2}+1\right)} = \frac{-1}{3 \cdot 1 \cdot (1+1)} = -\frac{1}{6}$$

したがって，もとの極限も収束し

与式 $= -\dfrac{1}{6}$

問2

はじめに y の式の対数部分を変形して

$$y = \log(x+1)^2 - \log(x^2-x+1) + 2\sqrt{3}\tan^{-1}\frac{2x-1}{\sqrt{3}}$$

$$= 2\log|x+1| - \log(x^2-x+1) + 2\sqrt{3}\tan^{-1}\frac{2x-1}{\sqrt{3}}$$

各項の微分を先に求めておくと

$$(\log|x+1|)' = \frac{1}{x+1} \cdot (x+1)' = \frac{1}{x+1}$$

$$\{\log(x^2-x+1)\}' = \frac{1}{x^2-x+1} \cdot (x^2-x+1)' = \frac{2x-1}{x^2-x+1}$$

$$\left(\tan^{-1}\frac{2x-1}{\sqrt{3}}\right)' = \frac{1}{1+\left(\dfrac{2x-1}{\sqrt{3}}\right)^2} \cdot \left(\frac{2x-1}{\sqrt{3}}\right)' \quad\cdots\cdots \boxed{x \text{ の係数は } \dfrac{2}{\sqrt{3}}}$$

$$= \frac{1}{1+\dfrac{(2x-1)^2}{3}} \cdot \frac{2}{\sqrt{3}} = \frac{3}{3+(2x-1)^2} \cdot \frac{2}{\sqrt{3}} = \frac{2\sqrt{3}}{3+(2x-1)^2}$$

$$= \frac{2\sqrt{3}}{3+(4x^2-4x+1)} = \frac{2\sqrt{3}}{4x^2-4x+4}$$

$$= \frac{2\sqrt{3}}{4(x^2-x+1)} = \frac{\sqrt{3}}{2(x^2-x+1)}$$

これらより

$$y' = 2 \cdot \frac{1}{x+1} - \frac{2x-1}{x^2-x+1} + 2\sqrt{3} \cdot \frac{\sqrt{3}}{2(x^2-x+1)} = \frac{2}{x+1} - \frac{2x-1}{x^2-x+1} + \frac{3}{x^2-x+1}$$

通分して計算していくと

$$= \frac{2(x^2-x+1) - (2x-1)(x+1) + 3(x+1)}{(x+1)(x^2-x+1)}$$

$$= \frac{(2x^2-2x+2)-(2x^2+x-1)+(3x+3)}{(x+1)(x^2-x+1)} = \frac{6}{(x+1)(x^2-x+1)} = \frac{6}{x^3+1}$$

問 3

(1) $f(x) = \tan x$ とおき $f'(x)$, $f''(x)$, $f'''(x)$ を求める.

$$f'(x) = (\tan x)' = \frac{1}{\cos^2 x} = (\cos x)^{-2}$$ ……… 微分しやすいように指数の形に

$$f''(x) = -2(\cos x)^{-3} \cdot (\cos x)' = -2(\cos x)^{-3} \cdot (-\sin x) = 2(\cos x)^{-3} \sin x$$

$$f'''(x) = 2\{(\cos x)^{-3} \cdot \sin x\}'$$
$$= 2[\{(\cos x)^{-3}\}' \cdot \sin x + (\cos x)^{-3} \cdot (\sin x)']$$ ……… 積の微分公式
$$= 2\{-3(\cos x)^{-4} \cdot (\cos x)' \cdot \sin x + (\cos x)^{-3} \cdot \cos x\}$$
$$= 2\{-3(\cos x)^{-4} \cdot (-\sin x) \cdot \sin x + (\cos x)^{-2}\}$$
$$= 2\{3(\cos x)^{-4} \sin^2 x + (\cos x)^{-2}\} = 2\{3(\cos x)^{-4}(1-\cos^2 x) + (\cos x)^{-2}\}$$
$$= 2\{3(\cos x)^{-4} - 3(\cos x)^{-2} + (\cos x)^{-2}\} = 2\{3(\cos x)^{-4} - 2(\cos x)^{-2}\}$$

次に $f(0)$, $f'(0)$, $f''(0)$, $f'''(0)$ を求める.

$\cos 0 = 1$, $\sin 0 = 0$

$f(0) = \tan 0 = 0$, $\quad f'(0) = (\cos 0)^{-2} = 1$

$f''(0) = 2(\cos 0)^{-3} \sin 0 = 0$, $\quad f'''(0) = 2\{3(\cos 0)^{-4} - 2(\cos 0)^{-2}\} = 2$

ゆえに $f(x)$ のマクローリン級数展開の x^3 の項まで求めると

$$f(x) \fallingdotseq f(0) + \frac{f'(0)}{1!}x + \frac{f''(0)}{2!}x^2 + \frac{f'''(0)}{3!}x^3$$
$$= 0 + \frac{1}{1}x + \frac{0}{2}x^2 + \frac{2}{6}x^3 = x + \frac{1}{3}x^3$$

$$\therefore \quad \tan x \fallingdotseq x + \frac{1}{3}x^3$$

(2) $\dfrac{0}{0}$ の不定形の極限の問題である.

$\sin x$, $\tan x$ のマクローリン級数展開

$$\sin x = x - \frac{1}{3!}x^3 + \frac{1}{5!}x^5 - \cdots = x - \frac{1}{6}x^3 + (5 \text{ 次以上の項の和})$$

$$\tan x = x + \frac{1}{3}x^3 + (4 \text{ 次以上の項の和})$$ ……… 実は 5 次以上

より

$$\frac{\tan x - x}{x - \sin x} = \frac{\left\{x + \frac{1}{3}x^3 + (4 \text{ 次以上の項の和})\right\} - x}{x - \left\{x - \frac{1}{6}x^3 + (5 \text{ 次以上の項の和})\right\}} = \frac{\frac{1}{3}x^3 + (4 \text{ 次以上の項の和})}{\frac{1}{6}x^3 + (5 \text{ 次以上の項の和})}$$

$$= \frac{x^3\left\{\frac{1}{3} + (1 \text{ 次以上の項の和})\right\}}{x^3\left\{\frac{1}{6} + (2 \text{ 次以上の項の和})\right\}} = \frac{\frac{1}{3} + (1 \text{ 次以上の項の和})}{\frac{1}{6} + (2 \text{ 次以上の項の和})}$$

$x \to 0$ のとき

1 次以上の項の和 $\to 0$, $\quad$ 2 次以上の項の和 $\to 0$

なので

$$\frac{\tan x - x}{x - \sin x} \to \frac{\frac{1}{3}+0}{\frac{1}{6}+0} = \frac{6}{3} = 2$$

となり，2 に収束する．

問4 (1) 関数の式がもっている暗黙の条件をかき出す．
分母 $\neq 0$ より，$2-x \neq 0$, $x \neq 2$ …①
$\sqrt{}$ の中 ≥ 0 より，$\dfrac{2+x}{2-x} \geq 0$

両辺に $(2-x)^2$ をかけることにより $(2-x)(2+x) \geq 0$, $(x-2)(x+2) \leq 0$
$\therefore \ -2 \leq x \leq 2$ …②

①②式より $-2 \leq x < 2$ で関数は定義される．

(2) 両辺を 2 乗して

> 直接，積の微分公式から微分を始めてもよいが，ここでは両辺を 2 乗してから微分してみる．対数微分法でもよい．

$$y^2 = x^2 \left(\frac{2+x}{2-x}\right) = \frac{2x^2+x^3}{2-x}$$

両辺を x で微分すると

$$(y^2)' = \frac{(2x^2+x^3)' \cdot (2-x) - (2x^2+x^3) \cdot (2-x)'}{(2-x)^2}$$

左辺の微分に気をつけて

$$2y \cdot y' = \frac{(4x+3x^2)(2-x) - (2x^2+x^3)(-1)}{(2-x)^2}$$

右辺の分子 $= 8x-4x^2+6x^2-3x^3+2x^2+x^3 = -2x^3+4x^2+8x = -2x(x^2-2x-4)$

$$\therefore \ 2y \cdot y' = \frac{-2x(x^2-2x-4)}{(2-x)^2}$$

$$y' = \frac{1}{2y} \cdot \frac{-2x(x^2-2x-4)}{(2-x)^2} = -\frac{1}{x}\sqrt{\frac{2-x}{2+x}} \cdot \frac{x(x^2-2x-4)}{(2-x)^2}$$

$(2-x) = (\sqrt{2-x})^2$ なので，約分して

$$y' = -\frac{x^2-2x-4}{\sqrt{2+x} \cdot \sqrt{2-x} \cdot (2-x)} = -\frac{x^2-2x-4}{(2-x)\sqrt{4-x^2}} \quad (\text{ただし，}-2 < x < 2)$$

(3) $|y'|$ の自然対数をとり変形する．

> 商の微分公式で微分してもよいが，今度は対数微分法で微分してみる

$$|y'| = \frac{|x^2-2x-4|}{|2-x|\sqrt{4-x^2}}$$

$$\log|y'| = \log \frac{|x^2-2x-4|}{|2-x|\sqrt{4-x^2}}$$

$$= \log|x^2-2x-4| - \log|2-x| - \log\sqrt{4-x^2}$$

$$= \log|x^2-2x-4| - \log|2-x| - \frac{1}{2}\log|4-x^2|$$

両辺を x で微分する．左辺の微分に気をつけて

$$\frac{1}{y'} \cdot (y')' = \frac{1}{x^2-2x-4} \cdot (x^2-2x-4)' - \frac{1}{2-x} \cdot (2-x)' - \frac{1}{2} \cdot \frac{1}{4-x^2} \cdot (4-x^2)'$$

$$\frac{1}{y'}y'' = \frac{2x-2}{x^2-2x-4} - \frac{-1}{2-x} - \frac{-2x}{2(4-x^2)}$$

$$= \frac{2x-2}{x^2-2x-4} + \frac{1}{2-x} + \frac{x}{(2-x)(2+x)}$$

右辺を通分する．
共通分母を $(x^2-2x-4)(2-x)(2+x)$ とすると
　分子 $= (2x-2)(2-x)(2+x) + (x^2-2x-4)(2+x) + x(x^2-2x-4)$
　　　$= (2x-2)(4-x^2) + (x^2-2x-4)(2+2x)$
　　　$= 2\{(x-1)(4-x^2) + (x^2-2x-4)(x+1)\}$
　　　$= 2(4x-x^3-4+x^2+x^3+x^2-2x^2-2x-4x-4) = 2(-2x-8) = -4(x+4)$

これより
$$\frac{1}{y'}y'' = \frac{-4(x+4)}{(x^2-2x-4)(2-x)(2+x)}$$

$$y'' = y' \cdot \frac{-4(x+4)}{(x^2-2x-4)(4-x^2)} = -\frac{(x^2-2x-4)}{(2-x)\sqrt{4-x^2}} \times \frac{-4(x+4)}{(x^2-2x-4)(4-x^2)}$$

$$= \frac{4(x+4)}{(2-x)(4-x^2)\sqrt{4-x^2}} \quad (\text{ただし}, -2 < x < 2)$$

(4) 増減表をかく．
・$y'=0$ のとき，$x^2-2x-4=0$, $x = -(-1) \pm \sqrt{(-1)^2 - 1 \cdot (-4)} = 1 \pm \sqrt{5}$
　$-2 < x < 2$ より，$x = 1-\sqrt{5}$

・$y''=0$ のとき，$x+4=0$, $x=-4$

$1+\sqrt{5} = 3.24$
$1-\sqrt{5} = -1.24$

しかし，$-2 < x < 2$ なので，この範囲で $y''=0$ となる x は存在しない．

・$x \to 2_{-0}$ のとき，y, y' を調べる．
$$\lim_{x \to 2_{-0}} y = \lim_{x \to 2_{-0}} x\sqrt{\frac{2+x}{2-x}} = +\infty$$
$$\lim_{x \to 2_{-0}} y' = \lim_{x \to 2_{-0}} \left\{-\frac{x^2-2x-4}{(2-x)\sqrt{4-x^2}}\right\} = +\infty$$

・$x \to -2_{+0}$ のときの y' を調べる．
$$\lim_{x \to -2_{+0}} y' = \lim_{x \to -2_{+0}} \left\{-\frac{x^2-2x-4}{(2-x)\sqrt{4-x^2}}\right\} = -\infty$$

以上より増減表を描くと右のようになる．

x	-2	$\cdots$	$1-\sqrt{5}$	$\cdots$	2
y'	$-\infty$	$-$	0	$+$	$+\infty$
y''		$+$	$+$	$+$	
y	0	↘	α	↗	$+\infty$

約 -1.24
約 -0.60 極小点

・$x=1-\sqrt{5}$ のとき y の値を α とおくと
$$\alpha = (1-\sqrt{5})\sqrt{\frac{2+(1-\sqrt{5})}{2-(1-\sqrt{5})}} = (1-\sqrt{5})\sqrt{\frac{3-\sqrt{5}}{1+\sqrt{5}}}$$
$$= (1-\sqrt{5})\sqrt{\frac{(3-\sqrt{5})(1-\sqrt{5})}{(1+\sqrt{5})(1-\sqrt{5})}} = (1-\sqrt{5})\sqrt{\frac{8-4\sqrt{5}}{-4}}$$
$$= (1-\sqrt{5})\sqrt{\sqrt{5}-2} \fallingdotseq -0.60$$

ゆえに，$x=1-\sqrt{5}$ のとき
　極小値　$(1-\sqrt{5})\sqrt{\sqrt{5}-2}$
をもつ．

・軸との交点は
　$x=0$ のとき，$y=0$ より y 軸との交点は $(0,0)$

$y=0$ のとき,$x\sqrt{\dfrac{2+x}{2-x}}=0$ より $x=0,\ -2$

x 軸との交点は $(0,0)$,$(-2,0)$

以上より,グラフは右のような形である.

(5) $x=0$ のとき $y=0$,$y'=-\dfrac{-4}{2\cdot\sqrt{4}}=1$

これより $(0,0)$ における接線の方程式は $y=x$.

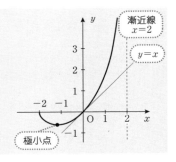

方程式
$$(2-x)y^2=x^2(2+x) \quad \cdots ⊛$$
をもつ関数 y は
$$y=\pm x\sqrt{\dfrac{2+x}{2-x}}$$
とかけ,この問題のグラフは＋の方のグラフです.
－の方も一緒に描けば,方程式 ⊛ をもつ陰関数の
グラフが得られます.

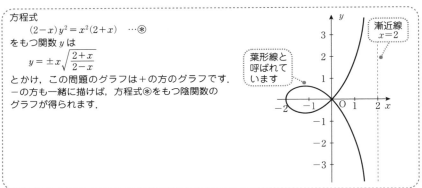

第2章 積　分

● 演習 2.1

(1) ① $x\sqrt{x} = x^1 \cdot x^{\frac{1}{2}} = x^{1+\frac{1}{2}} = x^{\frac{3}{2}}$ とかけるので，❶において $\alpha = \frac{3}{2}$ の場合である．

② 与式 $= \int x^{\frac{3}{2}} dx = \dfrac{1}{\frac{3}{2}+1} x^{\frac{3}{2}+1} + C = \dfrac{2}{5} x^{\frac{5}{2}} + C = \dfrac{2}{5} x^2 \sqrt{x} + C$

(2) ① ❷において $a = 0$ の場合である．

② 与式 $= \log|x| + C$

(3) ① $\dfrac{1}{x^3} = x^{-3}$ なので，❶において $\alpha = -3$ の場合である．

② 与式 $= \int x^{-3} dx = \dfrac{1}{-3+1} x^{-3+1} + C = -\dfrac{1}{2} x^{-2} + C = -\dfrac{1}{2x^2} + C$

(4) ① ❷において $a = 1$ の場合である．

② 与式 $= \log|x-1| + C$

(5) ① ❸において $a = -\dfrac{1}{2}$ の場合である．

② 与式 $= \dfrac{1}{-\frac{1}{2}} e^{-\frac{1}{2}x} + C = -2 e^{-\frac{1}{2}x} + C$

(6) ① ❹において $a = \dfrac{2}{3}$ の場合である。

② 与式 $= -\dfrac{1}{\frac{2}{3}} \cos \dfrac{2}{3} x + C = -\dfrac{3}{2} \cos \dfrac{2}{3} x + C$

(7) ① ❺において $a = \pi$ の場合である．

② 与式 $= \dfrac{1}{\pi} \sin \pi x + C$

(8) ① ❻において $a = 2$ の場合である．

② 与式 $= \dfrac{1}{2} \tan 2x + C$

(9) ① $\sqrt{2-x^2} = \sqrt{(\sqrt{2})^2 - x^2}$ とかけるので，❼において $a = \sqrt{2}$ の場合である．

② 与式 $= \int \dfrac{1}{\sqrt{(\sqrt{2})^2 - x^2}} dx = \sin^{-1} \dfrac{x}{\sqrt{2}} + C$

(10) ① $x^2 + 9 = x^2 + 3^2$ なので，❽において $a = 3$ の場合である．

② 与式 $= \int \dfrac{1}{x^2 + 3^2} dx = \dfrac{1}{3} \tan^{-1} \dfrac{x}{3} + C$

● 演習 2.2

(1) ① $\sqrt{x}$ の x に 1 次式 $(3x-1)$ が入っているので，❸が使える $(a = 3)$．

与式 $= \int (3x-1)^{\frac{1}{2}} dx = \dfrac{1}{3} \cdot \dfrac{1}{\frac{1}{2}+1} (3x+1)^{\frac{1}{2}+1} + C$

$$= \frac{1}{3} \cdot \frac{2}{3}(3x-1)^{\frac{3}{2}} + C = \frac{2}{9}(3x-1)^{\frac{3}{2}} + C$$

(2) ① $(\sin x)' = \cos x$ なので，❹が使える．

$$与式 = \int \frac{(\sin x)'}{\sin x} dx = \log|\sin x| + C$$

(3) ① ❸❹は使えない．

② $(\log x)' = \frac{1}{x}$ なので，❶で置換積分を行う．

$\log x = t$ とおく．

③ 両辺を x で微分すると $\frac{1}{x} = \frac{dt}{dx}$, $\quad \frac{1}{x}dx = dt$

④ $与式 = \int (\log x)^3 \cdot \frac{1}{x} dx = \int t^3 dt = \frac{1}{4}t^4 + C$

⑤ $\quad = \frac{1}{4}(\log x)^4 + C$

● 演習 2.3

(1) ① 部分積分で求めるタイプである．

② $f(x) = x, \quad g'(x) = e^{-\frac{1}{2}x}$ とすると

$$f(x) = x \xrightarrow{微分} f'(x) = 1$$
$$g'(x) = e^{-\frac{1}{2}x} \xrightarrow{積分} g(x) = \frac{1}{-\frac{1}{2}} e^{-\frac{1}{2}x} = -2e^{-\frac{1}{2}x}$$

③ ②を見ながら部分積分を行うと

$$与式 = x \cdot (-2e^{-\frac{1}{2}x}) - \int 1 \cdot (-2e^{-\frac{1}{2}x}) dx = -2xe^{-\frac{1}{2}x} + 2\int e^{-\frac{1}{2}x} dx$$

④ 残りの不定積分を求めて

$$= -2xe^{-\frac{1}{2}x} + 2 \cdot \frac{1}{-\frac{1}{2}} e^{-\frac{1}{2}x} + C = -2xe^{-\frac{1}{2}x} + 2 \cdot (-2) e^{-\frac{1}{2}x} + C$$
$$= -2xe^{-\frac{1}{2}x} - 4e^{-\frac{1}{2}x} + C = -2(x+2)e^{-\frac{1}{2}x} + C$$

(2) ① $\log x = \log x \cdot 1$ として部分積分を行って求めるタイプである．

② $f(x) = \log x, \quad g'(x) = 1$ とすると

$$f(x) = \log x \xrightarrow{微分} f'(x) = \frac{1}{x}$$
$$g'(x) = 1 \xrightarrow{積分} g(x) = x$$

③ ②を見ながら部分積分を行うと

$$与式 = (\log x) \cdot x - \int \frac{1}{x} \cdot x \, dx = x\log x - \int 1 dx$$

④ さらに不定積分を求めると

$$= x\log x - x + C = x(\log x - 1) + C$$

●演習 2.4

(1) ① 部分積分で求めるタイプである．

② $f(x) = x, \quad g'(x) = \sin 4x$ とおくと

$f(x) = x \xrightarrow{微分} f'(x) = 1$

$g'(x) = \sin 4x \xrightarrow{積分} g(x) = -\frac{1}{4}\cos 4x$

③ ②を見ながら部分積分を行うと

与式 $= x \cdot \left(-\frac{1}{4}\cos 4x\right) - \int 1 \cdot \left(-\frac{1}{4}\cos 4x\right) dx = -\frac{1}{4}x\cos 4x + \frac{1}{4}\int \cos 4x \, dx$

④ 残った不定積分を求めて計算すると

$= -\frac{1}{4}x\cos 4x + \frac{1}{4} \cdot \frac{1}{4}\sin 4x + C = -\frac{1}{4}x\cos 4x + \frac{1}{16}\sin 4x + C$

(2) ① 部分積分を 2 回行うタイプである．

② $f(x) = x^2, \quad g'(x) = \cos\frac{x}{3}$ とおくと

$f(x) = x^2 \xrightarrow{微分} f'(x) = 2x$

$g'(x) = \cos\frac{x}{3} \xrightarrow{積分} g(x) = \frac{1}{\frac{1}{3}}\sin\frac{x}{3} = 3\sin\frac{x}{3}$

③ ②を見ながら部分積分を行うと

与式 $= x^2 \cdot 3\sin\frac{x}{3} - \int 2x \cdot 3\sin\frac{x}{3}\, dx = 3x^2\sin\frac{x}{3} - 6\int x\sin\frac{x}{3}\, dx$

④ 残っている積分は再度部分積分で求める．

$f(x) = x, \quad g'(x) = \sin\frac{x}{3}$ とおくと

$f(x) = x \xrightarrow{微分} f'(x) = 1$

$g'(x) = \sin\frac{x}{3} \xrightarrow{積分} g(x) = \frac{1}{\frac{1}{3}} \cdot \left(-\cos\frac{x}{3}\right) = -3\cos\frac{x}{3}$

これより

与式 $= 3x^2\sin\frac{x}{3} - 6\left\{x \cdot \left(-3\cos\frac{x}{3}\right) - \int 1 \cdot \left(-3\cos\frac{x}{3}\right) dx\right\}$

$= 3x^2\sin\frac{x}{3} + 18x\cos\frac{x}{3} - 18\int \cos\frac{x}{3}\, dx$

$= 3x^2\sin\frac{x}{3} + 18x\cos\frac{x}{3} - 18 \cdot \frac{1}{\frac{1}{3}}\sin\frac{x}{3} + C$

$= 3x^2\sin\frac{x}{3} + 18x\cos\frac{x}{3} - 54\sin\frac{x}{3} + C = 3(x^2 - 18)\sin\frac{x}{3} + 18x\cos\frac{x}{3} + C$

●演習 2.5

① 部分積分を 2 回行うと I が式の中に現われるタイプである．

② $f'(x) = e^{3x}, \quad g'(x) = \sin 2x$ とおくと

$$f(x) = e^{3x} \xrightarrow{\text{微分}} f'(x) = 3e^{3x}$$
$$g'(x) = \sin 2x \xrightarrow{\text{積分}} g(x) = -\frac{1}{2}\cos 2x$$

③②を見ながら部分積分を行うと
$$J = e^{3x} \cdot \left(-\frac{1}{2}\cos 2x\right) - \int 3e^{3x} \cdot \left(-\frac{1}{2}\cos 2x\right)dx = -\frac{1}{2}e^{3x}\cos 2x + \frac{3}{2}\int e^{3x}\cos 2x\,dx$$

④ 再度部分積分を行う．
$$f(x) = e^{3x}, \qquad g'(x) = \cos 2x \quad \text{とおくと}$$
$$f(x) = e^{3x} \xrightarrow{\text{微分}} f'(x) = 3e^{3x}$$
$$g'(x) = \cos 2x \xrightarrow{\text{積分}} g(x) = \frac{1}{2}\sin 2x$$

$$J = -\frac{1}{2}e^{3x}\cos 2x + \frac{3}{2}\left\{e^{3x} \cdot \frac{1}{2}\sin 2x - \int 3e^{3x} \cdot \frac{1}{2}\sin 2x\,dx\right\}$$
$$= -\frac{1}{2}e^{3x}\cos 2x + \frac{3}{4}e^{3x}\sin 2x - \frac{9}{4}\int e^{3x}\sin 2x\,dx$$

よって，$J = -\dfrac{1}{2}e^{3x}\cos 2x + \dfrac{3}{4}e^{3x}\sin 2x - \dfrac{9}{4}J$

これより J を求めると
$$\left(1 + \frac{9}{4}\right)J = \frac{1}{4}e^{3x}(-2\cos 2x + 3\sin 2x), \quad \therefore\ J = \frac{e^{3x}}{13}(3\sin 2x - 2\cos 2x)$$

● **演習 2.6**

(1) ②を使って
$$\text{与式} = \frac{1}{2}\log|x^2+4| + C = \frac{1}{2}\log(x^2+4) + C$$

(2) ③を使って
$$\text{与式} = \int \frac{1}{x^2+2^2}dx = \frac{1}{2}\tan^{-1}\frac{x}{2} + C$$

(3) 変形して③が使えるようにする．
$$\text{与式} = \int \frac{1}{4\left(x^2+\frac{1}{4}\right)}dx = \frac{1}{4}\int \frac{1}{x^2+\left(\frac{1}{2}\right)^2}dx \quad \text{（③において } a = \frac{1}{2}\text{）}$$
$$= \frac{1}{4} \cdot \frac{1}{\frac{1}{2}}\tan^{-1}\frac{x}{\frac{1}{2}} + C = \frac{1}{4} \cdot 2\tan^{-1}2x + C = \frac{1}{2}\tan^{-1}2x + C$$

(4) ①を使って
$$\text{与式} = \log|x+4| + C$$

● **演習 2.7**

(1) ① 分子は 0 次，分母は 2 次なのでこのまま ② へ．
  ② 分母は因数分解されている．
  ③ 部分分数に分ける．

$$\frac{1}{x(3x+1)} = \frac{a}{x} + \frac{b}{3x+1}$$ とおいて右辺を通分し，分子を比較すると

$$1 = a(3x+1) + bx$$

$x = 0$ を代入　　$1 = a + 0$, 　　$a = 1$

$x = -\frac{1}{3}$ を代入　　$1 = 0 - \frac{1}{3}b$, 　　$b = -3$

> $x = 1$ を代入して
> $1 = 4a + b$,
> これに $a = 1$ を代入して
> $b = -3$ などとしてもよい

$$与式 = \int \left(\frac{1}{x} + \frac{-3}{3x+1} \right) dx$$

④ 積分する．

$$= \int \frac{1}{x} dx - 3 \int \frac{1}{3x+1} dx$$

第2項の積分は例題 2.6(4) の結果を使って

$$= \log|x| - 3 \cdot \frac{1}{3} \log|3x+1| + C$$

$$= \log|x| - \log|3x+1| + C = \log\left|\frac{x}{3x+1}\right| + C$$

> 注意！
> $\int \frac{1}{3x+1} dx \neq \log|3x+1| + C$

(2) ① 分子は0次，分母は2次なのでこのまま②へ．
② 分母は因数分解できる．

$$与式 = \int \frac{1}{(4x-1)(x+2)} dx$$

③ 部分分数に分ける．

$$\frac{1}{(4x-1)(x+2)} = \frac{a}{4x-1} + \frac{b}{x+2}$$ とおき，右辺を通分して分子を比較すると

$$1 = a(x+2) + b(4x-1)$$

> x についての恒等式なので
> x にどんな値を代入しても
> 成り立つ

$x = -2$ を代入　　$1 = 0 - 9b$, 　　$b = -\frac{1}{9}$

$x = \frac{1}{4}$ を代入　　$1 = a \cdot \frac{9}{4} + 0$, 　　$a = \frac{4}{9}$

$$\therefore 与式 = \int \left(\frac{\frac{4}{9}}{4x-1} + \frac{-\frac{1}{9}}{x+2} \right) dx = \frac{4}{9} \int \frac{1}{4x-1} dx - \frac{1}{9} \int \frac{1}{x+2} dx$$

④ 積分する．

$$= \frac{4}{9} \left(\frac{1}{4} \log|4x-1| \right) - \frac{1}{9} \log|x+2| + C = \frac{1}{9} \log|4x-1| - \frac{1}{9} \log|x+2| + C$$

$$= \frac{1}{9} \{ \log|4x-1| - \log|x+2| \} + C = \frac{1}{9} \log\left|\frac{4x-1}{x+2}\right| + C$$

● 演習 2.8

(1) ①〜③ 例題と同様に，これ以上部分分数に展開できない．
④ 積分する．　Case 4-2　の場合である．分母を平方完成して

$$与式 = \int \frac{1}{(x-1)^2 - 1^2 + 2} dx = \int \frac{1}{(x-1)^2 + 1} dx$$

$x - 1 = t$ とおくと $dx = dt$ より

$$与式 = \int \frac{1}{t^2 + 1} dt \overset{❶}{=} \tan^{-1} t + C = \tan^{-1}(x-1) + C$$

(2) ①〜③ 例題と同じ．
④ 積分する．　Case 4-2 の場合である．分母を平方完成すると

$$x^2+x+1 = \left(x+\frac{1}{2}\right)^2 - \left(\frac{1}{2}\right)^2 + 1 = \left(x+\frac{1}{2}\right)^2 - \frac{1}{4} + 1$$
$$= \left(x+\frac{1}{2}\right)^2 + \frac{3}{4} = \left(x+\frac{1}{2}\right)^2 + \left(\frac{\sqrt{3}}{2}\right)^2$$

これより

$$与式 = \int \frac{1}{\left(x+\frac{1}{2}\right)^2 + \left(\frac{\sqrt{3}}{2}\right)^2} dx$$

$x+\frac{1}{2}=t$ とおくと $dx=dt$ より

$$与式 = \int \frac{1}{t^2+\left(\frac{\sqrt{3}}{2}\right)^2} dt \overset{❷}{=} \frac{1}{\frac{\sqrt{3}}{2}} \tan^{-1} \frac{t}{\frac{\sqrt{3}}{2}} + C = \frac{2}{\sqrt{3}} \tan^{-1} \frac{2}{\sqrt{3}} t + C$$

t をもとにもどすと

$$= \frac{2}{\sqrt{3}} \tan^{-1} \frac{2}{\sqrt{3}} \left(x+\frac{1}{2}\right) + C = \frac{2}{\sqrt{3}} \tan^{-1} \frac{2x+1}{\sqrt{3}} + C$$

(3) ①〜③ は例題と同じ．
④ 積分する．分母を微分すると
$(2x^2-x+1)' = 4x-1$

なので，分子にこの式が現われるように変形すると

$$与式 = \int \frac{\frac{1}{4}(4x-1)+\frac{1}{4}}{2x^2-x+1} dx = \frac{1}{4} \int \frac{4x-1}{2x^2-x+1} dx + \frac{1}{4} \int \frac{1}{2x^2-x+1} dx$$

第1項は　Case 4-1 ，第2項は　Case 4-2　である．

$$第1項 = \frac{1}{4} \log(2x^2-x+1) + C_1 \quad \cdots\cdots\cdots\; \boxed{常に\; 2x^2-x+1>0}$$

第2項については分母を x^2 の係数でくくってから平方完成すると

$$2x^2-x+1 = 2\left\{\left(x^2-\frac{1}{2}x\right)+\frac{1}{2}\right\} = 2\left\{\left(x-\frac{1}{4}\right)^2 - \left(\frac{1}{4}\right)^2 + \frac{1}{2}\right\}$$
$$= 2\left\{\left(x-\frac{1}{4}\right)^2 - \frac{1}{16} + \frac{1}{2}\right\} = 2\left\{\left(x-\frac{1}{4}\right)^2 + \frac{7}{16}\right\} = 2\left\{\left(x-\frac{1}{4}\right)^2 + \left(\frac{\sqrt{7}}{4}\right)^2\right\}$$

これより

$$第2項 = \frac{1}{4} \int \frac{1}{2\left\{\left(x-\frac{1}{4}\right)^2 + \left(\frac{\sqrt{7}}{4}\right)^2\right\}} dx = \frac{1}{8} \int \frac{1}{\left(x-\frac{1}{4}\right)^2 + \left(\frac{\sqrt{7}}{4}\right)^2} dx$$

ここで $x-\frac{1}{4}=t$ とおくと $dx=dt$ より

$$= \frac{1}{8} \int \frac{1}{t^2+\left(\frac{\sqrt{7}}{4}\right)^2} dt \overset{❷}{=} \frac{1}{8} \cdot \frac{1}{\frac{\sqrt{7}}{4}} \tan^{-1} \frac{t}{\frac{\sqrt{7}}{4}} + C_2 = \frac{1}{2\sqrt{7}} \tan^{-1} \frac{4}{\sqrt{7}} t + C_2$$

t をもとにもどして

$$= \frac{1}{2\sqrt{7}}\tan^{-1}\frac{4}{\sqrt{7}}\left(x-\frac{1}{4}\right)+C_2 = \frac{1}{2\sqrt{7}}\tan^{-1}\frac{4x-1}{\sqrt{7}}+C_2$$

これらより

$$与式 = \frac{1}{4}\log(2x^2-x+1)+\frac{1}{2\sqrt{7}}\tan^{-1}\frac{4x-1}{\sqrt{7}}+C \quad \cdots\cdots \boxed{C_1+C_2=C}$$

● **演習 2.9**

(1) ① このままで O.K.
② 分母を因数分解すると，分母 $= (x^2+1)(x+2)(x-2)$.
③ 部分分数展開する．

$$\frac{x+1}{(x^2+1)(x^2-4)} = \frac{x+1}{(x^2+1)(x+2)(x-2)} = \frac{ax+b}{x^2+1}+\frac{c}{x+2}+\frac{d}{x-2} \quad \cdots\cdots \boxed{1\text{次式}}$$

とおく．分解した式を通分して，はじめの式の分子と比較すると

$$x+1 = (ax+b)(x+2)(x-2)+c(x^2+1)(x-2)+d(x^2+1)(x+2)$$

$x=2$ を代入　　　$3 = 0+0+20d, \quad d = \frac{3}{20}$

$x=-2$ を代入　　　$-1 = 0-20c+0, \quad c = \frac{1}{20}$

$x=0$ を代入し，d と c の値を入れると

$$1 = -4b-2c+2d, \quad 4b = -2c+2d-1 = -\frac{1}{10}+\frac{3}{10}-1 = -\frac{4}{5}, \quad b = -\frac{1}{5}$$

$x=3$ を代入し，求めてある値を入れると

$$4 = 5(3a+b)+10c+50d, \quad 4 = 15a+5b+10c+50d$$

$$15a = 4-5b-10c-50d = 4-(-1)-\frac{1}{2}-\frac{15}{2} = -3, \quad a = \frac{-3}{15} = -\frac{1}{5}$$

以上より　　$a = -\frac{1}{5}, \ b = -\frac{1}{5}, \ c = \frac{1}{20}, \ d = \frac{3}{20}$

と求まったので，与式の積分は次のように分解される．

$$与式 = \int\left(\frac{-\frac{1}{5}x-\frac{1}{5}}{x^2+1}+\frac{\frac{1}{20}}{x+2}+\frac{\frac{3}{20}}{x-2}\right)dx$$

$$= -\frac{1}{5}\int\frac{x+1}{x^2+1}dx+\frac{1}{20}\int\frac{1}{x+2}dx+\frac{3}{20}\int\frac{1}{x-2}dx$$

④ 各項をそれぞれ積分する．
❷❸が使えるように第1項をさらに分解して

$$= -\frac{1}{5}\int\left(\frac{x}{x^2+1}+\frac{1}{x^2+1}\right)dx+\frac{1}{20}\int\frac{1}{x+2}dx+\frac{3}{20}\int\frac{1}{x-2}dx$$

❸❷❶を使って積分すると

$$= -\frac{1}{5}\left\{\frac{1}{2}\log|x^2+1|+\tan^{-1}x\right\}+\frac{1}{20}\log|x+2|+\frac{3}{20}\log|x-2|+C$$

$$= -\frac{1}{10}\log(x^2+1)-\frac{1}{5}\tan^{-1}x+\frac{1}{20}\log|x+2|+\frac{3}{20}\log|x-2|+C$$

log をまとめれば

$$= \frac{1}{20} \log \frac{|x+2| \cdot |x-2|^3}{(x^2+1)^2} - \frac{1}{5} \tan^{-1} x + C$$

(2) ① このままでよい．
② 分母を因数分解すると，$x^3 - 1 = (x-1)(x^2+x+1)$
③ 部分分数に分解する．

$$\frac{x}{x^3-1} = \frac{x}{(x-1)(x^2+x+1)} = \frac{a}{x-1} + \frac{bx+c}{x^2+x+1} \quad \cdots\cdots\text{（1次式にする）}$$

とおき，右辺を通分して分子を比較すると

$$x = a(x^2+x+1) + (x-1)(bx+c)$$

$x=1$ を代入　$1 = 3a + 0$，$a = \frac{1}{3}$

$x=0$ を代入　$0 = a - c$，$c = a = \frac{1}{3}$

$x=2$ を代入し，求まっている値を入れると

$$2 = 7a + 2b + c, \quad 2b = 2 - 7a - c = 2 - \frac{7}{3} - \frac{1}{3} = -\frac{2}{3}, \quad b = -\frac{1}{3}$$

以上より　$a = \frac{1}{3}, \quad b = -\frac{1}{3}, \quad c = \frac{1}{3}$

と求まったので積分は次のように分解される．

$$\text{与式} = \int \left(\frac{\frac{1}{3}}{x-1} + \frac{-\frac{1}{3}x + \frac{1}{3}}{x^2+x+1} \right) dx = \frac{1}{3}\int \frac{1}{x-1} dx - \frac{1}{3}\int \frac{x-1}{x^2+x+1} dx$$

④ 積分する

第1項の積分 $= \log|x-1| + C_1$

第2項の積分は Case 4 なので，Case 4-1 と Case 4-2 に分ける．
$(x^2+x+1)' = 2x+1$ に注意して

第2項の積分

$$= \frac{1}{2}\int \frac{2(x-1)}{x^2+x+1} dx = \frac{1}{2}\int \frac{2x-2}{x^2+x+1} dx = \frac{1}{2}\int \frac{(2x+1)-3}{x^2+x+1} dx$$

$$= \frac{1}{2}\left\{ \int \frac{2x+1}{x^2+x+1} dx - \int \frac{3}{x^2+x+1} dx \right\}$$

❹　分母を平方完成

$$= \frac{1}{2}\left\{ \log(x^2+x+1) - 3\int \frac{1}{\left(x+\frac{1}{2}\right)^2 + \frac{3}{4}} dx \right\} + C_2 \quad \cdots\cdots\text{（常に $x^2+x+1 > 0$）}$$

さらにこれの第2項の積分において $x + \frac{1}{2} = t$ とおくと $dx = dt$ なので❷より

$$= \frac{1}{2}\log(x^2+x+1) - \frac{3}{2}\int \frac{1}{t^2 + \left(\frac{\sqrt{3}}{2}\right)^2} dt$$

$$= \frac{1}{2}\log(x^2+x+1) - \frac{3}{2} \cdot \frac{1}{\frac{\sqrt{3}}{2}} \tan^{-1}\frac{t}{\frac{\sqrt{3}}{2}} + C_2$$

$$= \frac{1}{2}\log(x^2+x+1) - \frac{3}{2}\cdot\frac{2}{\sqrt{3}}\tan^{-1}\frac{2}{\sqrt{3}}t + C_2$$

t をもとにもどして

$$= \frac{1}{2}\log(x^2+x+1) - \sqrt{3}\tan^{-1}\frac{2}{\sqrt{3}}\left(x+\frac{1}{2}\right) + C_2$$

$$= \frac{1}{2}\log(x^2+x+1) - \sqrt{3}\tan^{-1}\frac{2x+1}{\sqrt{3}} + C_2$$

したがって

$$\text{与式} = \frac{1}{3}\log|x-1| - \frac{1}{3}\left\{\frac{1}{2}\log(x^2+x+1) - \sqrt{3}\tan^{-1}\frac{2x+1}{\sqrt{3}}\right\} + C$$

$$= \frac{1}{3}\log|x-1| - \frac{1}{6}\log(x^2+x+1) + \frac{\sqrt{3}}{3}\tan^{-1}\frac{2x+1}{\sqrt{3}} + C$$

log をまとめると ……………………………………………… ここからの変形は任意で

$$= \frac{1}{6}\{2\log|x-1| - \log(x^2+x+1)\} + \frac{1}{\sqrt{3}}\tan^{-1}\frac{2x+1}{\sqrt{3}} + C$$

$$= \frac{1}{6}\{\log(x-1)^2 - \log(x^2+x+1)\} + \frac{1}{\sqrt{3}}\tan^{-1}\frac{2x+1}{\sqrt{3}} + C$$

途中，積分定数を適宜変更した

$$= \frac{1}{6}\log\frac{(x-1)^2}{x^2+x+1} + \frac{1}{\sqrt{3}}\tan^{-1}\frac{2x+1}{\sqrt{3}} + C$$

● 演習 2.10

(1) ①〜③ は O.K. ④ では Case 5 ($n=2$) の場合である．
④ 積分する．
分子が x^3 なので，分母と同じ因子をつくって変形すると

$$\text{与式} = \int\frac{x(x^2+1)-x}{(x^2+1)^2}dx = \int\left\{\frac{x(x^2+1)}{(x^2+1)^2} - \frac{x}{(x^2+1)^2}\right\}dx$$

$$= \int\left\{\frac{x}{x^2+1} - \frac{x}{(x^2+1)^2}\right\}dx$$

$$\int\frac{f'(x)}{f(x)}dx = \log|f(x)| + C$$

第 2 項は例題 2.10 の (2) と同じなので

$$= \frac{1}{2}\log(x^2+1) - \left\{-\frac{1}{2(x^2+1)}\right\} + C = \frac{1}{2}\log(x^2+1) + \frac{1}{2(x^2+1)} + C$$

(2) ①, ② は O.K.
③ 部分分数に展開する．

$$\frac{1}{(x-1)(x^2+1)^2} = \frac{a}{x-1} + \frac{bx+c}{x^2+1} + \frac{dx+e}{(x^2+1)^2}$$

とおいて右辺を通分し，両辺の分子を比較すると

$$1 = a(x^2+1)^2 + (bx+c)(x-1)(x^2+1) + (dx+e)(x-1)$$

$x=0$ を代入 　　$1 = a - c - e$
$x=1$ を代入 　　$1 = 4a$
$x=2$ を代入 　　$1 = 25a + (2b+c)\cdot 5 + (2d+e)$
$x=i$ を代入

$x^2+1=0$ となる x の 1 つの $x=i$ を代入したが，もちろん実数を代入してもよい

$$1 = (di+e)(i-1) = -d - di + ei - e = (-d-e) + (-d+e)i$$

これより　$-d-e=1$　かつ　$-d+e=0$

求まった式より a, b, c, d, e の値を求めると

$$a = \frac{1}{4}, \ b = -\frac{1}{4}, \ c = -\frac{1}{4}, \ d = -\frac{1}{2}, \ e = -\frac{1}{2}$$

ゆえに与式は次の積分に分解される.

$$与式 = \frac{1}{4}\int \frac{1}{x-1}dx - \frac{1}{4}\int \frac{x+1}{x^2+1}dx - \frac{1}{2}\int \frac{x+1}{(x^2+1)^2}dx$$

④ 積分する.

第 1 項の積分 $= \log|x-1| + C_1$

第 2 項の積分 $= \int \frac{x}{x^2+1}dx + \int \frac{1}{x^2+1}dx = \frac{1}{2}\log(x^2+1) + \tan^{-1}x + C_2$

第 3 項は例題 2.10 の (1) (2) を使って

第 3 項の積分

$$= \int \frac{x}{(x^2+1)^2}dx + \int \frac{1}{(x^2+1)^2}dx = -\frac{1}{2(x^2+1)} + \frac{1}{2}\left(\tan^{-1}x + \frac{x}{1+x^2}\right) + C_3$$

$$= \frac{1}{2}\left(-\frac{1}{x^2+1} + \frac{x}{x^2+1} + \tan^{-1}x\right) + C_3$$

$\therefore$ 与式 $= \frac{1}{4}\log|x-1| - \frac{1}{4}\left\{\frac{1}{2}\log(x^2+1) + \tan^{-1}x\right\}$

$$- \frac{1}{2} \cdot \frac{1}{2}\left(-\frac{1}{x^2+1} + \frac{x}{x^2+1} + \tan^{-1}x\right) + C$$

$$= \frac{1}{4}\log|x-1| - \frac{1}{8}\log(x^2+1) - \frac{1}{4}\left(-\frac{1}{x^2+1} + \frac{x}{x^2+1}\right)$$

$$- \frac{1}{4}\left(\tan^{-1}x + \tan^{-1}x\right) + C$$

$$= \frac{1}{8}\log\frac{(x-1)^2}{x^2+1} - \frac{1}{4}\frac{x-1}{x^2+1} - \frac{1}{2}\tan^{-1}x + C$$

●演習 2.11

被積分関数を $F(x)$ とおく.

① 分子の次数は分母より高いので, 割り算をして変形する.

$(x+2)(x-1)^2 = (x+2)(x^2-2x+1) = x^3-3x+2$

$$\begin{array}{r} x \phantom{{}+2)} \\ x^3-3x+2 \overline{\smash{)}x^4+2} \\ \underline{x^4-3x^2+2x} \\ 3x^2-2x+2 \end{array}$$

これより　$F(x) = x + \dfrac{3x^2-2x+2}{(x+2)(x-1)^2}$　…Ⓐ

② 分母は因数分解されている.

③ Ⓐの第 2 項を分母の因子で部分分数に展開する.

$$\frac{3x^2-2x+2}{(x+2)(x-1)^2} = \frac{a}{x+2} + \frac{b}{x-1} + \frac{c}{(x-1)^2}$$

とおいて a, b, c を定める. 右辺を通分して左辺の分子と比較することにより

$3x^2-2x+2 = a(x-1)^2 + b(x+2)(x-1) + c(x+2)$

$x=1$ を代入　　　　$3=3c$
$x=-2$ を代入　　　$18=9a$
$x=0$ を代入　　　　$2=a-2b+2c$
これらより　$a=2, \ b=1, \ c=1$　と求まるので
$$F(x)=x+\frac{2}{x+2}+\frac{1}{x-1}+\frac{1}{(x-1)^2}$$

<u>4</u> 各項ごとに積分すると

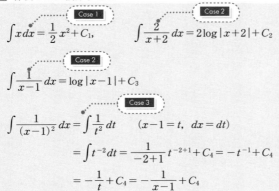

$$\int \frac{1}{(x-1)^2}dx = \int \frac{1}{t^2}dt \quad (x-1=t, \ dx=dt)$$
$$= \int t^{-2}dt = \frac{1}{-2+1}t^{-2+1}+C_4 = -t^{-1}+C_4$$
$$= -\frac{1}{t}+C_4 = -\frac{1}{x-1}+C_4$$

以上より各項の結果を加えて
$$与式 = \frac{1}{2}x^2+2\log|x+2|+\log|x-1|-\frac{1}{x-1}+C$$
$$= \frac{1}{2}x^2+\log(x+2)^2(x-1)-\frac{1}{x-1}+C$$

●演習 2.12

(1) <u>1</u> $2x-x^2 = -(x^2-2x) = -\{(x-1)^2-1^2\} = 1-(x-1)^2$

<u>2</u> $与式 = \int \frac{1}{\sqrt{1-(x-1)^2}}dx$

$x-1=X$ とおくと $dx=dX$

$与式 = \int \frac{1}{\sqrt{1-X^2}}dX = \sin^{-1}X+C$　❶

<u>3</u> X を x にもどして
$$= \sin^{-1}(x-1)+C \quad \cdots\cdots\cdots\cdots\cdots\cdots\cdots\cdots\cdots\cdots\cdots\cdots\cdots\cdots \boxed{x^2 \text{の係数でくくる}}$$

(2) <u>1</u> $1+x-2x^2 = 1-2\left(x^2-\frac{1}{2}x\right) = 1-2\left\{\left(x-\frac{1}{4}\right)^2-\left(\frac{1}{4}\right)^2\right\}$
$$= 1-2\left\{\left(x-\frac{1}{4}\right)^2-\frac{1}{16}\right\} = 1-2\left(x-\frac{1}{4}\right)^2+\frac{1}{8} = \frac{9}{8}-2\left(x-\frac{1}{4}\right)^2$$
$$= 2\cdot\left\{\frac{1}{2}\cdot\frac{9}{8}-\left(x-\frac{1}{4}\right)^2\right\} = 2\cdot\left\{\frac{9}{16}-\left(x-\frac{1}{4}\right)^2\right\} \quad \boxed{\begin{array}{c}\text{ここの係数を}\\ 1\text{にしておく}\end{array}}$$
$$= 2\cdot\left\{\left(\frac{3}{4}\right)^2-\left(x-\frac{1}{4}\right)^2\right\}$$

② ①の結果より

$$与式 = \int \frac{1}{\sqrt{2\left\{\left(\frac{3}{4}\right)^2 - \left(x-\frac{1}{4}\right)^2\right\}}} dx = \frac{1}{\sqrt{2}} \int \frac{1}{\sqrt{\left(\frac{3}{4}\right)^2 - \left(x-\frac{1}{4}\right)^2}} dx$$

（外へ出す）

$x - \frac{1}{4} = X$ とおくと $dx = dX$

$$与式 = \frac{1}{\sqrt{2}} \int \frac{1}{\sqrt{\left(\frac{3}{4}\right)^2 - X^2}} dX \quad ❷ \quad = \frac{1}{\sqrt{2}} \sin^{-1}\frac{X}{\frac{3}{4}} + C = \frac{1}{\sqrt{2}} \sin^{-1}\frac{4}{3}X + C$$

③ X をもとにもどすと

$$= \frac{1}{\sqrt{2}} \sin\frac{4}{3}\left(x - \frac{1}{4}\right) + C = \frac{1}{\sqrt{2}} \sin\frac{4x-1}{3} + C$$

● 演習 2.13

① $x = \tan\theta$ とおくと $\frac{1}{1+x^2}dx = d\theta$ ……（例題 2.13 の結果より）

② 与式 $= \int \frac{1}{1+x^2} \cdot \frac{1}{\sqrt{1+x^2}} \cdot \frac{1}{1+x^2} dx$

$\frac{1}{\sqrt{1+x^2}} = \cos\theta$ より

与式 $= \int \cos^2\theta \cdot \cos\theta \, d\theta = \int \cos^3\theta \, d\theta$

③ 3倍角の公式で変形してもよいが，次のように置換積分でも求められる．

$$= \int \cos^2\theta \cdot \cos\theta \, d\theta = \int (1 - \sin^2\theta) \cos\theta \, d\theta \quad \cdots\cdots \text{（p.97 参照）}$$

$\sin\theta = t$ とおくと $\cos\theta \, d\theta = dt$

与式 $= \int (1 - t^2) dt = t - \frac{1}{3}t^3 + C = \sin\theta - \frac{1}{3}(\sin\theta)^3 + C$

④ θ を x にもどす． $\sin\theta = \frac{x}{\sqrt{1+x^2}}$ より

$$与式 = \frac{x}{\sqrt{1+x^2}} - \frac{1}{3}\left(\frac{x}{\sqrt{1+x^2}}\right)^3 + C = \frac{x}{\sqrt{1+x^2}} - \frac{x^3}{3(\sqrt{1+x^2})^3} + C$$

通分して

$$= \frac{3x(1+x^2) - x^3}{3\sqrt{(1+x^2)^3}} + C = \frac{3x + 2x^3}{3\sqrt{(1+x^2)^3}} + C = \frac{x(2x^2+3)}{3\sqrt{(1+x^2)^3}} + C$$

● 演習 2.14

(1) ① $x + \sqrt{x^2+1} = t$ より

$x = \frac{t^2-1}{2t}, \quad \sqrt{x^2+1} = \frac{t^2+1}{2t}$ ……（例題 2.14 の結果より）

② $dx = \frac{t^2+1}{2t^2} dt$ ……（例題 2.14 と同様に）

③ 与式へ代入して
$$与式 = \int \frac{t^2+1}{2t} \cdot \frac{t^2+1}{2t^2} dt = \frac{1}{4}\int \frac{(t^2+1)^2}{t^3} dt$$
④ 分子を展開して
$$= \frac{1}{4}\int \frac{t^4+2t^2+1}{t^3} dt$$
分数を分けて
$$= \frac{1}{4}\int \left(\frac{t^4}{t^3}+\frac{2t^2}{t^3}+\frac{1}{t^3}\right) dt = \frac{1}{4}\int \left(t+\frac{2}{t}+t^{-3}\right) dt$$
$$= \frac{1}{4}\left\{\frac{1}{2}t^2+2\log|t|+\frac{1}{-2}t^{-2}\right\}+C = \frac{1}{8}\left(t^2+4\log|t|-\frac{1}{t^2}\right)+C$$
⑤ t を x にもどすが
$$\frac{1}{t^2} = \frac{1}{(x+\sqrt{x^2+1})^2} = \frac{(x-\sqrt{x^2+1})^2}{(x+\sqrt{x^2+1})^2(x-\sqrt{x^2+1})^2} = \frac{(x-\sqrt{x^2+1})^2}{\{x^2-(x^2+1)\}^2}$$
$$= \frac{(x-\sqrt{x^2+1})^2}{(-1)^2} = (x-\sqrt{x^2+1})^2$$
より
$$t^2 - \frac{1}{t^2} = (x+\sqrt{x^2+1})^2 - (x-\sqrt{x^2+1})^2$$
$$= \{x^2+2x\sqrt{x^2+1}+(x^2+1)\} - \{x^2-2x\sqrt{x^2+1}+(x^2+1)\} = 4x\sqrt{x^2+1}$$
$$\therefore 与式 = \frac{1}{8}\{4x\sqrt{x^2+1}+4\log|x+\sqrt{x^2+1}|\}+C$$
$$= \frac{1}{2}\{x\sqrt{x^2+1}+\log(x+\sqrt{x^2+1})\}+C$$

(2) $\sqrt{}$ の中を平方完成すると
$$与式 = \int \sqrt{(x+1)^2+1}\, dx$$
(1)において x に 1 次式 $(x+1)$ を代入した式なので❷において $a=1$ とすれば(1)の結果より
$$= \frac{1}{2}\{(x+1)\sqrt{(x+1)^2+1}+\log(x+1+\sqrt{(x+1)^2+1})\}+C$$
$$= \frac{1}{2}\{(x+1)\sqrt{x^2+2x+2}+\log(x+1+\sqrt{x^2+2x+2})\}+C$$

● 演習 2.15

(1) ① $(\cos x)' = -\sin x$ なので，$\cos x = t$ とおく．

両辺を x で微分すると $-\sin x = \dfrac{dt}{dx}$, $\sin x\, dx = (-1)dt$

② t に関する積分に直してゆく．
$$与式 = \int (\cos x)^3 \sin x\, dx = \int t^3 \cdot (-1) dt = -\int t^3 dt$$
③ $\quad = -\dfrac{1}{4}t^4 + C$

$\boxed{4}$ $\quad = -\dfrac{1}{4}(\cos x)^4 + C = -\dfrac{1}{4}\cos^4 x + C$

(2) $\boxed{1}$ $\tan x = t$ とおき両辺を x で微分すると $\dfrac{1}{\cos^2 x} = \dfrac{dt}{dx}$

$$dx = \cos^2 x\, dt = \dfrac{1}{1+\tan^2 x}dt \quad \therefore \quad dx = \dfrac{1}{1+t^2}dt$$

$\boxed{2}$ t の積分に直す.

$$与式 = \int \dfrac{1}{\dfrac{\sin^2 x}{\cos^2 x}}dx = \int \dfrac{1}{t^2}\dfrac{1}{1+t^2}dt = \int \dfrac{1}{t^2(1+t^2)}dt$$

t^2 の関数なので
$\dfrac{1}{t^2(1+t^2)} = \dfrac{a}{t^2} + \dfrac{b}{1+t^2}$
とおいて定数 a, b を定める

$\boxed{3}$ 部分分数に直して積分すると

$$= \int\left(\dfrac{1}{t^2} - \dfrac{1}{1+t^2}\right)dt = -\dfrac{1}{t} - \tan^{-1}t + C$$

$\boxed{4}$ $t = \tan x$ なので

$$= -\dfrac{1}{\tan x} - \tan^{-1}(\tan x) + C$$
$$= -\dfrac{1}{\tan x} - x + C$$

$y = \tan x \iff x = \tan^{-1} y$
$\left(-\dfrac{\pi}{2} < x < \dfrac{\pi}{2}\right)$

● **演習 2.16**

$\boxed{1}$ $\tan \dfrac{x}{2} = t$ とおくと $dx = \dfrac{2}{1+t^2}dt$ ……… 例題 2.16 より

また,$\sin x$ を t で表すと

$$\sin x = 2\sin\dfrac{x}{2}\cos\dfrac{x}{2} = 2\dfrac{\sin\dfrac{x}{2}}{\cos\dfrac{x}{2}}\cdot\cos^2\dfrac{x}{2} = 2\tan\dfrac{x}{2}\cdot\dfrac{1}{1+\tan^2\dfrac{x}{2}}$$

$$= 2t\cdot\dfrac{1}{1+t^2} = \dfrac{2t}{1+t^2}$$

$\boxed{2}$ $与式 = \int\dfrac{1}{\dfrac{2t}{1+t^2}}\cdot\dfrac{2}{1+t^2}dt = \int\dfrac{1+t^2}{2t}\cdot\dfrac{2}{1+t^2}dt = \int\dfrac{1}{t}dt$

$\boxed{3}$ 積分して
$$= \log|t| + C$$

$\boxed{4}$ もとの x にもどして
$$= \log\left|\tan\dfrac{x}{2}\right| + C$$

● **演習 2.17**

(1) $\boxed{1}$ 部分積分で求めるタイプである.

$\boxed{2}$ $f(x) = \tan^{-1}x$, $g'(x) = 1$ として部分積分を行う.

$f(x) = \tan^{-1}x \xrightarrow{微分} f'(x) = \dfrac{1}{1+x^2}$

$g'(x) = 1 \xrightarrow{積分} g(x) = x$

③ 与式 $= \tan^{-1}x \cdot x - \int \dfrac{1}{1+x^2} \cdot x\,dx$ 　　　$\boxed{\int \dfrac{f'(x)}{f(x)}dx = \log|f(x)|+C}$

④ 　　$= x\tan^{-1}x - \dfrac{1}{2}\int \dfrac{2x}{1+x^2}dx = x\tan^{-1}x - \dfrac{1}{2}\log(1+x^2)+C$

(2) ① 部分積分で求めるタイプである．

② $f(x)=\sin^{-1}x,\ g'(x)=x$ とおいて部分積分を使う．

$f(x)=\sin^{-1}x \xrightarrow{\ \text{微分}\ } f'(x)=\dfrac{1}{\sqrt{1-x^2}}$

$g'(x)=x \xrightarrow{\ \text{積分}\ } g(x)=\dfrac{1}{2}x^2$

③ 与式 $= \sin^{-1}x \cdot \dfrac{1}{2}x^2 - \int \dfrac{1}{\sqrt{1-x^2}} \cdot \dfrac{1}{2}x^2\,dx = \dfrac{1}{2}x^2\sin^{-1}x - \dfrac{1}{2}\underbrace{\int \dfrac{x^2}{\sqrt{1-x^2}}dx}_{=J}$

④ 残った積分 J について，$x=\sin t\ \left(-\dfrac{\pi}{2}<t<\dfrac{\pi}{2}\right)$ とおく．

両辺を x で微分して $1=\cos t\dfrac{dt}{dx},\ dx=\cos t\,dt$

また，$-\dfrac{\pi}{2}<t<\dfrac{\pi}{2}$ においては $\sqrt{1-x^2}=\sqrt{1-\sin^2 t}=\sqrt{\cos^2 t}=\cos t$

これらより

$J = \int \dfrac{\sin^2 t}{\cos t} \cdot \cos t\,dt = \int \sin^2 t\,dt = \int \dfrac{1}{2}(1-\cos 2t)\,dt = \dfrac{1}{2}\int(1-\cos 2t)\,dt$

$= \dfrac{1}{2}\left(t-\dfrac{1}{2}\sin 2t\right)+C'$ 　　　$\boxed{\begin{array}{l}\sin^2 t = \dfrac{1}{2}(1-\cos 2t)\\ \sin 2t = 2\sin t\cos t\end{array}}$

x にもどすためにもう少し変形しておくと

$= \dfrac{1}{2}\left(t-\dfrac{1}{2}\cdot 2\sin t\cos t\right)+C' = \dfrac{1}{2}(t-\sin t\cos t)+C'$

x にもどす．

$x=\sin t$ より $t=\sin^{-1}x,\ \cos t=\sqrt{1-x^2}$

を使うと

$J = \dfrac{1}{2}\left(\sin^{-1}x - x\sqrt{1-x^2}\right)+C'$

以上より

与式 $= \dfrac{1}{2}x^2\sin^{-1}x - \dfrac{1}{2}\left\{\dfrac{1}{2}\left(\sin^{-1}x - x\sqrt{1-x^2}\right)+C'\right\}$

$= \dfrac{1}{4}\left\{(2x^2-1)\sin^{-1}x + x\sqrt{1-x^2}\right\}+C$

● **演習 2.18**

(1) ① 与式 $= \left[\dfrac{1}{4}x^4+x\right]_{-2}^{1}$

② 　　　$= \left(\dfrac{1}{4}\cdot 1^4+1\right)-\left\{\dfrac{1}{4}\cdot(-2)^4-2\right\} = \dfrac{5}{4}-2 = -\dfrac{3}{4}$

(2) ① 与式 $= \int_1^4 x^1 x^{\frac{1}{2}} dx = \int_1^4 x^{\frac{3}{2}} dx = \left[\dfrac{1}{\frac{3}{2}+1} x^{\frac{3}{2}+1} \right]_1^4 = \left[\dfrac{2}{5} x^{\frac{5}{2}} \right]_1^4$

② $= \dfrac{2}{5}\left(4^{\frac{5}{2}} - 1^{\frac{5}{2}}\right) = \dfrac{2}{5}\left\{(2^2)^{\frac{5}{2}} - 1\right\} = \dfrac{2}{5}(2^5 - 1) = \dfrac{2}{5} \cdot 31 = \dfrac{62}{5}$

(3) ① 与式 $= \int_1^2 x^{-\frac{3}{2}} dx = \left[\dfrac{1}{-\frac{3}{2}+1} x^{-\frac{3}{2}+1} \right]_1^2 = \left[-2x^{-\frac{1}{2}} \right]_1^2 = -2 \left[\dfrac{1}{\sqrt{x}} \right]_1^2$

② $= -2\left(\dfrac{1}{\sqrt{2}} - 1\right) = -\sqrt{2} + 2 = 2 - \sqrt{2}$

(4) ① 与式 $= \left[-\dfrac{1}{3}\cos 3x \right]_{\frac{\pi}{6}}^{\frac{\pi}{2}}$

② $= -\dfrac{1}{3}\left(\cos\dfrac{3}{2}\pi - \cos\dfrac{\pi}{2}\right) = -\dfrac{1}{3}(0 - 0) = 0$

(5) ① 与式 $= \left[\dfrac{1}{2}\sin 2x \right]_{-\frac{\pi}{2}}^{\frac{\pi}{4}}$

② $= \dfrac{1}{2}\left\{\sin\dfrac{\pi}{2} - \sin(-\pi)\right\} = \dfrac{1}{2}(1 - 0) = \dfrac{1}{2}$

(6) ① 与式 $= [\log|x|]_1^e$

② $= \log e - \log 1 = 1 - 0 = 1$

(7) ① 与式 $= \left[\dfrac{1}{3} e^{3x} \right]_0^1$

② $= \dfrac{1}{3}(e^3 - e^0) = \dfrac{1}{3}(e^3 - 1)$

(8) ① 与式 $= [\sin^{-1} x]_{-1}^0$

② $= \sin^{-1} 0 - \sin^{-1}(-1) = 0 - \left(-\dfrac{\pi}{2}\right) = \dfrac{\pi}{2}$

(9) ① 与式 $= [\tan^{-1} x]_1^2$

② $= \tan^{-1} 2 - \tan^{-1} 1 = \tan^{-1} 2 - \dfrac{\pi}{4}$

$\tan^{-1} 2 \fallingdotseq 1.107$

演習 2.19

(1) ① $a = 2$ として❶と❷を使う．

② 与式 $= \int_{-1}^2 (2x+3)^{-2} dx = \left[\dfrac{1}{2} \cdot \dfrac{1}{-2+1}(2x+3)^{-2+1} \right]_{-1}^2$

$= -\dfrac{1}{2}\left[(2x+3)^{-1}\right]_{-1}^2 = -\dfrac{1}{2}\left[\dfrac{1}{2x+3}\right]_{-1}^2$

③ $= -\dfrac{1}{2}\left(\dfrac{1}{7} - \dfrac{1}{1}\right) = \dfrac{3}{7}$

(2) ① $a = 3$ として❶と❸を使う．

② 与式 $= \left[\dfrac{1}{3}\log|3x+1| \right]_0^3$

③ $= \dfrac{1}{3}(\log 10 - \log 1) = \dfrac{1}{3}(\log 10 - 0) = \dfrac{1}{3}\log 10$ （自然対数）

(3) ① $a = -3$ として❶と❷を使う．

$\boxed{2}$ 与式 $= \int_0^1 (4-3x)^{\frac{1}{2}} dx$

$\quad = \left[-\frac{1}{3} \cdot \frac{1}{\frac{1}{2}+1}(4-3x)^{\frac{1}{2}+1} \right]_0^1 = -\frac{2}{9}\left[(4-3x)^{\frac{3}{2}}\right]_0^1$

$\boxed{3} \quad = -\frac{2}{9}\left(1^{\frac{3}{2}} - 4^{\frac{3}{2}}\right) = -\frac{2}{9}\left\{1-(2^2)^{\frac{3}{2}}\right\} = -\frac{2}{9}(1-2^3) = \frac{14}{9}$

(4) $\boxed{1}$ $a=4$ として❶と❺を使う．

$\boxed{2}$ 与式 $= \left[\frac{1}{4}\sin\left(4x - \frac{\pi}{6}\right)\right]_0^{\frac{\pi}{4}}$ $\quad$ $\sin(-\theta) = -\sin\theta$

$\boxed{3} \quad = \frac{1}{4}\left\{\sin\left(\pi - \frac{\pi}{6}\right) - \sin\left(-\frac{\pi}{6}\right)\right\} = \frac{1}{4}\left(\sin\frac{5}{6}\pi + \sin\frac{\pi}{6}\right) = \frac{1}{4}\left(\frac{1}{2} + \frac{1}{2}\right) = \frac{1}{4}$

(5) $\boxed{1}$ $a=\frac{\pi}{2}$ として❶と❹を使う．

$\boxed{2}$ 与式 $= \left[\frac{1}{\frac{\pi}{2}}\left\{-\cos\frac{\pi}{2}(x-3)\right\}\right]_0^1 = -\frac{2}{\pi}\left[\cos\frac{\pi}{2}(x-3)\right]_0^1$

$\boxed{3} \quad = -\frac{2}{\pi}\left\{\cos(-\pi) - \cos\left(-\frac{3}{2}\pi\right)\right\} = -\frac{2}{\pi}\{(-1) - 0\} = \frac{2}{\pi}$

(6) $\boxed{1}$ $a=-1$ として❶と❻を使う．

$\boxed{2}$ 与式 $= \frac{1}{-1}\left[e^{2-x}\right]_1^2 = -\left[e^{2-x}\right]_1^2$

$\boxed{3} \quad = -(e^0 - e^1) = -(1-e) = e-1$

● **演習 2.20**

(1) $\boxed{1}$ $x-1 = t$ とおき，両辺を x で微分すると

$\quad 1 = \frac{dt}{dx}, \quad dx = dt$

$\boxed{2}$ $x = t+1$ より $x: 0 \longrightarrow 1$ のとき $t: -1 \longrightarrow 0$ より

$\quad$ 与式 $= \int_{-1}^0 (t+1)t^5 dt$

$\boxed{3} \quad = \int_{-1}^0 (t^6 + t^5)dt = \left[\frac{1}{7}t^7 + \frac{1}{6}t^6\right]_{-1}^0$

$\quad = 0 - \left\{\frac{1}{7}\cdot(-1)^7 + \frac{1}{6}\cdot(-1)^6\right\} = \frac{1}{7} - \frac{1}{6} = -\frac{1}{42}$

(2) $\boxed{1}$ $\sqrt{e^x - 1} = t$ とおくと $e^x - 1 = t^2$, $e^x = t^2 + 1$. 両辺を x で微分して

$\quad e^x = \frac{d}{dx}(t^2+1) = \frac{d}{dt}(t^2+1)\frac{dt}{dx} = 2t\frac{dt}{dx}$ $\quad$ 合成関数の微分公式

$\quad dx = \frac{2t}{e^x}dt \quad \therefore \quad dx = \frac{2t}{t^2+1}dt$

$\boxed{2}$ $x: 0 \longrightarrow 1$ のとき $t: \sqrt{e^0 - 1} = 0 \longrightarrow \sqrt{e-1}$

$\quad$ 与式 $= \int_0^{\sqrt{e-1}} t\cdot\frac{2t}{t^2+1}dt = 2\int_0^{\sqrt{e-1}} \frac{t^2}{t^2+1}dt$ $\quad$ p.81 有理関数の積分参照

$\boxed{3} \quad = 2\int_0^{\sqrt{e-1}} \left(1 - \frac{1}{t^2+1}\right)dt$

$$= 2[t - \tan^{-1} t]_0^{\sqrt{e-1}} = 2\{(\sqrt{e-1} - \tan^{-1}\sqrt{e-1}) - (0 - \tan^{-1} 0)\}$$
$$= 2(\sqrt{e-1} - \tan^{-1}\sqrt{e-1})$$

(3) ① $\cos x = t$ とおくと $-\sin x = \dfrac{dt}{dx}$, $\sin x \, dx = (-1) dt$

② $x : 0 \longrightarrow \dfrac{\pi}{6}$ のとき $t : \cos 0 = 1 \longrightarrow \cos \dfrac{\pi}{6} = \dfrac{\sqrt{3}}{2}$

与式 $= \displaystyle\int_0^{\frac{\pi}{6}} (\cos x)^3 \sin x \, dx = \int_1^{\frac{\sqrt{3}}{2}} t^3(-1) dt = -\int_1^{\frac{\sqrt{3}}{2}} t^3 dt$

③ $= -\left[\dfrac{1}{4} t^4\right]_1^{\frac{\sqrt{3}}{2}} = -\dfrac{1}{4}\left\{\left(\dfrac{\sqrt{3}}{2}\right)^4 - 1^4\right\} = -\dfrac{1}{4}\left(\dfrac{9}{16} - 1\right) = \dfrac{7}{64}$

(4) ① $\log x = t$ とおくと $\dfrac{1}{x} = \dfrac{dt}{dx}$, $\dfrac{1}{x} dx = dt$

② $x : 1 \longrightarrow 2$ のとき $t : \log 1 = 0 \longrightarrow \log 2$

与式 $= \displaystyle\int_1^2 \log x \cdot \dfrac{1}{x} dx = \int_0^{\log 2} t \, dt$

③ $= \left[\dfrac{1}{2} t^2\right]_0^{\log 2} = \dfrac{1}{2}\{(\log 2)^2 - 0\} = \dfrac{1}{2}(\log 2)^2$

● 演習 2.21

(1) ① $\sqrt{x} = t$ とおくと, $x = t^2$ より $dx = 2t \, dt$

② $x : 0 \longrightarrow 4$ のとき $t : 0 \longrightarrow 2$ より

与式 $= \displaystyle\int_0^2 \dfrac{t}{1+t} \cdot 2t \, dt = 2\int_0^2 \dfrac{t^2}{1+t} dt$

③ 分子の方が次数が高いので変形する.

$$= 2\int_0^2 \dfrac{(t^2-1)+1}{1+t} dt = 2\int_0^2 \dfrac{(t+1)(t-1)+1}{1+t} dt$$

（分ける）

$$= 2\int_0^2 \left\{\dfrac{(t+1)(t-1)}{1+t} + \dfrac{1}{1+t}\right\} dt = 2\int_0^2 \left\{(t-1) + \dfrac{1}{1+t}\right\} dt$$

$$= 2\left[\dfrac{1}{2} t^2 - t + \log|1+t|\right]_0^2 = 2\left\{\dfrac{1}{2}(2^2 - 0^2) - (2-0) + (\log|1+2| - \log|1+0|)\right\}$$

$$= 2(2 - 2 + \log 3 - \log 1) = 2(\log 3 - 0) = 2\log 3$$

(2) ① $\sqrt{x-1} = t$ とおくと, $x - 1 = t^2$ より $x = t^2 + 1$, $dx = 2t \, dt$

② $x : 1 \longrightarrow 2$ のとき $t : 0 \longrightarrow 1$ より

与式 $= \displaystyle\int_0^1 \dfrac{1}{(t^2+1) + t} \cdot 2t \, dt = \int_0^1 \dfrac{2t}{t^2 + t + 1} dt$ (p.81 有理関数の積分参照)

③ $\displaystyle\int \dfrac{f'(x)}{f(x)} dx = \log|f(x)| + C$ を念頭において変形する.

$$= \int_0^1 \dfrac{(2t+1) - 1}{t^2 + t + 1} dt = \int_0^1 \dfrac{2t+1}{t^2 + t + 1} dt - \int_0^1 \dfrac{1}{t^2 + t + 1} dt$$

第1項を J_1, 第2項を J_2 とおいて値を求める.

・$J_1 = [\log(t^2 + t + 1)]_0^1 = \log 3 - \log 1 = \log 3 - 0 = \log 3$

・J_2 について

$$t^2+t+1 = \left(t+\frac{1}{2}\right)^2 - \left(\frac{1}{2}\right)^2 + 1 \quad \cdots\cdots \boxed{\text{分母を平方完成}}$$

$$= \left(t+\frac{1}{2}\right)^2 - \frac{1}{4} + 1 = \left(t+\frac{1}{2}\right)^2 + \frac{3}{4} = \left(t+\frac{1}{2}\right)^2 + \left(\frac{\sqrt{3}}{2}\right)^2$$

$t+\dfrac{1}{2}=u$ とさらに変換すると $dt=du$.

$t:0 \longrightarrow 1$ のとき $\quad u:\dfrac{1}{2} \longrightarrow \dfrac{3}{2}$ となるので

$$J_2 = \int_0^1 \frac{1}{\left(t+\frac{1}{2}\right)^2 + \left(\frac{\sqrt{3}}{2}\right)^2} dt = \int_{\frac{1}{2}}^{\frac{3}{2}} \frac{1}{u^2 + \left(\frac{\sqrt{3}}{2}\right)^2} du$$

❹ $=\left[\dfrac{1}{\frac{\sqrt{3}}{2}}\tan^{-1}\dfrac{u}{\frac{\sqrt{3}}{2}}\right]_{\frac{1}{2}}^{\frac{3}{2}} = \dfrac{2}{\sqrt{3}}\left[\tan^{-1}\dfrac{2}{\sqrt{3}}u\right]_{\frac{1}{2}}^{\frac{3}{2}} = \dfrac{2}{\sqrt{3}}\left\{\tan^{-1}\left(\dfrac{2}{\sqrt{3}}\cdot\dfrac{3}{2}\right) - \tan^{-1}\left(\dfrac{2}{\sqrt{3}}\cdot\dfrac{1}{2}\right)\right\}$

$=\dfrac{2}{\sqrt{3}}\left(\tan^{-1}\sqrt{3} - \tan^{-1}\dfrac{1}{\sqrt{3}}\right) = \dfrac{2}{\sqrt{3}}\left(\dfrac{\pi}{3} - \dfrac{\pi}{6}\right) = \dfrac{2}{\sqrt{3}}\cdot\dfrac{\pi}{6} = \dfrac{\pi}{3\sqrt{3}}$

以上より

$\quad$与式 $= J_1 - J_2 = \log 3 - \dfrac{\pi}{3\sqrt{3}}$

$\boxed{\begin{array}{l} y_1 = \tan^{-1}\sqrt{3} \Longleftrightarrow \tan y_1 = \sqrt{3} \quad \left(-\dfrac{\pi}{2} < y_1 < \dfrac{\pi}{2}\right) \\ y_2 = \tan^{-1}\dfrac{1}{\sqrt{3}} \Longleftrightarrow \tan y_2 = \dfrac{1}{\sqrt{3}} \quad \left(-\dfrac{\pi}{2} < y_2 < \dfrac{\pi}{2}\right) \end{array}}$

● 演習 2.22

(1) ① 部分積分で求めるタイプである.

② $f(x)=x,\ g'(x)=e^{2x}$ とおくと

$\quad f(x)=x \quad \xrightarrow{\text{微分}} \quad f'(x)=1$

$\quad g'(x)=e^{2x} \quad \xrightarrow{\text{積分}} \quad g(x)=\dfrac{1}{2}e^{2x}$

③ 与式 $=\left[x\cdot\dfrac{1}{2}e^{2x}\right]_0^1 - \int_0^1 1\cdot\dfrac{1}{2}e^{2x}dx = \dfrac{1}{2}[xe^{2x}]_0^1 - \dfrac{1}{2}\int_0^1 e^{2x}dx$

④ $\quad = \dfrac{1}{2}[xe^{2x}]_0^1 - \dfrac{1}{2}\left[\dfrac{1}{2}e^{2x}\right]_0^1 = \dfrac{1}{2}[xe^{2x}]_0^1 - \dfrac{1}{4}[e^{2x}]_0^1$

$\quad = \dfrac{1}{2}(e^2-0) - \dfrac{1}{4}(e^2-e^0) = \dfrac{1}{2}e^2 - \dfrac{1}{4}(e^2-1) = \dfrac{1}{4}(e^2+1)$

(2) ① 部分積分を 2 回行って求めるタイプである.

② $f(x)=x^2,\ g'(x)=\sin x$ とおくと

$\quad f(x)=x^2 \quad \xrightarrow{\text{微分}} \quad f'(x)=2x$

$\quad g'(x)=\sin x \quad \xrightarrow{\text{積分}} \quad g(x)=-\cos x$

③ 与式 $= [x^2\cdot(-\cos x)]_0^{\frac{\pi}{3}} - \int_0^{\frac{\pi}{3}} 2x\cdot(-\cos x)\,dx$

$\quad = -[x^2\cos x]_0^{\frac{\pi}{3}} + 2\int_0^{\frac{\pi}{3}} x\cos x\,dx$

④ 残りの積分も部分積分を行う.

$\quad f(x)=x,\quad g'(x)=\cos x$ とおくと

$$\begin{array}{ll} f(x) = x & \xrightarrow{\text{微分}} \quad f'(x) = 1 \\ g'(x) = \cos x & \xrightarrow{\text{積分}} \quad g(x) = \sin x \end{array}$$

$$\begin{aligned} \text{与式} &= -[x^2 \cos x]_0^{\frac{\pi}{3}} + 2\left\{[x \sin x]_0^{\frac{\pi}{3}} - \int_0^{\frac{\pi}{3}} 1 \cdot \sin x \, dx\right\} \\ &= -[x^2 \cos x]_0^{\frac{\pi}{3}} + 2[x \sin x]_0^{\frac{\pi}{3}} - 2\int_0^{\frac{\pi}{3}} \sin x \, dx \\ &= -[x^2 \cos x]_0^{\frac{\pi}{3}} + 2[x \sin x]_0^{\frac{\pi}{3}} - 2[-\cos x]_0^{\frac{\pi}{3}} \\ &= -[x^2 \cos x]_0^{\frac{\pi}{3}} + 2[x \sin x]_0^{\frac{\pi}{3}} + 2[\cos x]_0^{\frac{\pi}{3}} \\ &= -\left\{\left(\frac{\pi}{3}\right)^2 \cos\frac{\pi}{3} - 0\right\} + 2\left(\frac{\pi}{3}\sin\frac{\pi}{3} - 0\right) + 2\left(\cos\frac{\pi}{3} - \cos 0\right) \\ &= -\frac{\pi^2}{9} \cdot \frac{1}{2} + 2 \cdot \frac{\pi}{3} \cdot \frac{\sqrt{3}}{2} + 2\left(\frac{1}{2} - 1\right) = -\frac{\pi^2}{18} + \frac{\sqrt{3}}{3}\pi - 1 \end{aligned}$$

● **演習 2.23**

(1) $\boxed{1}$ $y = \dfrac{1}{(x-1)^2}$ のグラフは $y = \dfrac{1}{x^2}$ のグラフを x 軸方向に $+1$ 平行移動したものなので右図のようになる.

$\boxed{2}$ $x = 1$ において,関数の値は発散してしまうので,積分区間の下端の方を極限でかき直して

$$\text{与式} = \lim_{a \to 1+0} \int_a^2 \frac{1}{(x-1)^2} dx$$

$\boxed{3}$
$$= \lim_{a \to 1+0} \int_a^2 (x-1)^{-2} dx$$
$$= \lim_{a \to 1+0} \left[\frac{1}{-2+1}(x-1)^{-2+1}\right]_a^2 = \lim_{a \to 1+0} \left[-(x-1)^{-1}\right]_a^2$$
$$= \lim_{a \to 1+0} \left[-\frac{1}{x-1}\right]_a^2 = \lim_{a \to 1+0}\left\{-1 - \left(-\frac{1}{a-1}\right)\right\} = \lim_{a \to 1+0}\left(-1 + \frac{1}{a-1}\right)$$

$\boxed{4}$ $= -1 + \infty = +\infty$ ……… 発散

(2) $\boxed{1}$ $y = \dfrac{1}{\sqrt{1-x^2}}$ のグラフを数表を使って描くと右図のようになる.

x	y
0	1
± 0.2	1.02
± 0.4	1.09
± 0.6	1.25
± 0.8	1.67
± 1	$+\infty$

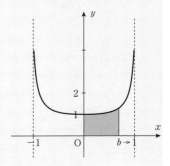

$\boxed{2}$ グラフは $x = 1$ において発散しているので積分の上端を極限でかき直すと

$$\text{与式} = \lim_{b \to 1-0} \int_0^b \frac{1}{\sqrt{1-x^2}} dx$$

③ $= \lim_{b \to 1-0} [\sin^{-1} x]_0^b = \lim_{b \to 1-0} (\sin^{-1} b - \sin^{-1} 0) = \lim_{b \to 1-0} (\sin^{-1} b - 0) = \lim_{b \to 1-0} \sin^{-1} b$

④ $= \sin^{-1} 1 = \dfrac{\pi}{2}$ •······· 収束

● 演習 2.24

(1) ① $y = \dfrac{1}{(x+1)^2}$ のグラフは $y = \dfrac{1}{x^2}$ のグラフを x 軸方向へ (-1) 平行移動したものなので右図のようになる．

② 無限積分を極限を使ってかき直すと

与式 $= \lim_{a \to +\infty} \displaystyle\int_0^a \dfrac{1}{(x+1)^2} dx$

③ $= \lim_{a \to +\infty} \displaystyle\int_0^a (x+1)^{-2} dx$

$= \lim_{a \to +\infty} \left[\dfrac{1}{-2+1} (x+1)^{-2+1} \right]_0^a = \lim_{a \to +\infty} [-(x+1)^{-1}]_0^a$

$= \lim_{a \to +\infty} \left[-\dfrac{1}{x+1} \right]_0^a = \lim_{a \to +\infty} \left\{ -\dfrac{1}{a+1} - (-1) \right\} = \lim_{a \to +\infty} \left(1 - \dfrac{1}{a+1} \right)$

④ $= 1 - 0 = 1$ •······· 収束

(2) ① $y = \dfrac{x}{1+x^2}$ の $x \geqq 0$ のときのグラフを数表を使って描くと右下図のようになる．

x	y	x	y
0	0	—	—
0.5	0.40	3.0	0.30
1.0	0.50	—	—
1.5	0.46	4.0	0.24
2.0	0.40	—	—
		5.0	0.19

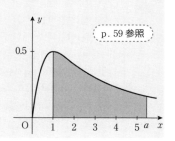

p.59 参照

② 無限積分を極限を使ってかき直すと

与式 $= \lim_{a \to +\infty} \displaystyle\int_1^a \dfrac{x}{1+x^2} dx$

③ $= \lim_{a \to +\infty} \dfrac{1}{2} \displaystyle\int_1^a \dfrac{2x}{1+x^2} dx = \lim_{a \to +\infty} \left[\dfrac{1}{2} \log(1+x^2) \right]_1^a$ 　　$\displaystyle\int \dfrac{f'(x)}{f(x)} dx = \log|f(x)| + C$

$= \lim_{a \to +\infty} \dfrac{1}{2} \{ \log(1+a^2) - \log 2 \}$

④ $= \dfrac{1}{2} (+\infty - \log 2) = +\infty$ •······· 発散

● 演習 2.25

① $y = \log(x+2)$ のグラフは $y = \log x$ のグラフを x 軸方向へ (-2) 平行移動したものなので右図のようになり，求めたい面積は の部分である．

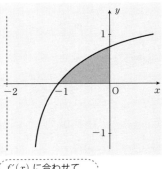

② S を求める式は
$$S = \int_{-1}^{0} \log(x+2)\,dx$$

③ 部分積分で求めるタイプである．
$f(x) = \log(x+2), \quad g'(x) = 1$ とおくと

$f(x) = \log(x+2) \xrightarrow{微分} f'(x) = \dfrac{1}{x+2}$

$g'(x) = 1 \xrightarrow{積分} g(x) = x+2$

> $f'(x)$ に合わせて積分定数を2にした

これより

$S = [\log(x+2)\cdot(x+2)]_{-1}^{0} - \int_{-1}^{0} \dfrac{1}{x+2}\cdot(x+2)\,dx$

$= [(x+2)\log(x+2)]_{-1}^{0} - \int_{-1}^{0} 1\,dx = [(x+2)\log(x+2)]_{-1}^{0} - [x]_{-1}^{0}$

$= (2\log 2 - \log 1) - \{0 - (-1)\} = 2\log 2 - 1$

> $\log 1 = 0$

● 演習 2.26

① $y = 2\sqrt{x+2}$ …Ⓐ， $y = x + |x|$ …Ⓑ
とおく．Ⓑは
$$y = \begin{cases} x+x = 2x & (x \geq 0) \\ x-x = 0 & (x < 0) \end{cases}$$
となるので，ⒶⒷのグラフに囲まれた部分は，右図の の部分となる．

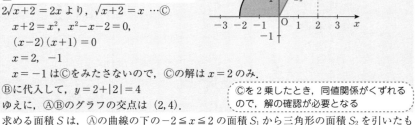

② $x \geq 0$ のときのⒶⒷの交点を求める．
$2\sqrt{x+2} = 2x$ より，$\sqrt{x+2} = x$ …Ⓒ
$x+2 = x^2,\ x^2 - x - 2 = 0,$
$(x-2)(x+1) = 0$
$x = 2, -1$
$x = -1$ はⒸをみたさないので，Ⓒの解は $x = 2$ のみ．
Ⓑに代入して，$y = 2 + |2| = 4$
ゆえに，ⒶⒷのグラフの交点は $(2, 4)$．

> Ⓒを2乗したとき，同値関係がくずれるので，解の確認が必要となる

求める面積 S は，Ⓐの曲線の下の $-2 \leq x \leq 2$ の面積 S_1 から三角形の面積 S_2 を引いたものなので

$S = S_1 - S_2$

$= \int_{-2}^{2} 2\sqrt{x+2}\,dx - \dfrac{1}{2}\cdot 2\cdot 4 = 2\int_{-2}^{2} (x+2)^{\frac{1}{2}}\,dx - 4$

$$= 2\left[\frac{1}{\frac{1}{2}+1}(x+2)^{\frac{1}{2}+1}\right]_{-2}^{2} - 4 = 2 \cdot \frac{1}{\frac{3}{2}}\left[(x+2)^{\frac{3}{2}}\right]_{-2}^{2} - 4$$

$$= 2 \cdot \frac{2}{3}(4^{\frac{3}{2}} - 0^{\frac{3}{2}}) - 4 = \frac{4}{3} \cdot 4\sqrt{4} - 4 = \frac{16}{3} \cdot 2 - 4 = \frac{32}{3} - \frac{12}{3} = \frac{20}{3}$$

● 演習 2.27

① t の値をいくつか入れ，x，y の値を調べてグラフの概形を描くと下のようになる．

t	x	y
-3	10	15
-2	5	8
-1	2	3
0	1	0
1	2	-1
2	5	0
3	10	3

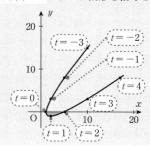

② 曲線の式を $y = f(x)$ とする．
面積を求めたい部分の x の範囲は $1 \leqq x \leqq 5$，この区間で $f(x) \leqq 0$ なので

$$S = -\int_{1}^{5} f(x)\,dx = -\int_{1}^{5} y\,dx$$

パラメータ表示を使って変数変換する．
$x = t^2 + 1$ とおくと，$y = t^2 - 2t$ なので

$$\frac{dx}{dt} = 2t, \ dx = 2t\,dt, \ x: 1 \longrightarrow 5 \ \text{のとき} \ t: 0 \longrightarrow 2$$

$$S = -\int_{0}^{2}(t^2 - 2t) \cdot 2t\,dt = -2\int_{0}^{2}(t^3 - 2t^2)\,dt$$

③ 計算して

$$= -2\left[\frac{1}{4}t^4 - \frac{2}{3}t^3\right]_{0}^{2} = -2\left\{\frac{1}{4}(2^4 - 0^4) - \frac{2}{3}(2^3 - 0^3)\right\}$$

$$= -2\left(4 - \frac{16}{3}\right) = -2 \times \frac{12-16}{3} = -2 \times \frac{-4}{3} = \frac{8}{3}$$

● 演習 2.28

(1)

θ	2θ	$r = \sin 2\theta$
0	0	0
$\dfrac{\pi}{12}$	$\dfrac{\pi}{6}$	$\dfrac{1}{2}$
$\dfrac{\pi}{6}$	$\dfrac{\pi}{3}$	$\dfrac{\sqrt{3}}{2}$
$\dfrac{\pi}{4}$	$\dfrac{\pi}{2}$	1
$\dfrac{\pi}{3}$	$\dfrac{2\pi}{3}$	$\dfrac{\sqrt{3}}{2}$
$\dfrac{5\pi}{12}$	$\dfrac{5\pi}{6}$	$\dfrac{1}{2}$
$\dfrac{\pi}{2}$	π	0

(2) ① グラフの概形は右上図のようになる．

② $S = \dfrac{1}{2}\displaystyle\int_0^{\frac{\pi}{2}} (\sin 2\theta)^2 d\theta$

③ $S = \dfrac{1}{2}\displaystyle\int_0^{\frac{\pi}{2}} \sin^2 2\theta \, d\theta = \dfrac{1}{2}\int_0^{\frac{\pi}{2}} \dfrac{1}{2}(1-\cos 4\theta)\, d\theta = \dfrac{1}{4}\int_0^{\frac{\pi}{2}}(1-\cos 4\theta)\, d\theta$

$= \dfrac{1}{4}\left[\theta - \dfrac{1}{4}\sin 4\theta\right]_0^{\frac{\pi}{2}} = \dfrac{1}{4}\left\{\left(\dfrac{\pi}{2}-0\right)-\dfrac{1}{4}(\sin 2\pi - \sin 0)\right\} = \dfrac{1}{4}\left\{\dfrac{\pi}{2}-\dfrac{1}{4}(0-0)\right\} = \dfrac{\pi}{8}$

● 演習 2.29

(1) ① 双曲線 $x^2 - y^2 = 1$ ($x \geqq 0$, $y \geqq 0$) と直線 $x = 2$ を描くと右図のようになり，回転させるのは ▨ の部分である．

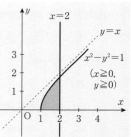

② 双曲線の式より $y^2 = x^2 - 1$ なので

$V = \pi\displaystyle\int_1^2 y^2 dx = \pi\int_1^2 (x^2 - 1)\, dx$

③ $= \pi\left[\dfrac{1}{3}x^3 - x\right]_1^2 = \pi\left\{\left(\dfrac{8}{3}-2\right)-\left(\dfrac{1}{3}-1\right)\right\} = \dfrac{4}{3}\pi$

(2) ① 数表により曲線を描くと次のようになるので，直線 $x = 2$ と x 軸に囲まれた部分は ▨ で示された部分である．

② 体積 V を xy 座標の定積分で表すと

$V = \pi\displaystyle\int_0^2 y^2 dx$

③ 曲線のパラメータ表示を使って変数変換を行う．

$x = 3t - t^3$ より

$\dfrac{dx}{dt} = 3 - 3t^2$, $dx = 3(1-t^2)\, dt$

$x : 0 \longrightarrow 2$ のとき $t : 0 \longrightarrow 1$

t	x	y
0	0	0
0.2	0.59	0.12
0.4	1.14	0.48
0.6	1.58	1.08
0.8	1.89	1.92
1	2	3

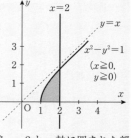

$V = \pi\displaystyle\int_0^1 (3t^2)^2 \cdot 3(1-t^2)\, dt = 27\pi\int_0^1 (t^4 - t^6)\, dt$

$$= 27\pi \left[\frac{1}{5}t^5 - \frac{1}{7}t^7\right]_0^1 = 27\pi\left(\frac{1}{5} - \frac{1}{7}\right) = 27\pi \cdot \frac{2}{35} = \frac{54}{35}\pi$$

- 演習 2.30

  1 数表を使って曲線を描くと，下図のようになる．

θ	$r = \cos 2\theta$	$x = r\cos\theta$	$y = r\sin\theta$
0	1	1	0
$\frac{\pi}{12}$	$\frac{\sqrt{3}}{2}$	0.837	0.224
$\frac{\pi}{6}$	$\frac{1}{2}$	0.433	0.250
$\frac{\pi}{4}$	0	0	0

  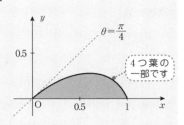

  回転させるのは ▓▓ の部分である．

  2 立体の体積 V を xy 座標の定積分でかくと
  $$V = \pi\int_0^1 y^2 dx$$

  3 曲線は極方程式で表されているので，極座標に変数変換する．
  $r = \cos 2\theta$ より
  $$\begin{cases} x = r\cos\theta = \cos 2\theta \cos\theta \\ y = r\sin\theta = \cos 2\theta \sin\theta \end{cases}$$
  $$\frac{dx}{d\theta} = (\cos 2\theta \cos\theta)'$$
  $$= (\cos 2\theta)' \cdot \cos\theta + \cos 2\theta \cdot (\cos\theta)' = -2\sin 2\theta \cdot \cos\theta + \cos 2\theta \cdot (-\sin\theta)$$
  $$= -2 \cdot 2\sin\theta\cos\theta \cdot \cos\theta - (2\cos^2\theta - 1) \cdot \sin\theta = -4\cos^2\theta\sin\theta - (2\cos^2\theta - 1)\sin\theta$$
  $$= (1 - 6\cos^2\theta)\sin\theta$$
  $$\therefore\quad dx = (1 - 6\cos^2\theta)\sin\theta\, d\theta$$

  $\cos\theta = t$ と置換できることを期待して…

  また，
  $$y^2 = (\cos 2\theta \sin\theta)^2 = (2\cos^2\theta - 1)^2 \sin^2\theta = (2\cos^2\theta - 1)^2(1 - \cos^2\theta)$$

  積分範囲については $x : 0 \longrightarrow 1$ のとき $\theta : \frac{\pi}{4} \longrightarrow 0$ なので
  $$V = \pi\int_{\frac{\pi}{4}}^0 (2\cos^2\theta - 1)^2(1 - \cos^2\theta)(1 - 6\cos^2\theta)\sin\theta\, d\theta$$

  $\cos\theta = t$ とおくと $-\sin\theta = \frac{dt}{d\theta}$, $\sin\theta\, d\theta = (-1)dt$

  $\theta : \frac{\pi}{4} \longrightarrow 0$ のとき $t : \frac{1}{\sqrt{2}} \longrightarrow 1$

  $$V = \pi\int_{\frac{1}{\sqrt{2}}}^1 (2t^2 - 1)^2(1 - t^2)(1 - 6t^2)(-1)dt = \pi\int_{\frac{1}{\sqrt{2}}}^1 (t^2 - 1)(2t^2 - 1)^2(1 - 6t^2)dt$$

  展開して積分すると
  $$= \pi\int_{\frac{1}{\sqrt{2}}}^1 (-24t^8 + 52t^6 - 38t^4 + 11t^2 - 1)dt = \pi\left[-\frac{8}{3}t^9 + \frac{52}{7}t^7 - \frac{38}{5}t^5 + \frac{11}{3}t^3 - t\right]_{\frac{1}{\sqrt{2}}}^1$$

$$= \pi\left\{\left(-\frac{8}{3}+\frac{52}{7}-\frac{38}{5}+\frac{11}{3}-1\right)-\left(-\frac{8}{3}\cdot\frac{1}{16}+\frac{52}{7}\cdot\frac{1}{8}-\frac{38}{5}\cdot\frac{1}{4}+\frac{11}{3}\cdot\frac{1}{2}-1\right)\frac{1}{\sqrt{2}}\right\}$$

$$= \pi\left(-\frac{6}{35}+\frac{32}{105}\cdot\frac{1}{\sqrt{2}}\right) = \frac{2}{105}(-9+8\sqrt{2})\pi$$

● 演習 2.31

① 求める長さは，右図太線の部分である．

② $y' = e^x$ より
$$s = \int_0^1 \sqrt{1+(e^x)^2}\,dx = \int_0^1 \sqrt{1+e^{2x}}\,dx$$

③ $\sqrt{1+e^{2x}} = t$ とおくと $1+e^{2x} = t^2$, $e^{2x} = t^2-1$

両辺を x で微分して，$2e^{2x} = 2t\dfrac{dt}{dx}$, $e^{2x}dx = t\,dt$,

$x : 0 \longrightarrow 1$ のとき $t : \sqrt{2} \longrightarrow \sqrt{1+e^2}$

$$s = \int_0^1 \sqrt{1+e^{2x}}\cdot\frac{1}{e^{2x}}\cdot e^{2x}dx = \int_{\sqrt{2}}^{\sqrt{1+e^2}} t\cdot\frac{1}{t^2-1}\cdot t\,dt = \int_{\sqrt{2}}^{\sqrt{1+e^2}} \frac{t^2}{t^2-1}\,dt$$

不定積分を先に求めておく．

$$\int \frac{t^2}{t^2-1}\,dt = \int \frac{(t^2-1)+1}{t^2-1}\,dt = \int\left(1+\frac{1}{t^2-1}\right)dt$$

（部分分数分解）

$$= t + \int\left(-\frac{\frac{1}{2}}{t+1}+\frac{\frac{1}{2}}{t-1}\right)dt = t + \frac{1}{2}\int\left(\frac{1}{t-1}-\frac{1}{t+1}\right)dt$$

$$= t + \frac{1}{2}\{\log|t-1|-\log|t+1|\}+C = t + \frac{1}{2}\log\left|\frac{t-1}{t+1}\right|+C$$

$$\therefore\ s = \left[t+\frac{1}{2}\log\left|\frac{t-1}{t+1}\right|\right]_{\sqrt{2}}^{\sqrt{1+e^2}}$$

$$= (\sqrt{1+e^2}-\sqrt{2}) + \frac{1}{2}\left\{\underbrace{\log\left|\frac{\sqrt{1+e^2}-1}{\sqrt{1+e^2}+1}\right|}_{=A}-\underbrace{\log\left|\frac{\sqrt{2}-1}{\sqrt{2}+1}\right|}_{=B}\right\}$$

A と B を計算すると

$$A = \log\frac{(\sqrt{1+e^2}-1)^2}{(\sqrt{1+e^2}+1)(\sqrt{1+e^2}-1)} = \log\frac{(\sqrt{1+e^2}-1)^2}{(\sqrt{1+e^2})^2-1}$$

$$= \log\frac{(\sqrt{1+e^2}-1)^2}{e^2} = \log(\sqrt{1+e^2}-1)^2 - \log e^2$$

$$= 2\log(\sqrt{1+e^2}-1) - 2\log e = 2\log(\sqrt{1+e^2}-1) - 2$$

（$\log e = 1$）

$$B = \log\frac{(\sqrt{2}-1)^2}{(\sqrt{2}+1)(\sqrt{2}-1)} = \log\frac{(\sqrt{2}-1)^2}{2-1} = \log(\sqrt{2}-1)^2 = 2\log(\sqrt{2}-1)$$

$$\therefore\ s = \sqrt{1+e^2}-\sqrt{2}+\frac{1}{2}\{2\log(\sqrt{1+e^2}-1)-2-2\log(\sqrt{2}-1)\}$$

$$= \sqrt{1+e^2}-\sqrt{2}+\log(\sqrt{1+e^2}-1)-1-\log(\sqrt{2}-1)$$

$$= \sqrt{1+e^2}-\sqrt{2}-1+\log\frac{\sqrt{1+e^2}-1}{\sqrt{2}-1}$$

（$\fallingdotseq 2.00$）

● 演習 2.32

① $0 \leq x \leq 2\pi$ の範囲のサイクロイド曲線は右のような曲線であった.

② x と y をそれぞれ t で微分して長さ s の式を立てると

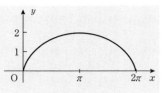

$$\frac{dx}{dt} = (t - \sin t)' = 1 - \cos t$$

$$\frac{dy}{dt} = (1 - \cos t)' = 0 - (-\sin t) = \sin t$$

$$s = \int_0^{2\pi} \sqrt{(1-\cos t)^2 + (\sin t)^2}\, dt$$

③ $\sqrt{}$ の中の2乗を展開して計算すると

$$= \int_0^{2\pi} \sqrt{1 - 2\cos t + \underbrace{\cos^2 t + \sin^2 t}}\, dt \qquad \boxed{\sin^2\theta + \cos^2\theta = 1}$$

$$= \int_0^{2\pi} \sqrt{1 - 2\cos t + 1}\, dt = \int_0^{2\pi} \sqrt{2 - 2\cos t}\, dt = \int_0^{2\pi} \sqrt{2(1-\cos t)}\, dt$$

$$= \int_0^{2\pi} \sqrt{2 \cdot 2\sin^2 \frac{t}{2}}\, dt = \int_0^{2\pi} 2\left|\sin \frac{t}{2}\right| dt \qquad \boxed{\sin^2\theta = \frac{1}{2}(1-\cos 2\theta) \\ \cos^2\theta = \frac{1}{2}(1+\cos 2\theta)}$$

$0 \leq t \leq 2\pi$ のとき $0 \leq \frac{t}{2} \leq \pi$ なので, $\sin \frac{t}{2} \geq 0$ より

$$s = 2\int_0^{2\pi} \sin \frac{t}{2}\, dt = 2\left[-\frac{1}{\frac{1}{2}}\cos \frac{t}{2}\right]_0^{2\pi} = 2\left[-2\cos \frac{t}{2}\right]_0^{2\pi} \qquad \boxed{\sqrt{a^2} = |a| = \begin{cases} a & (a \geq 0) \\ -a & (a < 0) \end{cases}}$$

$$= -4(\cos\pi - \cos 0) = -4\{(-1) - 1\} = 8$$

● 演習 2.33

① 曲線はカージオイドである.

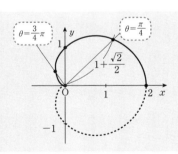

θ	$r = 1 + \cos\theta$
0	2
$\frac{\pi}{4}$	$1 + \frac{\sqrt{2}}{2}$
$\frac{\pi}{2}$	1
$\frac{3}{4}\pi$	$1 - \frac{\sqrt{2}}{2}$
π	0

② $\frac{dr}{d\theta}$ を求め, s の式を立てると

$$\frac{dr}{d\theta} = (1+\cos\theta)' = 0 - \sin\theta = -\sin\theta$$

$$s = \int_0^{\pi} \sqrt{(1+\cos\theta)^2 + (-\sin\theta)^2}\, d\theta$$

③ $\sqrt{}$ の中の2乗を展開して計算する.

$$= \int_0^{\pi} \sqrt{(1 + 2\cos\theta + \cos^2\theta) + \sin^2\theta}\, d\theta = \int_0^{\pi} \sqrt{1 + 2\cos\theta + (\sin^2\theta + \cos^2\theta)}\, d\theta$$

$$= \int_0^\pi \sqrt{2+2\cos\theta}\,d\theta = \int_0^\pi \sqrt{2(1+\cos\theta)}\,d\theta = \int_0^\pi \sqrt{2\cdot 2\cos^2\frac{\theta}{2}}\,d\theta = 2\int_0^\pi \left|\cos\frac{\theta}{2}\right|d\theta$$

$0 \leq \theta \leq \pi$ のとき $0 \leq \frac{\theta}{2} \leq \frac{\pi}{2}$ なので，$\cos\frac{\theta}{2} \geq 0$ より

$$s = 2\int_0^\pi \cos\frac{\theta}{2}\,d\theta = 2\left[\frac{1}{\frac{1}{2}}\sin\frac{\theta}{2}\right]_0^\pi = 2\left[2\sin\frac{\theta}{2}\right]_0^\pi = 4\left(\sin\frac{\pi}{2}-\sin 0\right) = 4(1-0) = 4$$

総合演習 2

問 1 (1) 被積分関数を $F(x)$ とおく．
分母を展開すると
$$(x-2)(x^3+1) = x^4-2x^3+x-2$$
分母の次数＝分子の次数　なので，分子の次数が分母より小さくなるように変形する．
$$F(x) = \frac{x^4}{x^4-2x^3+x-2} = \frac{(x^4-2x^3+x-2)+(2x^3-x+2)}{x^4-2x^3+x-2}$$
$$= 1 + \frac{2x^3-x+2}{x^4-2x^3+x-2} \quad \cdots \text{Ⓐ}$$
分母を $P(x)$ とおき因数分解すると
$$P(x) = (x-2)(x^3+1) = (x-2)(x+1)(x^2-x+1)$$
Ⓐの第 2 項を $P(x)$ の因子で部分分数に展開する．
$$\frac{2x^3-x+2}{(x-2)(x+1)(x^2-x+1)} = \frac{a}{x-2} + \frac{b}{x+1} + \frac{cx+d}{x^2-x+1}$$
とおいて定数の a, b, c, d を求める．右辺を通分して両辺の分子を比較すると
$$2x^3-x+2 = a(x+1)(x^2-x+1) + b(x-2)(x^2-x+1) + (cx+d)(x-2)(x+1)$$
$x = -1$ を代入して　$1 = -9b$
$x = 2$ を代入して　$16 = 9a$
$x = 0$ を代入して　$2 = a - 2b - 2d$
$x = 1$ を代入して　$3 = 2a - b - 2(c+d)$
これらより a, b, c, d を求めると
$$a = \frac{16}{9},\ b = -\frac{1}{9},\ c = \frac{1}{3},\ d = 0$$
となるので，$F(x)$ は次のように部分分数展開される．
$$F(x) = 1 + \frac{16}{9}\cdot\frac{1}{x-2} - \frac{1}{9}\cdot\frac{1}{x+1} + \frac{1}{3}\cdot\frac{x}{x^2-x+1}$$
各項ごとに積分する．

Case 1
$$\int 1\,dx = x + C_1,$$

Case 2
$$\int \frac{1}{x-2}\,dx = \log|x-2| + C_2$$

Case 2
$$\int \frac{1}{x+1}\,dx = \log|x+1| + C_3$$

$$\int \frac{x}{x^2-x+1}dx = \int \frac{\frac{1}{2}(2x-1)+\frac{1}{2}}{x^2-x+1}dx$$

（Case 4）（Case 4-1）（Case 4-2）

$$= \frac{1}{2}\int \frac{2x-1}{x^2-x+1}dx + \frac{1}{2}\int \frac{1}{x^2-x+1}dx$$

第 1 項 $= \frac{1}{2}\log(x^2-x+1) + C_4$

第 2 項 $= \frac{1}{2}\int \frac{1}{\left(x-\frac{1}{2}\right)^2+\frac{3}{4}}dx = \frac{1}{2}\int \frac{1}{\left(x-\frac{1}{2}\right)^2+\left(\frac{\sqrt{3}}{2}\right)^2}dx$

$$= \frac{1}{2}\cdot\frac{1}{\frac{\sqrt{3}}{2}}\tan^{-1}\frac{x-\frac{1}{2}}{\frac{\sqrt{3}}{2}}+C_5 = \frac{1}{\sqrt{3}}\tan^{-1}\frac{2x-1}{\sqrt{3}}+C_5$$

以上より

与式 $= x + \frac{16}{9}\log|x-2| - \frac{1}{9}\log|x+1| + \frac{1}{3}\left\{\frac{1}{2}\log(x^2-x+1) + \frac{1}{\sqrt{3}}\tan^{-1}\frac{2x-1}{\sqrt{3}}\right\} + C$

$= x + \frac{1}{9}\log\frac{(x-2)^{16}}{|x+1|} + \frac{1}{6}\log(x^2-x+1) + \frac{1}{3\sqrt{3}}\tan^{-1}\frac{2x-1}{\sqrt{3}} + C$

(2) $\sqrt{}$ の中の 2 次式を平方完成すると

与式 $= \int\sqrt{4-(2-x)^2}dx = \int\sqrt{2^2-(x-2)^2}dx$

ここで $x-2 = 2\sin t$ $\left(-\frac{\pi}{2} \leq t \leq \frac{\pi}{2}\right)$ とおくと

$x = 2 + 2\sin t, \quad \frac{dx}{dt} = 2\cos t, \quad dx = 2\cos t\, dt$

与式 $= \int\sqrt{2^2 - 2^2\sin^2 t} \cdot 2\cos t\, dt = 4\int\sqrt{1-\sin^2 t}\cos t\, dt$

$= 4\int\sqrt{\cos^2 t}\cos t\, dt = 4\int\cos^2 t\, dt$ ……… $\left(-\frac{\pi}{2}\leq t\leq\frac{\pi}{2}\ \text{より}\ \cos t\geq 0\right)$

倍角公式を使って

$= 4\int\frac{1}{2}(1+\cos 2t)dt = 2\int(1+\cos 2t)dt = 2\left(t+\frac{1}{2}\sin 2t\right)+C$

x にもどすためにさらに変形して

$= 2\left(t + \frac{1}{2}\cdot 2\sin t\cos t\right)+C$

$= 2\left(t + \sin t\sqrt{\cos^2 t}\right)+C = 2\left(t + \sin t\sqrt{1-\sin^2 t}\right)+C$

$2\sin t = x-2$ より

$\sin t = \frac{x-2}{2}, \quad t = \sin^{-1}\frac{x-2}{2}$

よって，

与式 $= 2\left\{\sin^{-1}\frac{x-2}{2} + \frac{x-2}{2}\sqrt{1-\left(\frac{x-2}{2}\right)^2}\right\} + C$

$$= 2\sin^{-1}\frac{x-2}{2} + (x-2)\sqrt{\frac{1}{4}\{4-(x-2)^2\}} + C$$
$$= 2\sin^{-1}\frac{x-2}{2} + \frac{x-2}{2}\sqrt{4-(x-2)^2} + C = 2\sin^{-1}\frac{x-2}{2} + \frac{x-2}{2}\sqrt{4x-x^2} + C$$

問2 (1) $n=1$ の場合なので
$$I_1 = \int_1^e (\log x)^1 dx = \int_1^e \log x\, dx \qquad \boxed{(\log x)' = \frac{1}{x}}$$
$f(x) = \log x,\ g'(x) = 1$ とおいて，部分積分をすると
$$I_1 = [\log x \cdot x]_1^e - \int_1^e \frac{1}{x} \cdot x\, dx$$
$$= [x\log x]_1^e - \int_1^e 1\, dx = (e \cdot \log e - 1 \cdot \log 1) - [x]_1^e$$
$$= (e \cdot 1 - 1 \cdot 0) - (e-1) = 1$$

$\boxed{f(x) = \log x \xrightarrow{微分} f'(x) = \frac{1}{x} \\ g'(x) = 1 \xrightarrow{積分} g(x) = x}$

(2) $f(x) = (\log x)^n,\ g'(x) = 1$ とおいて，部分積分を行う．
$$f(x) = (\log x)^n \xrightarrow{微分} f'(x) = n(\log x)^{n-1} \cdot (\log x)' = n(\log x)^{n-1} \cdot \frac{1}{x}$$
$$g'(x) = 1 \xrightarrow{積分} g(x) = x$$
$\boxed{合成関数の微分}$

より
$$I_n = \left[(\log x)^n \cdot x\right]_1^e - \int_1^e \left\{n(\log x)^{n-1}\frac{1}{x}\right\} \cdot x\, dx$$
$$= \{(\log e)^n \cdot e - (\log 1)^n \cdot 1\} - n\int_1^e (\log x)^{n-1} dx$$
$$= (1^n \cdot e - 0^n \cdot 1) - nI_{n-1} = e - nI_{n-1}$$

$\boxed{\log e = 1 \\ \log 1 = 0}$ $\quad (= I_{n-1})$

(3) $n = 2, 3, 4$ のときの (2) の漸化式をかき出すと
$$I_2 = e - 2I_1, \qquad I_3 = e - 3I_2, \qquad I_4 = e - 4I_3$$
より
$$I_4 = e - 4I_3 = e - 4(e - 3I_2) = e - 4e + 12I_2 = -3e + 12I_2$$
$$= -3e + 12(e - 2I_1) = -3e + 12e - 24I_1 = 9e - 24I_1$$
最後に，(1) の結果を代入して
$$I_4 = 9e - 24 \cdot 1 = 9e - 24$$

問3 (1) 数表を使って $y = \dfrac{1}{\sqrt{x(2-x)}}$ のグラフを描くと下図のようになる．

x	y	x	y
0	$+\infty$	1.2	1.02
0.2	1.67	1.4	1.09
0.4	1.25	1.6	1.25
0.6	1.09	1.8	1.67
0.8	1.02	2	$+\infty$
1.0	1.00		

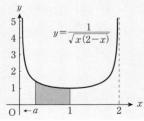

積分区間は 0 から 1 であるが，$x = 0$ のとき被積分関数は $+\infty$ に発散してしまうので，

積分区間の下端を lim でかき直すと

$$\text{与式} = \lim_{a \to 0+0} \int_a^1 \frac{1}{\sqrt{2x-x^2}} dx$$

極限をとる前の定積分を求める．$\sqrt{}$ の中を平方完成して

$$I_a = \int_a^1 \frac{1}{\sqrt{2x-x^2}} dx = \int_a^1 \frac{1}{\sqrt{1-(x-1)^2}} dx$$

ここで，$x-1=t$ とおくと $dx=dt$

$x : a \longrightarrow 1$ のとき $t : a-1 \longrightarrow 0$

$$I_a = \int_{a-1}^0 \frac{1}{\sqrt{1-t^2}} dt = [\sin^{-1} t]_{a-1}^0$$

$$= \sin^{-1} 0 - \sin^{-1}(a-1) = 0 - \sin^{-1}(a-1) = -\sin^{-1}(a-1)$$

$a \to 0_{+0}$ のときの I_a の極限を調べる．

$$\text{与式} = \lim_{a \to 0+0} I_a = \lim_{a \to 0+0} \{-\sin^{-1}(a-1)\} = -\sin^{-1}(-1) = -\left(-\frac{\pi}{2}\right) = \frac{\pi}{2}$$ ◀ 収束

> $y = \sin^{-1} x \iff x = \sin y$
> $\left(-\frac{\pi}{2} \leq y \leq \frac{\pi}{2}\right)$

(2) 積分区間の上端の $+\infty$ をかき直して

$$\text{与式} = \lim_{a \to +\infty} \int_0^a \frac{1}{x^2 - x + 1} dx$$

> $f(x) = \dfrac{1}{x^2 - x + 1}$ とおくと，
> 分母は2次関数なので
> $\lim_{x \to +\infty} f(x) = +0$

有理関数の積分であるが，分母は因数分解できないので平方完成してから積分すると

$$I_a = \int_0^a \frac{1}{\left(x-\frac{1}{2}\right)^2 + \left(\frac{\sqrt{3}}{2}\right)^2} dx$$

$$= \left[\frac{1}{\frac{\sqrt{3}}{2}} \tan^{-1} \frac{x-\frac{1}{2}}{\frac{\sqrt{3}}{2}}\right]_0^a = \frac{2}{\sqrt{3}} \left[\tan^{-1} \frac{2}{\sqrt{3}}\left(x-\frac{1}{2}\right)\right]_0^a$$

> $y = \tan^{-1} x \iff x = \tan y$
> $\left(-\frac{\pi}{2} < y < \frac{\pi}{2}\right)$

$$= \frac{2}{\sqrt{3}} \left[\tan^{-1} \frac{1}{\sqrt{3}}(2x-1)\right]_0^a = \frac{2}{\sqrt{3}} \left\{\tan^{-1} \frac{1}{\sqrt{3}}(2a-1) - \tan^{-1}\left(-\frac{1}{\sqrt{3}}\right)\right\}$$

$$= \frac{2}{\sqrt{3}} \left\{\tan^{-1} \frac{1}{\sqrt{3}}(2a-1) - \left(-\frac{\pi}{6}\right)\right\} = \frac{2}{\sqrt{3}} \left\{\tan^{-1} \frac{1}{\sqrt{3}}(2a-1) + \frac{\pi}{6}\right\}$$

$a \to +\infty$ のとき $\dfrac{1}{\sqrt{3}}(2a-1) \to +\infty$ なので，$\tan^{-1} \dfrac{1}{\sqrt{3}}(2a-1) \to \dfrac{\pi}{2}$

$$\therefore \text{与式} = \lim_{a \to +\infty} I_a = \lim_{a \to +\infty} \frac{2}{\sqrt{3}} \left\{\tan^{-1} \frac{1}{\sqrt{3}}(2a-1) + \frac{\pi}{6}\right\}$$

$$= \frac{2}{\sqrt{3}} \left(\frac{\pi}{2} + \frac{\pi}{6}\right) = \frac{2}{\sqrt{3}} \cdot \frac{2}{3}\pi = \frac{4}{3\sqrt{3}}\pi$$

問4 $x^2 + (y-2)^2 = 1$ のグラフは次ページのような円である．
この円を x 軸のまわりに1回転させるとドーナツのような立体ができる．
方程式を $y =$ の形に直すと

$$(y-2)^2 = 1-x^2, \quad y-2 = \pm\sqrt{1-x^2}, \quad y = 2 \pm \sqrt{1-x^2}$$

となり図において
上半分　$y_1 = 2+\sqrt{1-x^2}$ …Ⓐ
下半分　$y_2 = 2-\sqrt{1-x^2}$ …Ⓑ
である．ここで
$V_1 = $ Ⓐを 1 回転させたときの立体の体積
$V_2 = $ Ⓑを 1 回転させたときの立体の体積
とおくと，求めたい体積 V は
$V = V_1 - V_2$
となる．

$$V = 2\left(\pi\int_0^1 y_1^2\,dx - \pi\int_0^1 y_2^2\,dx\right) = 2\pi\int_0^1 (y_1^2 - y_2^2)\,dx$$
$$= 2\pi\int_0^1\{(2+\sqrt{1-x^2})^2 - (2-\sqrt{1-x^2})^2\}dx = 2\pi\int_0^1 8\sqrt{1-x^2}\,dx = 16\pi\int_0^1\sqrt{1-x^2}\,dx$$

$x = \sin t \left(-\dfrac{\pi}{2} \leqq t \leqq \dfrac{\pi}{2}\right)$ とおくと

$\dfrac{dx}{dt} = \cos t, \quad dx = \cos t\,dt$

$x : 0 \longrightarrow 1$ のとき $t : 0 \longrightarrow \dfrac{\pi}{2}$ より

$$V = 16\pi\int_0^{\frac{\pi}{2}}\sqrt{1-\sin^2 t}\cos t\,dt = 16\pi\int_0^{\frac{\pi}{2}}\cos^2 t\,dt = 16\pi\int_0^{\frac{\pi}{2}}\dfrac{1}{2}(1+\cos 2t)\,dt$$
$$= 8\pi\left[t + \dfrac{1}{2}\sin 2t\right]_0^{\frac{\pi}{2}} = 8\pi\left\{\left(\dfrac{\pi}{2}+\dfrac{1}{2}\sin\pi\right) - (0+0)\right\} = 8\pi\cdot\dfrac{\pi}{2} = 4\pi^2$$

$\sin 0 = 0$
$\sin \pi = 0$

よって，$V = 4\pi^2$

問5 螺線 $\left(0 \leqq \theta \leqq \dfrac{\pi}{2}\,\text{の部分}\right)$ は右のような
グラフである．
極方程式をもつ曲線の長さを求める公式に
代入して

$$s = \int_0^{\frac{\pi}{2}}\sqrt{r^2 + \left(\dfrac{dr}{d\theta}\right)^2}\,d\theta$$

$\dfrac{dr}{d\theta} = \dfrac{d\theta}{d\theta} = 1$ より

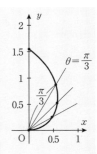

θ	$r = \theta$
0	0
$\dfrac{\pi}{6}$	$\dfrac{\pi}{6}$
$\dfrac{\pi}{4}$	$\dfrac{\pi}{4}$
$\dfrac{\pi}{3}$	$\dfrac{\pi}{3}$
$\dfrac{\pi}{2}$	$\dfrac{\pi}{2}$

$$s = \int_0^{\frac{\pi}{2}}\sqrt{\theta^2+1}\,d\theta$$
$$= \dfrac{1}{2}\left[\theta\sqrt{\theta^2+1} + \log\left(\theta+\sqrt{\theta^2+1}\right)\right]_0^{\frac{\pi}{2}}$$
$$= \dfrac{1}{2}\left\{\dfrac{\pi}{2}\sqrt{\left(\dfrac{\pi}{2}\right)^2+1} + \log\left(\dfrac{\pi}{2}+\sqrt{\left(\dfrac{\pi}{2}\right)^2+1}\right) - (0+\log 1)\right\}$$
$$= \dfrac{\pi}{4}\sqrt{\left(\dfrac{\pi}{2}\right)^2+1} + \dfrac{1}{2}\log\left(\dfrac{\pi}{2}+\sqrt{\left(\dfrac{\pi}{2}\right)^2+1}\right)$$

演習 2.14(1) の結果を使う

$\fallingdotseq 2.08$

第3章 偏微分

● 演習 3.1

(1) ① はじめに $x \to 0$ を考える.

$$\text{与式} = \lim_{y \to 0}\left(\lim_{x \to 0} \frac{3x-2y}{3x+2y}\right) = \lim_{y \to 0} \frac{0-2y}{0+2y} = \lim_{y \to 0} \frac{-2y}{2y} = \lim_{y \to 0}(-1)$$

② 引き続き $y \to 0$ を考えると
$$= -1$$

(2) ① はじめに $y \to 0$ のときを考えると

$$\text{与式} = \lim_{x \to 0}\left(\lim_{y \to 0} \frac{3x-2y}{3x+2y}\right) = \lim_{x \to 0} \frac{3x-0}{3x+0} = \lim_{x \to 0} \frac{3x}{3x} = \lim_{x \to 0} 1$$

② 引き続き $x \to 0$ とすると
$$= 1$$

(3) $f(x,y)$ の分子,分母を x で割り,$\frac{y}{x} = m$(定数)の場合を考えると

$$\lim_{\substack{(x,y) \to (0,0) \\ y/x = m}} \frac{3x-2y}{3x+2y} = \lim_{\substack{(x,y) \to (0,0) \\ y/x = m}} \frac{3 - 2 \cdot \frac{y}{x}}{3 + 2 \cdot \frac{y}{x}} = \lim_{\substack{(x,y) \to (0,0) \\ y/x = m}} \frac{3-2m}{3+2m} = \frac{3-2m}{3+2m}$$

> $m = 1$ のとき $\frac{1}{5}$,
> $m = -1$ のとき 5 など

これは m の値により異なった値となるので,
$$\lim_{(x,y) \to (0,0)} f(x,y) \text{ は収束しない.}$$

● 演習 3.2

① $x = r\cos\theta,\ y = r\sin\theta$ とおくと $(x,y) \to (0,0)$ のとき,$r \to 0$ なので

$$\text{与式} = \lim_{r \to 0}(r\cos\theta)\log r^2 = \lim_{r \to 0} r\cos\theta \cdot \log|r|^2$$
$$= \lim_{r \to 0} r\cos\theta \cdot 2\log|r| = \lim_{r \to 0} 2r\log|r| \cdot \cos\theta$$

> 対数法則
> $\log a^b = b\log a$

② 極限を調べる.$\cos\theta$ は r とは関係なく有限の値をもつので
$$= 2\cos\theta \lim_{r \to 0} r\log|r|$$

$r \to 0$ のとき,$\log|r| \to -\infty$ なので,これは $0 \cdot (-\infty)$ の不定形である.
ロピタルの定理が使えるように分数の形にする.

$$= 2\cos\theta \lim_{r \to 0} \frac{\log|r|}{r^{-1}} \quad \cdots \text{\textcircled{A}}$$

$r \to 0$ のとき $r^{-1} = \frac{1}{r} \to \pm\infty$,$\log|r| \to -\infty$ となり,Ⓐは $\frac{-\infty}{\pm\infty}$ の不定形なので,
次の極限を調べると

$$\lim_{r \to 0} \frac{(\log|r|)'}{(r^{-1})'} = \lim_{r \to 0} \frac{\frac{1}{r}}{-r^{-2}} = \lim_{r \to 0}\left(-\frac{1}{r} \cdot r^2\right)$$
$$= \lim_{r \to 0}(-r) = 0$$

> ロピタルの定理
> $\lim_{x \to a} f(x) = +\infty,\ \lim_{x \to a} g(x) = +\infty$ のとき
> $\lim_{x \to a} \frac{g'(x)}{f'(x)} = L \Rightarrow \lim_{x \to a} \frac{g(x)}{f(x)} = L$

ゆえに,ロピタルの定理より
$$\text{与式} = 2\cos\theta \cdot 0 = 0$$

● 演習 3.3

$f_x(0,0)$ について

① 定義に従って極限でかくと
$$f_x(0,0) = \lim_{h \to 0} \frac{f(0+h,0)-f(0,0)}{h} = \lim_{h \to 0} \frac{f(h,0)-f(0,0)}{h}$$
$$= \lim_{h \to 0} \frac{\frac{h^3-0^2}{h^2-h\cdot 0+0^2}-0}{h} = \lim_{h \to 0} \frac{\frac{h^3}{h^2}}{h} = \lim_{h \to 0} \frac{h}{h} = \lim_{h \to 0} 1$$

② 1 は h にはまったく関係ないので極限は存在し
$$f_x(0,0) = 1 \quad \cdots\cdots \boxed{収束}$$

$f_y(0,0)$ について

① $f_y(0,0) = \lim_{k \to 0} \frac{f(0,k+0)-f(0,0)}{k} = \lim_{k \to 0} \frac{f(0,k)-f(0,0)}{k}$
$$= \lim_{k \to 0} \frac{\frac{0^3-k^2}{0^2-0\cdot k+k^2}}{k} = \lim_{k \to 0} \frac{\frac{-k^2}{k^2}}{k} = \lim_{k \to 0} \frac{-1}{k}$$

② 極限を調べると
$$\lim_{k \to 0} \frac{-1}{k} = \pm\infty \quad \cdots\cdots \boxed{発散}$$

となるので, $f_y(0,0)$ は存在しない.

● 演習 3.4

(1) ① x と y の多項式である.

② y を定数とみなして
$$f_x = (2x^2+y^4-3y^2\cdot x-2)_x = 2\cdot 2x+0-3y^2\cdot 1-0 = 4x-3y^2$$
x を定数とみなして
$$f_y = (2x^2+y^4-3x\cdot y^2-2)_y = 0+4y^3-3x\cdot 2y-0 = 4y^3-6xy$$

(2) ① 分数の形をした関数である.

② y を定数とみなして
$$f_x = -\frac{(2x-3y)_x}{(2x-3y)^2} = -\frac{2\cdot 1-0}{(2x-3y)^2} = -\frac{2}{(2x-3y)^2}$$

$\left\{\dfrac{1}{f(x)}\right\}' = -\dfrac{f'(x)}{\{f(x)\}^2}$

x を定数とみなして
$$f_y = -\frac{(2x-3y)_y}{(2x-3y)^2} = -\frac{0-3\cdot 1}{(2x-3y)^2} = \frac{3}{(2x-3y)^2}$$

(3) ① $z=xy$ と $\cos z$ の合成関数である.

② y を定数とみなして
$$f_x = (-\sin xy)\cdot(xy)_x = (-\sin xy)\cdot(1\cdot y) = -y\sin xy$$
x を定数とみなして
$$f_y = (-\sin xy)\cdot(xy)_y = (-\sin xy)\cdot(x\cdot 1) = -x\sin xy$$

(4) ① e^{xy} と $(\sin x+\cos y)$ の積の形.

$\{f(x)\cdot g(x)\}' = f'(x)\cdot g(x)+f(x)\cdot g'(x)$

② y を定数とみなして
$$f_x = (e^{xy})_x\cdot(\sin x+\cos y)+e^{xy}\cdot(\sin x+\cos y)_x$$
$$= \{e^{xy}\cdot(xy)_x\}\cdot(\sin x+\cos y)+e^{xy}\cdot(\cos x+0)$$

$$= e^{xy} \cdot (1 \cdot y) \cdot (\sin x + \cos y) + e^{xy} \cos x = e^{xy}(y \sin x + y \cos y + \cos x)$$

x を定数とみなして
$$\begin{aligned}f_y &= (e^{xy})_y \cdot (\sin x + \cos y) + e^{xy} \cdot (\sin x + \cos y)_y \\ &= e^{xy} \cdot (xy)_y \cdot (\sin x + \cos y) + e^{xy} \cdot (0 - \sin y) \\ &= e^{xy} \cdot (x \cdot 1) \cdot (\sin x + \cos y) - e^{xy} \sin y = e^{xy}(x \sin x + x \cos y - \sin y)\end{aligned}$$

(5) ① $z = x^2 - xy + y^2$ と $\log z$ の合成関数である．

② y を定数とみなして
$$f_x = \frac{1}{x^2 - xy + y^2}(x^2 - xy + y^2)_x = \frac{1}{x^2 - xy + y^2}(2x - 1 \cdot y + 0) = \frac{2x - y}{x^2 - xy + y^2}$$

x を定数とみなして
$$f_y = \frac{1}{x^2 - xy + y^2}(x^2 - xy + y^2)_y = \frac{1}{x^2 - xy + y^2}(0 - x \cdot 1 + 2y) = \frac{-x + 2y}{x^2 - xy + y^2}$$

(6) ① $z = x^2 + y^2$ と $\dfrac{1}{\sqrt{z}}$ の合成関数．

② y を定数とみなして
$$\begin{aligned}f_x &= \{(x^2 + y^2)^{-\frac{1}{2}}\}_x \\ &= -\frac{1}{2}(x^2 + y^2)^{-\frac{3}{2}} \cdot (x^2 + y^2)_x = -\frac{1}{2}(x^2 + y^2)^{-\frac{3}{2}}(2x + 0) = -\frac{x}{(x^2 + y^2)^{\frac{3}{2}}}\end{aligned}$$

x を定数とみなして
$$\begin{aligned}f_y &= \{(x^2 + y^2)^{-\frac{1}{2}}\}_y \\ &= -\frac{1}{2}(x^2 + y^2)^{-\frac{3}{2}} \cdot (x^2 + y^2)_y = -\frac{1}{2}(x^2 + y^2)^{-\frac{3}{2}}(0 + 2y) = -\frac{y}{(x^2 + y^2)^{\frac{3}{2}}}\end{aligned}$$

● 演習 3.5

① $\dfrac{\partial f}{\partial x}$ を求める． $f(x, y)$ の x と y は対称ではない

商の微分公式を使って
$$\frac{\partial f}{\partial x} = \frac{(x - y)_x \cdot \sqrt{xy} - (x - y) \cdot (\sqrt{xy})_x}{(\sqrt{xy})^2}$$

ここで
$$\begin{aligned}(\sqrt{xy})_x &= (\sqrt{x}\sqrt{y})_x = \sqrt{y}(\sqrt{x})_x \quad \text{y は定数扱い} \\ &= \sqrt{y} \cdot \frac{1}{2\sqrt{x}} = \frac{\sqrt{y}}{2\sqrt{x}}\end{aligned}$$

$f(x, y) = \dfrac{\sqrt{x}}{\sqrt{y}} - \dfrac{\sqrt{y}}{\sqrt{x}}$ として $\dfrac{\partial f}{\partial x}, \dfrac{\partial f}{\partial y}$ を求めてもよい

より
$$\frac{\partial f}{\partial x} = \frac{(1 - 0)\sqrt{xy} - (x - y)\dfrac{\sqrt{y}}{2\sqrt{x}}}{xy} = \frac{\sqrt{xy} - \dfrac{1}{2}(x - y)\dfrac{\sqrt{y}}{\sqrt{x}}}{xy}$$

分子，分母に $2\sqrt{x}$ をかけて
$$= \frac{\sqrt{xy} \cdot 2\sqrt{x} - (x - y)\sqrt{y}}{xy \cdot 2\sqrt{x}} = \frac{2x\sqrt{y} - (x - y)\sqrt{y}}{2xy\sqrt{x}}$$

$$= \frac{\{2x-(x-y)\}\sqrt{y}}{2xy\sqrt{x}} = \frac{x+y}{2x\sqrt{xy}}$$

($y = \sqrt{y}\sqrt{y}$)

② $\dfrac{\partial f}{\partial y}$ を求める．

$$\frac{\partial f}{\partial y} = \frac{(x-y)_y \cdot \sqrt{xy} - (x-y) \cdot (\sqrt{xy})_y}{(\sqrt{xy})^2}$$

ここで

$$(\sqrt{xy})_y = (\sqrt{x}\sqrt{y})_y = \sqrt{x}(\sqrt{y})_y = \sqrt{x} \cdot \frac{1}{2\sqrt{y}} = \frac{\sqrt{x}}{2\sqrt{y}}$$

(x は定数扱い)

より

$$\frac{\partial f}{\partial y} = \frac{(0-1)\sqrt{xy} - (x-y)\dfrac{\sqrt{x}}{2\sqrt{y}}}{xy} = \frac{-\sqrt{xy} - \dfrac{1}{2}(x-y)\dfrac{\sqrt{x}}{\sqrt{y}}}{xy}$$

分子，分母に $2\sqrt{y}$ をかけて

$$= \frac{-\sqrt{xy} \cdot 2\sqrt{y} - (x-y)\sqrt{x}}{xy \cdot 2\sqrt{y}} = \frac{-2\sqrt{y}\sqrt{x} - (x-y)\sqrt{x}}{2xy\sqrt{y}}$$

$$= \frac{\{-2y-(x-y)\}\sqrt{x}}{2xy\sqrt{y}} = \frac{-x-y}{2y\sqrt{xy}} = -\frac{x+y}{2y\sqrt{xy}}$$

($x = \sqrt{x}\sqrt{x}$)

③ 以上の結果より

$$x\frac{\partial f}{\partial x} + y\frac{\partial f}{\partial y}$$

$$= x \cdot \frac{x+y}{2x\sqrt{xy}} + y \cdot \left(-\frac{x+y}{2y\sqrt{xy}}\right) = \frac{x+y}{2\sqrt{xy}} - \frac{x+y}{2\sqrt{xy}} = 0$$

● 演習 3.6

（1） 演習 3.4(1) の結果より

$f_x = 4x - 3y^2, \quad f_y = 4y^3 - 6xy$

① f_x, f_y とも x と y の多項式である．

② 定数とみなす変数に気をつけながら f_x, f_y をさらに偏微分する．

$f_{xx} = (f_x)_x = (4x - 3y^2)_x = 4 \cdot 1 - 0 = 4$

$f_{xy} = (f_x)_y = (4x - 3y^2)_y = 0 - 3 \cdot 2y = -6y$

$f_{yy} = (f_y)_y = (4y^3 - 6xy)_y = 4 \cdot 3y^2 - 6x \cdot 1 = 12y^2 - 6x$

（2） 演習 3.4(3) の結果より

$f_x = -y\sin xy, \quad f_y = -x\sin xy$

① f_x, f_y とも積の形をしている．

② 偏微分する変数に気をつけながらさらに偏微分すると

$f_{xx} = (f_x)_x = (-y\sin xy)_x = -y(\sin xy)_x$

$\quad = -y \cdot \{\cos xy \cdot (xy)_x\} = -y\cos xy \cdot (1 \cdot y) = -y^2\cos xy$

$f_{xy} = (f_x)_y = (-y\sin xy)_y = -(y\sin xy)_y$

$\quad = -\{(y)_y \cdot \sin xy + y \cdot (\sin xy)_y\} = -[1 \cdot \sin xy + y \cdot \{\cos xy \cdot (xy)_y\}]$

$\quad = -\{\sin xy + y\cos xy \cdot (x \cdot 1)\} = -(\sin xy + xy\cos xy)$

$$f_{yy} = (f_y)_y = (-x\sin xy)_y = -x(\sin xy)_y$$
$$= -x \cdot \cos xy \cdot (xy)_y = -x\cos xy \cdot (x \cdot 1) = -x^2\cos xy$$

(3) 演習 3.4(5) の結果より

$$f_x = \frac{2x-y}{x^2-xy+y^2}, \quad f_y = \frac{-x+2y}{x^2-xy+y^2}$$

① f_x, f_y とも商の形である．
② 定数とみなす変数に気をつけながらさらに偏微分すると

$$f_{xx} = (f_x)_x = \left(\frac{2x-y}{x^2-xy+y^2}\right)_x$$

$\left\{\dfrac{f(x)}{g(x)}\right\}' = \dfrac{f'(x)\cdot g(x) - f(x)\cdot g'(x)}{\{g(x)\}^2}$

$$= \frac{(2x-y)_x \cdot (x^2-xy+y^2) - (2x-y) \cdot (x^2-xy+y^2)_x}{(x^2-xy+y^2)^2}$$

$$= \frac{(2\cdot 1 - 0)(x^2-xy+y^2) - (2x-y)(2x-1\cdot y + 0)}{(x^2-xy+y^2)^2}$$

$$= \frac{2(x^2-xy+y^2) - (2x-y)(2x-y)}{(x^2-xy+y^2)^2} = \frac{(2x^2-2xy+2y^2) - (4x^2-4xy+y^2)}{(x^2-xy+y^2)^2}$$

$$= \frac{-2x^2+2xy+y^2}{(x^2-xy+y^2)^2}$$

$$f_{xy} = (f_x)_y = \left(\frac{2x-y}{x^2-xy+y^2}\right)_y$$

$$= \frac{(2x-y)_y \cdot (x^2-xy+y^2) - (2x-y) \cdot (x^2-xy+y^2)_y}{(x^2-xy+y^2)^2}$$

$$= \frac{(0-1) \cdot (x^2-xy+y^2) - (2x-y) \cdot (0 - x\cdot 1 + 2y)}{(x^2-xy+y^2)^2}$$

$$= \frac{-(x^2-xy+y^2) - (2x-y)(-x+2y)}{(x^2-xy+y^2)^2} = \frac{-(x^2-xy+y^2) - (-2x^2+5xy-2y^2)}{(x^2-xy+y^2)^2}$$

$$= \frac{x^2 - 4xy + y^2}{(x^2-xy+y^2)^2}$$

$$f_{yy} = (f_y)_y = \left(\frac{-x+2y}{x^2-xy+y^2}\right)_y$$

$$= \frac{(-x+2y)_y \cdot (x^2-xy+y^2) - (-x+2y) \cdot (x^2-xy+y^2)_y}{(x^2-xy+y^2)^2}$$

$$= \frac{(0+2\cdot 1) \cdot (x^2-xy+y^2) - (-x+2y) \cdot (0 - x\cdot 1 + 2y)}{(x^2-xy+y^2)^2}$$

$$= \frac{2(x^2-xy+y^2) - (-x+2y)(-x+2y)}{(x^2-xy+y^2)^2} = \frac{(2x^2-2xy+2y^2) - (x^2-4xy+4y^2)}{(x^2-xy+y^2)^2}$$

$$= \frac{x^2+2xy-2y^2}{(x^2-xy+y^2)^2}$$

● **演習 3.7**

① $\dfrac{\partial f}{\partial x}$, $\dfrac{\partial^2 f}{\partial x^2}$ を求める．

$$\frac{\partial f}{\partial x} = \frac{\partial}{\partial x}\left(\frac{x}{x^2+y^2}\right) \quad \cdots\cdots\cdots \text{ y は定数扱い}$$

$$= \frac{(x)_x \cdot (x^2+y^2) - x \cdot (x^2+y^2)_x}{(x^2+y^2)^2} = \frac{1 \cdot (x^2+y^2) - x(2x+0)}{(x^2+y^2)^2}$$

$$= \frac{x^2+y^2-2x^2}{(x^2+y^2)^2} = \frac{-x^2+y^2}{(x^2+y^2)^2}$$

$$\frac{\partial^2 f}{\partial x^2} = \frac{\partial}{\partial x}\left(\frac{\partial f}{\partial x}\right) = \frac{\partial}{\partial x}\left\{\frac{-x^2+y^2}{(x^2+y^2)^2}\right\} \quad \cdots\cdots \text{(y は定数扱い)}$$

$\dfrac{\partial^2 f}{\partial x^2}$ の分子 $= (-x^2+y^2)_x \cdot (x^2+y^2)^2 - (-x^2+y^2) \cdot \{(x^2+y^2)^2\}_x$

$$= (-2x+0)(x^2+y^2)^2 + (x^2-y^2)\{2(x^2+y^2)^1 \cdot (x^2+y^2)_x\}$$

$$= -2x(x^2+y^2)^2 + (x^2-y^2) \cdot 2(x^2+y^2) \cdot (2x+0)$$

$$= (x^2+y^2)\{-2x(x^2+y^2) + 4x(x^2-y^2)\}$$

$$= (x^2+y^2)(-2x^3-2xy^2+4x^3-4xy^2) = (x^2+y^2)(2x^3-6xy^2)$$

$\dfrac{\partial^2 f}{\partial x^2}$ の分母 $= (x^2+y^2)^4$

以上より

$$\frac{\partial^2 f}{\partial x^2} = \frac{(x^2+y^2)(2x^3-6xy^2)}{(x^2+y^2)^4} = \frac{2x^3-6xy^2}{(x^2+y^2)^3} = \frac{2x(x^2-3y^2)}{(x^2+y^2)^3}$$

[2] $\dfrac{\partial f}{\partial y}$, $\dfrac{\partial^2 f}{\partial y^2}$ を求める.

$$\frac{\partial f}{\partial y} = \frac{\partial}{\partial y}\left(\frac{x}{x^2+y^2}\right) \quad \cdots\cdots \text{(x は定数扱い)}$$

$$= x\frac{\partial}{\partial y}\left(\frac{1}{x^2+y^2}\right) = x\left\{-\frac{(x^2+y^2)_y}{(x^2+y^2)^2}\right\} = -x \cdot \frac{0+2y}{(x^2+y^2)^2} = -\frac{2xy}{(x^2+y^2)^2}$$

$$\frac{\partial^2 f}{\partial y^2} = \frac{\partial}{\partial y}\left(\frac{\partial f}{\partial y}\right) = \frac{\partial}{\partial y}\left\{-\frac{2xy}{(x^2+y^2)^2}\right\} \quad \cdots\cdots \text{(x は定数扱い)}$$

$$= -2x\frac{\partial}{\partial y}\left\{\frac{y}{(x^2+y^2)^2}\right\} = -2x \cdot \frac{(y)_y \cdot (x^2+y^2)^2 - y \cdot \{(x^2+y^2)^2\}_y}{\{(x^2+y^2)^2\}^2}$$

$$= -2x \cdot \frac{1 \cdot (x^2+y^2)^2 - y\{2(x^2+y^2)^1 \cdot (x^2+y^2)_y\}}{(x^2+y^2)^4}$$

$$= -2x \cdot \frac{(x^2+y^2)^2 - 2y(x^2+y^2)(0+2y)}{(x^2+y^2)^4}$$

$$= \frac{-2x(x^2+y^2)\{(x^2+y^2)-2y \cdot 2y\}}{(x^2+y^2)^4} = \frac{-2x(x^2-3y^2)}{(x^2+y^2)^3}$$

[3] 以上の結果より

$$\frac{\partial^2 f}{\partial x^2} + \frac{\partial^2 f}{\partial y^2} = \frac{2x(x^2-3y^2)}{(x^2+y^2)^3} + \frac{-2x(x^2-3y^2)}{(x^2+y^2)^3} = 0$$

となるので, $f(x,y)$ は調和関数である.

● 演習 3.8

(1) [1] f_x と f_y を求める.

$$f_x = \frac{1}{2\sqrt{1-(x^2+y^2)}} \cdot \{1-(x^2+y^2)\}_x$$

$$= \frac{1}{2\sqrt{1-(x^2+y^2)}}(0-2x-0) = \frac{-x}{\sqrt{1-(x^2+y^2)}}$$

$$f_y = \frac{1}{2\sqrt{1-(x^2+y^2)}} \cdot \{1-(x^2+y^2)\}_y$$

$$= \frac{1}{2\sqrt{1-(x^2+y^2)}}(0-0-2y) = \frac{-y}{\sqrt{1-(x^2+y^2)}}$$

② df をつくる．

$$df = \frac{-x}{\sqrt{1-(x^2+y^2)}}dx + \frac{-y}{\sqrt{1-(x^2+y^2)}}dy$$

> 通分して
> $-\dfrac{xdx+ydy}{\sqrt{1-(x^2+y^2)}}$
> と表すこともあります

(2) ① f_x と f_y を求める．

$$f_x = (\cos xy) \cdot (xy)_x = (\cos xy) y = y\cos xy$$
$$f_y = (\cos xy) \cdot (xy)_y = (\cos xy) x = x\cos xy$$

② df をつくる．

$$df = (y\cos xy)dx + (x\cos xy)dy$$

> 共通因子でくくり
> $(ydx+xdy)\cos xy$
> などと表すこともあります

●演習 3.9

(1) ① $\dfrac{\partial z}{\partial x}$, $\dfrac{\partial z}{\partial y}$ を求める．

$$\frac{\partial z}{\partial x} = (3x^2+2y^3-xy^2)_x = 6x+0-y^2 = 6x-y^2$$

$$\frac{\partial z}{\partial y} = (3x^2+2y^3-xy^2)_y = 0+6y^2-x\cdot 2y = 6y^2-2xy$$

② $x=1$, $y=1$ を代入して

$$\left.\frac{\partial z}{\partial x}\right|_{\substack{x=1\\y=1}} = 6\cdot 1 - 1^2 = 5, \qquad \left.\frac{\partial z}{\partial y}\right|_{\substack{x=1\\y=1}} = 6\cdot 1^2 - 2\cdot 1\cdot 1 = 4$$

③ $x=1$, $y=1$ のとき $z = 3\cdot 1^2 + 2\cdot 1^3 - 1\cdot 1^2 = 4$

④ 接平面の方程式は $z-4 = 5(x-1) + 4(y-1)$．これより $z = 5x+4y-5$

(2) ① 偏微分して

$$\frac{\partial z}{\partial x} = \{\cos(x-y)\}_x = -\sin(x-y)\cdot(x-y)_x = -\sin(x-y)\cdot(1-0) = -\sin(x-y)$$

$$\frac{\partial z}{\partial y} = \{\cos(x-y)\}_y = -\sin(x-y)\cdot(x-y)_y = -\sin(x-y)\cdot(0-1) = \sin(x-y)$$

② $x=\dfrac{\pi}{2}$, $y=\dfrac{\pi}{3}$ を代入して

$$\left.\frac{\partial z}{\partial x}\right|_{\substack{x=\frac{\pi}{2}\\y=\frac{\pi}{3}}} = -\sin\left(\frac{\pi}{2}-\frac{\pi}{3}\right) = -\sin\frac{\pi}{6} = -\frac{1}{2}$$

$$\left.\frac{\partial z}{\partial y}\right|_{\substack{x=\frac{\pi}{2}\\y=\frac{\pi}{3}}} = \sin\left(\frac{\pi}{2}-\frac{\pi}{3}\right) = \sin\frac{\pi}{6} = \frac{1}{2}$$

③ z の値は $z = \cos\left(\dfrac{\pi}{2}-\dfrac{\pi}{3}\right) = \cos\dfrac{\pi}{6} = \dfrac{\sqrt{3}}{2}$

④ これらより接平面の方程式は $z - \frac{\sqrt{3}}{2} = -\frac{1}{2}\left(x - \frac{\pi}{2}\right) + \frac{1}{2}\left(y - \frac{\pi}{3}\right)$,

$z - \frac{\sqrt{3}}{2} = -\frac{1}{2}x + \frac{1}{2}y + \frac{\pi}{12}$ ∴ $z = -\frac{1}{2}x + \frac{1}{2}y + \left(\frac{\sqrt{3}}{2} + \frac{\pi}{12}\right)$

● 演習 3.10

① x, y はそれぞれ u, v の1次式である.

② $\frac{\partial z}{\partial v}$ を求める公式をかくと

$$\frac{\partial z}{\partial v} = \frac{\partial z}{\partial x}\frac{\partial x}{\partial v} + \frac{\partial z}{\partial y}\frac{\partial y}{\partial v}$$

x と y の式を代入して

$$= \frac{\partial z}{\partial x}(2u - 3v)_v + \frac{\partial z}{\partial y}(3u + 2v)_v$$

$$= \frac{\partial z}{\partial x}(0 - 3\cdot 1) + \frac{\partial z}{\partial y}(0 + 2\cdot 1) = -3\frac{\partial z}{\partial x} + 2\frac{\partial z}{\partial y}$$

● 演習 3.11

変換式より

$\frac{\partial x}{\partial u} = 2$, $\frac{\partial y}{\partial u} = 3$, $\frac{\partial x}{\partial v} = -3$, $\frac{\partial y}{\partial v} = 2$

$\underline{\frac{\partial^2 z}{\partial u \partial v} について}$

① $\frac{\partial z}{\partial v} = Z$ とおくと

$$\frac{\partial^2 z}{\partial u \partial v} = \frac{\partial}{\partial u}\left(\frac{\partial z}{\partial v}\right) = \frac{\partial Z}{\partial u} = \frac{\partial Z}{\partial x}\frac{\partial x}{\partial u} + \frac{\partial Z}{\partial y}\frac{\partial y}{\partial u} \quad \cdots Ⓐ$$

② 前演習の結果を用いて

$$\frac{\partial Z}{\partial x} = \frac{\partial}{\partial x}\left(\frac{\partial z}{\partial v}\right) = \frac{\partial}{\partial x}\left(-3\frac{\partial z}{\partial x} + 2\frac{\partial z}{\partial y}\right) = -3\frac{\partial^2 z}{\partial x^2} + 2\frac{\partial^2 z}{\partial x \partial y}$$

$$\frac{\partial Z}{\partial y} = \frac{\partial}{\partial y}\left(\frac{\partial z}{\partial v}\right) = \frac{\partial}{\partial y}\left(-3\frac{\partial z}{\partial x} + 2\frac{\partial z}{\partial y}\right) = -3\frac{\partial^2 z}{\partial y \partial x} + 2\frac{\partial^2 z}{\partial y^2}$$

となるのでⒶに代入して

$$\frac{\partial^2 z}{\partial u \partial v} = \left(-3\frac{\partial^2 z}{\partial x^2} + 2\frac{\partial^2 z}{\partial x \partial y}\right)\cdot 2 + \left(-3\frac{\partial^2 z}{\partial y \partial x} + 2\frac{\partial^2 z}{\partial y^2}\right)\cdot 3$$

$$= \left(-6\frac{\partial^2 z}{\partial x^2} + 4\frac{\partial^2 z}{\partial x \partial y}\right) + \left(-9\frac{\partial^2 z}{\partial y \partial x} + 6\frac{\partial^2 z}{\partial y^2}\right) = -6\frac{\partial^2 z}{\partial x^2} - 5\frac{\partial^2 z}{\partial x \partial y} + 6\frac{\partial^2 z}{\partial y^2}$$

$\underline{\frac{\partial^2 z}{\partial v^2} について}$

① $\frac{\partial z}{\partial v} = Z$ とおくと

$$\frac{\partial^2 z}{\partial v^2} = \frac{\partial}{\partial v}\left(\frac{\partial z}{\partial v}\right) = \frac{\partial Z}{\partial v} = \frac{\partial Z}{\partial x}\frac{\partial x}{\partial v} + \frac{\partial Z}{\partial y}\frac{\partial y}{\partial v}$$

② 前に求めた結果を用いて

$$= \left(-3\frac{\partial^2 z}{\partial x^2}+2\frac{\partial^2 z}{\partial x \partial y}\right)\cdot(-3)+\left(-3\frac{\partial^2 z}{\partial y \partial x}+2\frac{\partial^2 z}{\partial y^2}\right)\cdot 2$$

$$=\left(9\frac{\partial^2 z}{\partial x^2}-6\frac{\partial^2 z}{\partial x \partial y}\right)+\left(-6\frac{\partial^2 z}{\partial y \partial x}+4\frac{\partial^2 z}{\partial y^2}\right)=9\frac{\partial^2 z}{\partial x^2}-12\frac{\partial^2 z}{\partial x \partial y}+4\frac{\partial^2 z}{\partial y^2}$$

● 演習 3.12

1 z_u, z_v を z_x, z_y で表す．

先に $\dfrac{\partial x}{\partial u}$, $\dfrac{\partial x}{\partial v}$, $\dfrac{\partial y}{\partial u}$, $\dfrac{\partial y}{\partial v}$ を求めておくと

$$\frac{\partial x}{\partial u}=\frac{\partial}{\partial u}(u\cos\alpha-v\sin\alpha)=1\cdot\cos\alpha-0=\cos\alpha$$

$$\frac{\partial x}{\partial v}=\frac{\partial}{\partial v}(u\cos\alpha-v\sin\alpha)=0-1\cdot\sin\alpha=-\sin\alpha$$

$$\frac{\partial y}{\partial u}=\frac{\partial}{\partial u}(u\sin\alpha+v\cos\alpha)=1\cdot\sin\alpha+0=\sin\alpha$$

$$\frac{\partial y}{\partial v}=\frac{\partial}{\partial v}(u\sin\alpha+v\cos\alpha)=0+1\cdot\cos\alpha=\cos\alpha$$

これらを使うと

$$z_u=\frac{\partial z}{\partial u}=\frac{\partial z}{\partial x}\frac{\partial x}{\partial u}+\frac{\partial z}{\partial y}\frac{\partial y}{\partial u}=z_x\cos\alpha+z_y\sin\alpha$$

$$z_v=\frac{\partial z}{\partial v}=\frac{\partial z}{\partial x}\frac{\partial x}{\partial v}+\frac{\partial z}{\partial y}\frac{\partial y}{\partial v}=z_x(-\sin\alpha)+z_y\cos\alpha=-z_x\sin\alpha+z_y\cos\alpha$$

2 以上より

$$z_u{}^2+z_v{}^2=(z_x\cos\alpha+z_y\sin\alpha)^2+(-z_x\sin\alpha+z_y\cos\alpha)^2$$
$$=z_x{}^2\cos^2\alpha+2z_xz_y\cos\alpha\sin\alpha+z_y{}^2\sin^2\alpha+z_x{}^2\sin^2\alpha-2z_xz_y\sin\alpha\cos\alpha+z_y{}^2\cos^2\alpha$$
$$=z_x{}^2(\cos^2\alpha+\sin^2\alpha)+z_y{}^2(\sin^2\alpha+\cos^2\alpha)=z_x{}^2\cdot 1+z_y{}^2\cdot 1=z_x{}^2+z_y{}^2$$

∴ $z_x{}^2+z_y{}^2=z_u{}^2+z_v{}^2$

● 演習 3.13

1 $f_x=f_y=0$ となる (x,y) を求める．

$f_x=(x^2+4y+2y^2-y^3)_x=2x+0+0-0=2x$

$f_y=(x^2+4y+2y^2-y^3)_y=0+4+4y-3y^2=-(3y^2-4y-4)=-(3y+2)(y-2)$

$f_x=f_y=0$ のとき

$2x=0$ and $(3y+2)(y-2)=0$ これより $x=0$ and $\left(y=-\dfrac{2}{3}\text{ or }y=2\right)$

ゆえに $\left(0,-\dfrac{2}{3}\right)$, $(0,2)$ が極値をとる候補である．

2 $\Delta(x,y)$ を計算する．

$f_{xx}=(f_x)_x=(2x)_x=2$

$f_{xy}=(f_x)_y=(2x)_y=0=f_{yx}$

$f_{yy}=(f_y)_y=(4+4y-3y^2)_y=0+4-6y=4-6y$

$\Delta(x,y)=\begin{vmatrix}f_{xx}&f_{xy}\\f_{yx}&f_{yy}\end{vmatrix}=\begin{vmatrix}2&0\\0&4-6y\end{vmatrix}=2\cdot(4-6y)-0\cdot 0=2\cdot 2(2-3y)=4(2-3y)$

3 1 で求めた2つの点について，極値の判定を行う．

- $(x, y) = \left(0, -\dfrac{2}{3}\right)$ のとき

  $\Delta\left(0, -\dfrac{2}{3}\right) = 4\left\{2 - 3\left(-\dfrac{2}{3}\right)\right\} = 4(2+2) = 16 > 0$ より，この点で極値をとる．

  $f_{xx}\left(0, -\dfrac{2}{3}\right) = 2 > 0$ より極小となり，極小値は

  $f\left(0, -\dfrac{2}{3}\right) = 0 + 4\left(-\dfrac{2}{3}\right) + 2\left(-\dfrac{2}{3}\right)^2 - \left(-\dfrac{2}{3}\right)^3 = 0 - \dfrac{8}{3} + \dfrac{8}{9} + \dfrac{8}{27} = -\dfrac{40}{27}$

- $(x, y) = (0, 2)$ のとき

  $\Delta(0, 2) = 4(2 - 3 \cdot 2) = -16 < 0$ より，この点では極値をとらない．

以上より，$\left(0, -\dfrac{2}{3}\right)$ において極小値 $-\dfrac{40}{27}$ をとる．

● 演習 3.14

1 $\varphi(x, y) = x^2 + y^2 - 1 = 0$ とおき

$F(x, y) = f(x, y) + \lambda\varphi(x, y) = x^3 + y^3 + \lambda(x^2 + y^2 - 1)$

とおく．

2 $F_x(x, y) = 3x^2 + 0 + \lambda(2x + 0 - 0) = 3x^2 + 2\lambda x$

$F_y(x, y) = 0 + 3y^2 + \lambda(0 + 2y - 0) = 3y^2 + 2\lambda y$

$F_\lambda(x, y) = 0 + 0 + 1 \cdot (x^2 + y^2 - 1) = x^2 + y^2 - 1$

$F_x(x, y) = F_y(x, y) = F_\lambda(x, y) = 0$ のとき

$\begin{cases} 3x^2 + 2\lambda x = 0 & \cdots Ⓐ \\ 3y^2 + 2\lambda y = 0 & \cdots Ⓑ \\ x^2 + y^2 - 1 = 0 & \cdots Ⓒ \end{cases}$

Ⓐより $x(3x + 2\lambda) = 0, \quad x = 0$ or $x = -\dfrac{2}{3}\lambda$

Ⓑより $y(3y + 2\lambda) = 0, \quad y = 0$ or $y = -\dfrac{2}{3}\lambda$

これらより (x, y) の次の4つの組合わせが考えられる．

$(0, 0), \quad \left(0, -\dfrac{2}{3}\lambda\right), \quad \left(-\dfrac{2}{3}\lambda, 0\right), \quad \left(-\dfrac{2}{3}\lambda, -\dfrac{2}{3}\lambda\right)$

- $(x, y) = (0, 0)$ のとき　Ⓒをみたさないので解ではない．

- $(x, y) = \left(0, -\dfrac{2}{3}\lambda\right)$ のとき

  Ⓒへ代入すると $0 + \left(\dfrac{2}{3}\lambda\right)^2 - 1 = 0, \quad \dfrac{4}{9}\lambda^2 = 1, \quad \lambda^2 = \dfrac{9}{4}, \quad \lambda = \pm\dfrac{3}{2}$

  このとき $(x, y) = (0, \mp 1)$　（λ と複号同順）

- $(x, y) = \left(-\dfrac{2}{3}\lambda, 0\right)$ のとき　Ⓒへ代入すると，同様に $\lambda = \pm\dfrac{3}{2}$

  このとき $(x, y) = (\mp 1, 0)$　（λ と複号同順）

- $(x, y) = \left(-\dfrac{2}{3}\lambda, -\dfrac{2}{3}\lambda\right)$ のとき

ⓒへ代入すると $\left(-\dfrac{2}{3}\lambda\right)^2+\left(-\dfrac{2}{3}\lambda\right)^2=1$, $2\times\dfrac{4}{9}\lambda^2=1$, $\lambda^2=\dfrac{9}{8}$, $\lambda=\pm\dfrac{3}{2\sqrt{2}}$

このとき $(x,y)=\left(\mp\dfrac{1}{\sqrt{2}},\mp\dfrac{1}{\sqrt{2}}\right)$ (複号同順)

以上より,次の6点が極値をとる候補である.

$(0,\pm1)$, $(\pm1,0)$, $\left(\pm\dfrac{1}{\sqrt{2}},\pm\dfrac{1}{\sqrt{2}}\right)$

各点での $f(x,y)$ の値を求めると

$f(0,\pm1)=0^3+(\pm1)^3=\pm1$ (複号同順)

$f(\pm1,0)=(\pm1)^3+0^3=\pm1$ (複号同順)

$f\left(\pm\dfrac{1}{\sqrt{2}},\pm\dfrac{1}{\sqrt{2}}\right)=\left(\pm\dfrac{1}{\sqrt{2}}\right)^3+\left(\pm\dfrac{1}{\sqrt{2}}\right)^3=\pm2\times\dfrac{1}{2\sqrt{2}}=\pm\dfrac{1}{\sqrt{2}}$ (複号同順)

③ 曲面 $f(x,y)=x^3+y^3$ を条件 $x^2+y^2=1$ のもとで考えると,曲面上に連続した閉じた輪がはりついている曲線を考えていることになるので,必ず最大値,最小値をとる.したがって

$(0,1)$ と $(1,0)$ で最大値(極大値) 1

$(0,-1)$ と $(-1,0)$ で最小値(極小値) -1

をとる.また

$\left(\dfrac{1}{\sqrt{2}},\dfrac{1}{\sqrt{2}}\right)$ で極小値 $\dfrac{1}{\sqrt{2}}$,

$\left(-\dfrac{1}{\sqrt{2}},-\dfrac{1}{\sqrt{2}}\right)$ で極大値 $-\dfrac{1}{\sqrt{2}}$

をとる.

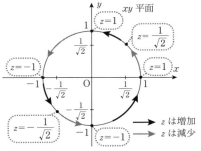

円柱面 $x^2+y^2=1$ 上にはりついている曲線と考えてもよい

総合演習3

問1 $\lim_{(x,y)\to(0,0)}f(x,y)=f(0,0)$ が成立すれば,$f(x,y)$ は $(0,0)$ で連続である.

$L=\lim_{(x,y)\to(0,0)}xy\sin\dfrac{1}{\sqrt{x^2+y^2}}$

を調べる.x^2+y^2 が入っているので,極座標

$x=r\cos\theta$, $y=r\sin\theta$

に変換してみると

$x^2+y^2=(r\cos\theta)^2+(r\sin\theta)^2=r^2\cos^2\theta+r^2\sin^2\theta=r^2(\cos^2\theta+\sin^2\theta)=r^2$

$(x,y)\to(0,0)$ のとき $r\to0$ なので

$L=\lim_{r\to0}(r\cos\theta)(r\sin\theta)\sin\dfrac{1}{\sqrt{r^2}}=\lim_{r\to0}r^2\sin\theta\cos\theta\sin\dfrac{1}{|r|}$

ここで絶対値をとって考えてみると

$0\leq\left|r^2\sin\theta\cos\theta\cdot\sin\dfrac{1}{|r|}\right|=r^2|\sin\theta|\cdot|\cos\theta|\cdot\left|\sin\dfrac{1}{|r|}\right|\leq r^2\cdot1\cdot1\cdot1=r^2$

$$\therefore \quad 0 \leq |L| \leq \lim_{r \to 0} r^2 = 0, \qquad L = 0$$

一方，$f(x,y)$ の定義より，$f(0,0) = 0$ なので
$$\lim_{(x,y) \to (0,0)} f(x,y) = f(0,0) = 0$$
が成立した．これより $f(x,y)$ は $(0,0)$ で連続である．

問2 (1) 先に f_x と f_y を求める．
$$\begin{aligned}
f_x &= \{e^{-(x+y)}\sin(x-y)\}_x \quad \bullet\text{------} \quad \text{積の微分公式} \\
&= \{e^{-(x+y)}\}_x \cdot \sin(x-y) + e^{-(x+y)} \cdot \{\sin(x-y)\}_x \\
&= \{-e^{-(x+y)} \cdot (x+y)_x\}\sin(x-y) + e^{-(x+y)}\{\cos(x-y) \cdot (x-y)_x\} \\
&= -e^{-(x+y)} \cdot 1 \cdot \sin(x-y) + e^{-(x+y)} \cdot \cos(x-y) \cdot 1 \\
&= -e^{-(x+y)}\{\sin(x-y) - \cos(x-y)\}
\end{aligned}$$
$$\begin{aligned}
f_y &= \{e^{-(x+y)}\sin(x-y)\}_y \quad \bullet\text{------} \quad \text{積の微分公式} \\
&= \{e^{-(x+y)}\}_y \cdot \sin(x-y) + e^{-(x+y)} \cdot \{\sin(x-y)\}_y \\
&= \{-e^{-(x+y)} \cdot (x+y)_y\}\sin(x-y) + e^{-(x+y)}\{\cos(x-y) \cdot (x-y)_y\} \\
&= -e^{-(x+y)} \cdot 1 \cdot \sin(x-y) + e^{-(x+y)} \cdot \cos(x-y) \cdot (-1) \\
&= -e^{-(x+y)}\{\sin(x-y) + \cos(x-y)\}
\end{aligned}$$
以上より
$$\begin{aligned}
df &= f_x\,dx + f_y\,dy \\
&= -e^{-(x+y)}\{\sin(x-y) - \cos(x-y)\}dx - e^{-(x+y)}\{\sin(x-y) + \cos(x-y)\}dy
\end{aligned}$$

(2) $(x,y) = (0,0)$ のとき
$$f(0,0) = e^{-(0+0)}\sin(0-0) = e^0 \sin 0 = 1 \cdot 0 = 0$$
$$f_x(0,0) = e^{-(0+0)}\{-\sin(0-0) + \cos(0-0)\} = e^0(-\sin 0 + \cos 0) = 1 \cdot (-0+1) = 1$$
$$f_y(0,0) = e^{-(0+0)}\{\sin(0+0) + \cos(0-0)\} = e^0(\sin 0 + \cos 0) = 1 \cdot (0+1) = 1$$
以上より，接平面の方程式をつくると
$$z - 0 = 1 \cdot (x-0) + 1 \cdot (y-0) \quad \text{これより} \quad z = x + y$$

問3 (1) $5x^2 - 2xy + 2y^2 = 18 \quad \cdots \text{Ⓐ}$
を y について解いてみると
$$2y^2 - 2xy + (5x^2 - 18) = 0$$
解の公式を使って
$$\begin{aligned}
y &= \frac{-(-x) \pm \sqrt{(-x)^2 - 2 \cdot (5x^2 - 18)}}{2} \\
&= \frac{1}{2}(x \pm \sqrt{x^2 - 10x^2 + 36}) \\
&= \frac{1}{2}(x \pm \sqrt{36 - 9x^2}) = \frac{1}{2}(x \pm 3\sqrt{4-x^2})
\end{aligned}$$
$$\therefore \quad y = \frac{1}{2}x \pm \frac{3}{2}\sqrt{4-x^2} \quad \cdots \text{Ⓑ}$$
つまり，Ⓐで表された関数は

$$\begin{cases} y_1 = \dfrac{1}{2}x & \text{(直線)} \\ y_2 = \pm \dfrac{3}{2}\sqrt{4-x^2} & \text{(楕円)} \end{cases}$$

の2つの関数の和になっている．
y_2 の方を2乗して変形すると

$$y_2^2 = \dfrac{9}{4}(4-x^2), \quad y_2^2 = 9 - \dfrac{9}{4}x^2,$$

$$\dfrac{x^2}{4} + \dfrac{y_2^2}{9} = 1$$

このことより，C を描くと右のような曲線である．

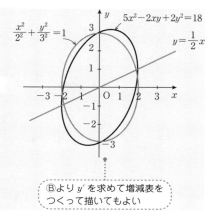

Ⓑより y' を求めて増減表をつくって描いてもよい

(2) $L(x,y)$ は $(0,0)$ と (x,y) の距離なので
$$L(x,y) = \sqrt{x^2+y^2}$$
となる．
$$f(x,y) = \{L(x,y)\}^2 = x^2 + y^2$$
とおくと，$f(x,y)$ の最大値，最小値を求める問題は
条件 $\varphi(x,y) = 5x^2 - 2xy + 2y^2 - 18 = 0$
のもとで
$$f(x,y) = x^2 + y^2$$

の最大値，最小値を求めるという"条件付極値問題"となるので，ラグランジュの未定乗数法で求めることができる．$L(x,y)$ は原点から閉じた曲線上の点までの距離なので，$f(x,y)$ の最大値，最小値は必ず存在する．

・$F(x,y) = f(x,y) + \lambda\varphi(x,y) = (x^2+y^2) + \lambda(5x^2 - 2xy + 2y^2 - 18)$
とおいて，F_x, F_y, F_λ を求めると
$F_x = (x^2+y^2)_x + \lambda(5x^2-2xy+2y^2-18)_x = 2x + \lambda(10x-2y) = 2(x+5\lambda x - \lambda y)$
$F_y = (x^2+y^2)_y + \lambda(5x^2-2xy+2y^2-18)_y = 2y + \lambda(-2x+4y) = 2(y-\lambda x + 2\lambda y)$
$F_\lambda = (x^2+y^2)_\lambda + \{\lambda(5x^2-2xy+2y^2-18)\}_\lambda = 5x^2 - 2xy + 2y^2 - 18$

・$F_x = F_y = F_\lambda = 0$ とおくと

$$\begin{cases} x + 5\lambda x - \lambda y = 0 \\ y - \lambda x + 2\lambda y = 0 \\ 5x^2 - 2xy + 2y^2 - 18 = 0 \end{cases} \quad \text{かき直して} \quad \begin{cases} (1+5\lambda)x - \lambda y = 0 & \cdots Ⓒ \\ -\lambda x + (1+2\lambda)y = 0 & \cdots Ⓓ \\ 5x^2 - 2xy + 2y^2 - 18 = 0 & \cdots Ⓔ \end{cases}$$

この連立方程式の解を $x = p, y = q, \lambda = \lambda_0$ とすると
$$(x,y) = (p,q)$$
が最大値，最小値をとる点の候補となる．

Ⓒ$\times(1+2\lambda)$ より $(1+5\lambda)(1+2\lambda)x - \lambda(1+2\lambda)y = 0$ $\cdots$ Ⓕ
Ⓓ$\times\lambda$ より $-\lambda^2 x + \lambda(1+2\lambda)y = 0$ $\cdots$ Ⓖ
Ⓕ+Ⓖ より $\{(1+5\lambda)(1+2\lambda) - \lambda^2\}x = 0,$ $(1+5\lambda)(1+2\lambda) - \lambda^2 = 0$ or $x=0$ $\cdots$ Ⓗ
Ⓒ$\times\lambda$+Ⓔ$\times(1+5\lambda)$ より，同様にして $\{-\lambda^2 + (1+2\lambda)(1+5\lambda)\}y = 0$
これより $-\lambda^2 + (1+2\lambda)(1+5\lambda) = 0$ or $y=0$ $\cdots$ Ⓘ

Ⓔより $(x, y) \neq (0, 0)$ なので，Ⓗ，Ⓘより必ず
$$(1+2\lambda)(1+5\lambda) - \lambda^2 = 0 \quad \cdots \text{Ⓙ}$$
が成立する．

> 実はⒿの左辺は，連立1次方程式ⒸⒹの係数からなる行列式
> $\begin{vmatrix} 1+5\lambda & -\lambda \\ -\lambda & 1+2\lambda \end{vmatrix}$
> となっています

これより
$$1 + 7\lambda + 10\lambda^2 - \lambda^2 = 0, \quad 9\lambda^2 + 7\lambda + 1 = 0$$
解を λ_0 とすると，解の公式より
$$\lambda_0 = \frac{-7 \pm \sqrt{7^2 - 4 \cdot 9 \cdot 1}}{2 \cdot 9} = \frac{-7 \pm \sqrt{49 - 36}}{18} = \frac{-7 \pm \sqrt{13}}{18}$$
また，解 $x = p$, $y = q$, $\lambda = \lambda_0$ をⒸⒹⒺへ代入すると
$$\begin{cases} (1+5\lambda_0)p - \lambda_0 q = 0 & \cdots \text{Ⓒ}' \\ -\lambda_0 p + (1+2\lambda_0)q = 0 & \cdots \text{Ⓓ}' \\ 5p^2 - 2pq + 2q^2 - 18 = 0 & \cdots \text{Ⓔ}' \end{cases}$$
知りたいのは $f(x, y)$ の最大値と最小値なので
$$f(p, q) = p^2 + q^2$$
の値をこれらより求めてみる．

Ⓒ$' \times p$ より $(1+5\lambda_0)p^2 - \lambda_0 pq = 0$
Ⓓ$' \times q$ より $-\lambda_0 pq + (1+2\lambda_0)q^2 = 0$

辺々加えると
$$(1+5\lambda_0)p^2 + (1+2\lambda_0)q^2 - 2\lambda_0 pq = 0, \quad (p^2 + q^2) + \lambda_0(5p^2 - 2pq + 2q^2) = 0$$
Ⓔ$'$ を代入して
$$p^2 + q^2 + \lambda_0 \cdot 18 = 0, \quad p^2 + q^2 = -18\lambda_0 = -18\left(\frac{-7 \pm \sqrt{13}}{18}\right) = 7 \mp \sqrt{13}$$
$$\therefore \quad f(p, q) = p^2 + q^2 = 7 \mp \sqrt{13}$$
これより次のように求まった．
最大値 $= 7 + \sqrt{13}$,　最小値 $= 7 - \sqrt{13}$

> (p, q) を求めなくても，最大値，最小値は λ_0 の値で求まります

問 4　合成関数の微分公式を使って
$$\frac{\partial^2 f}{\partial x^2}, \quad \frac{\partial^2 f}{\partial x \partial y}, \quad \frac{\partial^2 f}{\partial y^2}$$
を u, v に関する偏微分に直す．

はじめに，$\dfrac{\partial u}{\partial x}, \dfrac{\partial u}{\partial y}, \dfrac{\partial v}{\partial x}, \dfrac{\partial v}{\partial y}$ を求めておくと

$$\frac{\partial u}{\partial x} = (x-y)_x = 1, \quad \frac{\partial u}{\partial y} = (x-y)_y = -1, \quad \frac{\partial v}{\partial x} = (4x)_x = 4, \quad \frac{\partial v}{\partial y} = (4x)_y = 0$$

となる．これらを使って
$$\frac{\partial f}{\partial x} = \frac{\partial f}{\partial u}\frac{\partial u}{\partial x} + \frac{\partial f}{\partial v}\frac{\partial v}{\partial x} = \frac{\partial f}{\partial u} \cdot 1 + \frac{\partial f}{\partial v} \cdot 4 = \frac{\partial f}{\partial u} + 4\frac{\partial f}{\partial v}$$
$$\frac{\partial^2 f}{\partial x^2} = \frac{\partial}{\partial x}\left(\frac{\partial f}{\partial x}\right) = \frac{\partial}{\partial x}\left(\frac{\partial f}{\partial u} + 4\frac{\partial f}{\partial v}\right) = \frac{\partial}{\partial u}\left(\frac{\partial f}{\partial u} + 4\frac{\partial f}{\partial v}\right)\frac{\partial u}{\partial x} + \frac{\partial}{\partial v}\left(\frac{\partial f}{\partial u} + 4\frac{\partial f}{\partial v}\right)\frac{\partial v}{\partial x}$$
$$= \left(\frac{\partial^2 f}{\partial u^2} + 4\frac{\partial^2 f}{\partial u \partial v}\right) \cdot 1 + \left(\frac{\partial^2 f}{\partial v \partial u} + 4\frac{\partial^2 f}{\partial v^2}\right) \cdot 4 = \frac{\partial^2 f}{\partial u^2} + 8\frac{\partial^2 f}{\partial u \partial v} + 16\frac{\partial^2 f}{\partial v^2}$$

$$\frac{\partial^2 f}{\partial y \partial x} = \frac{\partial}{\partial y}\left(\frac{\partial f}{\partial x}\right) = \frac{\partial}{\partial y}\left(\frac{\partial f}{\partial u} + 4\frac{\partial f}{\partial v}\right)$$

$$= \frac{\partial}{\partial u}\left(\frac{\partial f}{\partial u} + 4\frac{\partial f}{\partial v}\right)\frac{\partial u}{\partial y} + \frac{\partial}{\partial v}\left(\frac{\partial f}{\partial u} + 4\frac{\partial f}{\partial v}\right)\frac{\partial v}{\partial y}$$

$$= \left(\frac{\partial^2 f}{\partial u^2} + 4\frac{\partial^2 f}{\partial u \partial v}\right) \cdot (-1) + 0 = -\frac{\partial^2 f}{\partial u^2} - 4\frac{\partial^2 f}{\partial u \partial v}$$

$$\frac{\partial f}{\partial y} = \frac{\partial f}{\partial u}\frac{\partial u}{\partial y} + \frac{\partial f}{\partial v}\frac{\partial v}{\partial y} = \frac{\partial f}{\partial u} \cdot (-1) + \frac{\partial f}{\partial v} \cdot 0 = -\frac{\partial f}{\partial u}$$

$$\frac{\partial^2 f}{\partial y^2} = \frac{\partial}{\partial y}\left(\frac{\partial f}{\partial y}\right) = \frac{\partial}{\partial y}\left(-\frac{\partial f}{\partial u}\right) = -\frac{\partial}{\partial y}\left(\frac{\partial f}{\partial u}\right)$$

$$= -\left\{\frac{\partial}{\partial u}\left(\frac{\partial f}{\partial u}\right)\frac{\partial u}{\partial y} + \frac{\partial}{\partial v}\left(\frac{\partial f}{\partial u}\right)\frac{\partial v}{\partial y}\right\} = -\left\{\frac{\partial^2 f}{\partial u^2} \cdot (-1) + \frac{\partial^2 f}{\partial v \partial u} \cdot 0\right\} = \frac{\partial^2 f}{\partial u^2}$$

以上より

$$\frac{\partial^2 f}{\partial x^2} = \frac{\partial^2 f}{\partial u^2} + 8\frac{\partial^2 f}{\partial u \partial v} + 16\frac{\partial^2 f}{\partial v^2}$$

$$\frac{\partial^2 f}{\partial x \partial y} = -\frac{\partial^2 f}{\partial u^2} - 4\frac{\partial^2 f}{\partial u \partial v}$$

$$\frac{\partial^2 f}{\partial y^2} = \frac{\partial^2 f}{\partial u^2}$$

が得られたので，偏微分方程式へ代入すると

$$\left(\frac{\partial^2 f}{\partial u^2} + 8\frac{\partial^2 f}{\partial u \partial v} + 16\frac{\partial^2 f}{\partial v^2}\right) + 2\left(-\frac{\partial^2 f}{\partial u^2} - 4\frac{\partial^2 f}{\partial u \partial v}\right) + 17\left(\frac{\partial^2 f}{\partial u^2}\right) = 0$$

同じ項をまとめて

$$16\frac{\partial^2 f}{\partial u^2} + 16\frac{\partial^2 f}{\partial v^2} = 0$$

$$\frac{\partial^2 f}{\partial u^2} + \frac{\partial^2 f}{\partial v^2} = 0$$

> 楕円型偏微分方程式の標準形と呼ばれている式に変換され，f は u, v に関して調和関数になっていることがわかりました

第4章 重積分

● 演習 4.1

(1) ① 式を見ながら
$D = \{(x, y) \mid 1 \leq x \leq 3,\ 0 \leq y \leq 2\}$
これを図示すると右図のようになる．

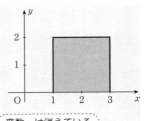

② { } の中は y を定数とみなし x で積分して

与式 $= \int_0^2 \left[\dfrac{1}{2} x^2 y + x \right]_1^3 dy$ （x に値を代入）

$= \int_0^2 \left\{ \left(\dfrac{1}{2} \cdot 3^2 y + 3 \right) - \left(\dfrac{1}{2} \cdot 1^2 y + 1 \right) \right\} dy$

$= \int_0^2 \left\{ \left(\dfrac{9}{2} y + 3 \right) - \left(\dfrac{1}{2} y + 1 \right) \right\} dy = \int_0^2 (4y + 2)\, dy$ （変数 x は消えている）

③ $= \left[\dfrac{4}{2} y^2 + 2y \right]_0^2 = \left[2y^2 + 2y \right]_0^2 = (8 + 4) - (0 + 0) = 12$

(2) ① 式を見ながら
$D = \{(x, y) \mid 0 \leq y \leq 2x,\ 0 \leq x \leq 1\}$
となる．D は
$0 \leq y \leq 2x$ より $y \geq 0$ かつ直線 $y = 2x$ の下側
$0 \leq x \leq 1$ より 2直線 $x = 0,\ x = 1$ にはさまれた部分
なので右図の三角形の領域である．

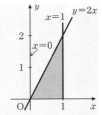

② { } の中は x を定数とみなすので $(x+1)$ は定数として y で積分すると

与式 $= \int_0^1 \left[(x+1) \left(\dfrac{1}{2} y^2 - y \right) \right]_0^{2x} dx$ （y に値を代入）

$= \int_0^1 (x+1) \left[\left\{ \dfrac{1}{2} \cdot (2x)^2 - 2x \right\} - (0 - 0) \right] dx$

$= \int_0^1 (x+1)(2x^2 - 2x)\, dx = 2 \int_0^1 x(x+1)(x-1)\, dx$ （変数 y は消えている）

③ 展開して積分すると

$= 2 \int_0^1 (x^3 - x)\, dx = 2 \left[\dfrac{1}{4} x^4 - \dfrac{1}{2} x^2 \right]_0^1 = 2 \left\{ \left(\dfrac{1}{4} - \dfrac{1}{2} \right) - (0 - 0) \right\} = -\dfrac{1}{2}$

● 演習 4.2

(1) ① D を図示する．

境界は $x^2 = y,\ y = \dfrac{2}{x+1},\ x = 0$ なので，

それぞれのグラフを描き，領域を求めると右図の■部分となる．

② 図を見ながら累次積分に直す．
$0 \leq x \leq 1$ の範囲で，x を定数とみなすと
$x^2 \leq y \leq \dfrac{2}{x+1}$

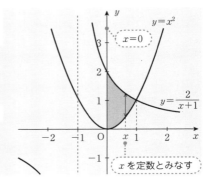

なので

$$\text{与式} = \int_0^1 \left\{ \int_{x^2}^{\frac{2}{x+1}} (x+1)\, dy \right\} dx$$

③ 計算する． x は定数扱い, y で積分

$$\text{与式} = \int_0^1 \left[(x+1)y \right]_{x^2}^{\frac{2}{x+1}} dx = \int_0^1 (x+1)\left[y\right]_{x^2}^{\frac{2}{x+1}} dx$$

$$= \int_0^1 (x+1)\left(\frac{2}{x+1} - x^2\right) dx = \int_0^1 \{2 - x^2(x+1)\} dx = \int_0^1 (2 - x^3 - x^2)\, dx$$

$$= \left[2x - \frac{1}{4}x^4 - \frac{1}{3}x^3\right]_0^1 = 2 - \frac{1}{4} - \frac{1}{3} = \frac{17}{12}$$

$0 \leq y \leq 2$ で y を先に定数とみなすと，累次積分は次のように2つに分かれます．
$$\text{与式} = \int_0^1 \left\{\int_0^{\sqrt{y}}(x+1)dx\right\}dy + \int_1^2 \left\{\int_0^{\frac{2}{y}-1}(x+1)dx\right\}dy$$

(2) ① D を図示する．

境界は
$$x+y=2, \quad x+y^2=4 \ (x=4-y^2), \quad y=0$$
これらのグラフを描いて領域を調べると右図の ▨ 部分となる．

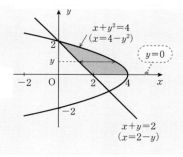

② 図を見ながら累次積分に直す．
$0 \leq y \leq 2$ の範囲で y を先に定数とみなすと
$$2-y \leq x \leq 4-y^2$$
となるので
$$\text{与式} = \int_0^2 \left\{\int_{2-y}^{4-y^2}(x+y)dx\right\}dy$$

③ 計算する． y は定数扱い, x で積分

$$\text{与式} = \int_0^2 \left[\frac{1}{2}x^2 + yx\right]_{2-y}^{4-y^2} dy \quad \text{これらを } x \text{ に代入}$$

$$= \int_0^2 \left[\frac{1}{2}\{(4-y^2)^2 - (2-y)^2\} + y\{(4-y^2) - (2-y)\}\right] dy$$

$$= \int_0^2 \left\{\frac{1}{2}(y^4 - 9y^2 + 4y + 12) - y^3 + y^2 + 2y\right\} dy$$

$$= \int_0^2 \left(\frac{1}{2}y^4 - y^3 - \frac{7}{2}y^2 + 4y + 6\right) dy = \left[\frac{1}{10}y^5 - \frac{1}{4}y^4 - \frac{7}{6}y^3 + 2y^2 + 6y\right]_0^2$$

$$= \frac{1}{10}\cdot 2^5 - \frac{1}{4}\cdot 2^4 - \frac{7}{6}\cdot 2^3 + 2\cdot 2^2 + 6\cdot 2 = \frac{2^4}{5} - 2^2 - \frac{7}{3}\cdot 2^2 + 2^3 + 3\cdot 2^2$$

$$= 2^2\left(\frac{2^2}{5} - 1 - \frac{7}{3} + 2 + 3\right) = 4\left(\frac{4}{5} - \frac{7}{3} + 4\right) = 4\cdot\frac{12 - 35 + 60}{15} = 4\cdot\frac{37}{15} = \frac{148}{15}$$

$0 \leq x \leq 4$ で x を先に定数とみなすと，累次積分は次のように2つに分かれます．
$$\text{与式} = \int_0^2 \left\{\int_{2-x}^{\sqrt{4-x}}(x+y)dy\right\}dx + \int_2^4 \left\{\int_0^{\sqrt{4-x}}(x+y)dy\right\}dx$$

●演習 4.3

(1) この順序のまま積分しようとすると複雑になる．

① 式より
$$D = \{(x, y) \mid 0 \leqq y \leqq 1,\ y^2 \leqq x \leqq 1\}$$
となり，図示すると右図の ▨ の部分となる．

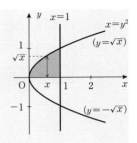

② x の範囲は $0 \leqq x \leqq 1$．この範囲で x を定数とみなすと，y の動ける範囲は $0 \leqq y \leqq \sqrt{x}$ となるので
$$与式 = \int_0^1 \left\{ \int_0^{\sqrt{x}} \frac{y}{\sqrt{1+x^2}} dy \right\} dx$$

③ 計算する．
$\{\ \}$ の中は x は定数扱いなので
$$与式 = \int_0^1 \frac{1}{\sqrt{1+x^2}} \left\{ \int_0^{\sqrt{x}} y\, dy \right\} dx = \int_0^1 \frac{1}{\sqrt{1+x^2}} \left[\frac{1}{2} y^2 \right]_0^{\sqrt{x}} dx$$
$$= \int_0^1 \frac{1}{\sqrt{1+x^2}} \cdot \frac{1}{2}(\sqrt{x}^2 - 0^2) dx = \frac{1}{2} \int_0^1 \frac{x}{\sqrt{1+x^2}} dx$$

ここで $\sqrt{1+x^2} = t$ とおくと，$1+x^2 = t^2$
$$2x = 2t \frac{dt}{dx}, \quad x\, dx = t\, dt, \quad x: 0 \longrightarrow 1 \text{ のとき } t: 1 \longrightarrow \sqrt{2}$$
$$与式 = \frac{1}{2} \int_0^1 \frac{1}{\sqrt{1+x^2}} \cdot x\, dx = \frac{1}{2} \int_1^{\sqrt{2}} \frac{1}{t} \cdot t\, dt$$
$$= \frac{1}{2} \int_1^{\sqrt{2}} 1\, dt = \frac{1}{2} \left[t \right]_1^{\sqrt{2}} = \frac{1}{2}(\sqrt{2} - 1)$$

(2) このままの順序で積分するのは大変である．

① $D = \left\{ (x, y) \mid 0 \leqq x \leqq 1,\ \sin^{-1} x \leqq y \leqq \frac{\pi}{2} \right\}$
となるので，D は右図のような領域である．

② $0 \leqq y \leqq \frac{\pi}{2}$ より，この範囲で先に y を定数とみなすと，x の範囲は $0 \leqq x \leqq \sin y$．
ゆえに
$$与式 = \int_0^{\frac{\pi}{2}} \left\{ \int_0^{\sin y} \cos^4 y\, dx \right\} dy$$

③ 計算する．$\{\ \}$ の中では y は定数扱いなので
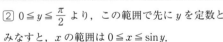
$$= \int_0^{\frac{\pi}{2}} \cos^4 y \left\{ \int_0^{\sin y} 1\, dx \right\} dy = \int_0^{\frac{\pi}{2}} \cos^4 y \cdot \left[x \right]_0^{\sin y} dy$$
$$= \int_0^{\frac{\pi}{2}} \cos^4 y (\sin y - 0)\, dy = \int_0^{\frac{\pi}{2}} \cos^4 y \sin y\, dy = \int_0^{\frac{\pi}{2}} (\cos y)^4 \sin y\, dy$$

ここで，$\cos y = t$ とおくと
$$-\sin y\, dy = dt, \quad \sin y\, dy = (-1)\, dt, \quad y: 0 \longrightarrow \frac{\pi}{2} \text{ のとき } t: 1 \longrightarrow 0$$
より
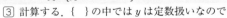
$$与式 = \int_1^0 t^4 (-1)\, dt = -\int_1^0 t^4\, dt = -\left[\frac{1}{5} t^5 \right]_1^0 = -\frac{1}{5}(0^5 - 1^5) = \frac{1}{5}$$

●演習 4.4

① D は右図のような円の上半分の領域である.
② D を (r, θ) 領域 E にかき直すと
$$E = \{(r, \theta) \mid 0 \leq r \leq \sqrt{2},\ 0 \leq \theta \leq \pi\}$$
③ 与式を (r, θ) の重積分にかき直して

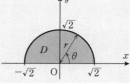

$$\text{与式} = \iint_E r\sin\theta \cdot r\,drd\theta = \iint_E r^2 \sin\theta\,drd\theta$$

④ 累次積分に直して値を求める(r と θ のどちらから先に積分してもよい).

$$= \int_0^\pi \left\{\int_0^{\sqrt{2}} r^2 \sin\theta\,dr\right\} d\theta$$
$$= \int_0^\pi \left[\frac{1}{3}r^3\right]_0^{\sqrt{2}} \sin\theta\,d\theta$$
$$= \int_0^\pi \frac{2}{3}\sqrt{2}\sin\theta\,d\theta = \frac{2}{3}\sqrt{2}\left[-\cos\theta\right]_0^\pi$$
$$= -\frac{2}{3}\sqrt{2}\left[\cos\theta\right]_0^\pi = -\frac{2}{3}\sqrt{2}(\cos\pi - \cos 0)$$

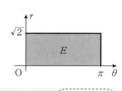

$\cos 0 = 1$
$\cos \pi = -1$

$$= -\frac{2}{3}\sqrt{2}(-1-1) = \frac{4}{3}\sqrt{2}$$

●演習 4.5

(1) ① D を図示すると右図のようになる.
② $x = r\cos\theta,\ y = r\sin\theta$ とおくと, D は次の (r, θ) の領域 E に対応する.
$$E = \left\{(r, \theta) \mid 0 \leq r \leq 1,\ 0 \leq \theta \leq \frac{\pi}{4}\right\}$$
③ 式を変換すると, $x^2 + y^2 = r^2$ より

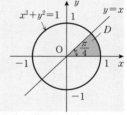

$$\text{与式} = \iint_E e^{\sqrt{r^2}} r\,drd\theta = \iint_E re^r\,drd\theta$$

④ 累次積分に直す. E は長方形領域なので, r, θ のどちらから先に積分してもよい.

$$\text{与式} = \int_0^1 \left\{\int_0^{\frac{\pi}{4}} re^r\,d\theta\right\} dr$$
$$= \int_0^1 re^r \left\{\int_0^{\frac{\pi}{4}} 1\,d\theta\right\} dr$$
$$= \left\{\int_0^1 re^r\,dr\right\} \cdot \left\{\int_0^{\frac{\pi}{4}} 1\cdot d\theta\right\}$$

r は定数扱い
定積分の結果は定数
2つの積分に分離された

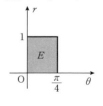

r の積分は部分積分を使って
$$\int re^r\,dr = re^r - \int 1\cdot e^r\,dr = re^r - e^r + C$$
となるので
$$\text{与式} = \left[re^r - e^r\right]_0^1 \cdot \left[\theta\right]_0^{\frac{\pi}{4}} = \{(1\cdot e^1 - e^1) - (0 - e^0)\}\left(\frac{\pi}{4} - 0\right) = e^0 \cdot \frac{\pi}{4} = 1\cdot\frac{\pi}{4} = \frac{\pi}{4}$$

(2) ①　D を図示すると右図のようになる．

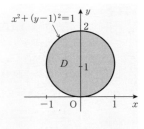

②　$x^2+(y-1)^2=1$ に
$$x=r\cos\theta,\quad y=r\sin\theta$$
を代入し，極方程式に直す．
$(r\cos\theta)^2+(r\sin\theta-1)^2=1$
$r^2\cos^2\theta+(r^2\sin^2\theta-2r\sin\theta+1)=1$
$r^2(\cos^2\theta+\sin^2\theta)-2r\sin\theta=0,\quad r^2\cdot 1-2r\sin\theta=0,$
$r(r-2\sin\theta)=0,\quad r\neq 0 \text{ より } r=2\sin\theta$
ゆえに，D を (r,θ) の領域にかき直すと
$$E=\{(r,\theta)\mid 0\leqq\theta\leqq\pi,\ 0\leqq r\leqq 2\sin\theta\}$$

　長方形領域にはなりません！

となる．

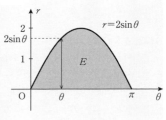

③　式を (r,θ) の重積分に直すと
$$\text{与式}=\iint_E r\sin\theta\cdot r\,drd\theta=\iint_E r^2\sin\theta\,drd\theta$$

④　累次積分に直す．
E を (θ,r) の直交座標で描くと右図のようになる．
先に θ を定数と思い r で積分すると
$$\text{与式}=\int_0^\pi\left\{\int_0^{2\sin\theta}r^2\sin\theta\,dr\right\}d\theta$$
$$=\int_0^\pi\sin\theta\left\{\int_0^{2\sin\theta}r^2\,dr\right\}d\theta$$
$$=\int_0^\pi\sin\theta\left[\frac{1}{3}r^3\right]_0^{2\sin\theta}d\theta$$
$$=\frac{1}{3}\int_0^\pi\sin\theta\{(2\sin\theta)^3-0^3\}d\theta=\frac{8}{3}\int_0^\pi\sin^4\theta\,d\theta$$

倍角公式を2回使って積分できる形にする．

$$=\frac{8}{3}\int_0^\pi(\sin^2\theta)^2d\theta=\frac{8}{3}\int_0^\pi\left\{\frac{1}{2}(1-\cos 2\theta)\right\}^2d\theta$$

　倍角公式
$\sin^2\theta=\dfrac{1}{2}(1-\cos 2\theta)$
$\cos^2\theta=\dfrac{1}{2}(1+\cos 2\theta)$

$$=\frac{8}{3}\cdot\frac{1}{4}\int_0^\pi(1-\cos 2\theta)^2d\theta$$
$$=\frac{2}{3}\int_0^\pi(1-2\cos 2\theta+\cos^2 2\theta)d\theta$$
$$=\frac{2}{3}\int_0^\pi\left\{1-2\cos 2\theta+\frac{1}{2}(1+\cos 4\theta)\right\}d\theta$$
$$=\frac{2}{3}\int_0^\pi\left(\frac{3}{2}-2\cos 2\theta+\frac{1}{2}\cos 4\theta\right)d\theta$$　　積分できる形になった
$$=\frac{2}{3}\cdot\frac{1}{2}\int_0^\pi(3-4\cos 2\theta+\cos 4\theta)d\theta=\frac{1}{3}\left[3\theta-\frac{4}{2}\sin 2\theta+\frac{1}{4}\sin 4\theta\right]_0^\pi$$
$$=\frac{1}{3}\left\{3(\pi-0)-2(\sin 2\pi-\sin 0)+\frac{1}{4}(\sin 4\pi-\sin 0)\right\}$$
$$=\frac{1}{3}\left\{3\pi-2(0-0)+\frac{1}{4}(0-0)\right\}=\pi$$

● 演習 4.6

(1) ① 例題 4.6 と同様にして，$J = -2$.

② D を (u, v) の領域 E に直す．
$$\left.\begin{array}{l} x - y = (u+v) - (u-v) = 2v \\ x + y = (u+v) + (u-v) = 2u \end{array}\right\} \cdots Ⓐ$$
より，D は次の E にかわる．
$E = \{(u, v) \mid 0 \leqq 2v \leqq 2,\ 2 \leqq 2u \leqq 4\} = \{(u, v) \mid 0 \leqq v \leqq 1,\ 1 \leqq u \leqq 2\}$

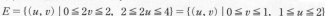

③ 式を (u, v) の重積分に直す．Ⓐを使って
$$\text{与式} = \iint_E (-2v) \cos \frac{2u}{4} \pi \cdot |-2| \, dudv = -4 \iint_E v \cos \frac{\pi}{2} u \, dudv$$

④ 累次積分に直す．E は正方形領域で，被積分関数は v の関数と u の関数の積となっているので，u の積分と v の積分に分離して計算することができる．

$$\text{与式} = -4 \int_1^2 \left\{ \int_0^1 v \cos \frac{\pi}{2} u \, dv \right\} du = -4 \left\{ \int_1^2 \cos \frac{\pi}{2} u \, du \right\} \cdot \left\{ \int_0^1 v \, dv \right\}$$
$$= -4 \left[\frac{1}{\frac{\pi}{2}} \sin \frac{\pi}{2} u \right]_1^2 \cdot \left[\frac{1}{2} v^2 \right]_0^1 = -4 \cdot \frac{2}{\pi} \cdot \frac{1}{2} \left[\sin \frac{\pi}{2} u \right]_1^2 \cdot \left[v^2 \right]_0^1$$
$$= -\frac{4}{\pi} \left(\sin \pi - \sin \frac{\pi}{2} \right)(1^2 - 0^2) = -\frac{4}{\pi} (0 - 1) \cdot 1 = \frac{4}{\pi}$$

(2) ① J を求める．
$$\left.\begin{array}{l} x + y = u \\ y = uv \end{array}\right\} \text{より} \quad \left\{\begin{array}{l} x = u - y = u - uv \\ y = uv \end{array}\right.$$
となるので
$$J = \begin{vmatrix} \dfrac{\partial x}{\partial u} & \dfrac{\partial x}{\partial v} \\ \dfrac{\partial y}{\partial u} & \dfrac{\partial y}{\partial v} \end{vmatrix} = \begin{vmatrix} (u-uv)_u & (u-uv)_v \\ (uv)_u & (uv)_v \end{vmatrix} = \begin{vmatrix} 1-v & 0-u \\ v & u \end{vmatrix} = \begin{vmatrix} 1-v & -u \\ v & u \end{vmatrix}$$
$$= (1-v) \cdot u - (-u) \cdot v = u - uv + uv = u$$

② D を (u, v) の領域 E に直す．
$E = \{(u, v) \mid 1 \leqq u \leqq 2,\ u - uv \geqq 0,\ uv \geqq 0\}$
E の条件式をもう少しまとめる．
$E = \{(u, v) \mid 1 \leqq u \leqq 2,\ u(1-v) \geqq 0,\ uv \geqq 0\}$
$= \{(u, v) \mid 1 \leqq u \leqq 2,\ 1 - v \geqq 0,\ v \geqq 0\} = \{(u, v) \mid 1 \leqq u \leqq 2,\ 0 \leqq v \leqq 1\}$

（より当然 $u > 0$）　　（図は次ページ）

③ 式を (u, v) に関する重積分に直すと
$$\text{与式} = \iint_D \frac{(x+y)^2 - 2xy}{(x+y)^3} dxdy = \iint_E \frac{u^2 - 2(u-uv)uv}{u^3} \cdot |u| \, dudv$$
$$= \iint_E \frac{u^2 - 2u^2 v + 2u^2 v^2}{u^3} u \, dudv = \iint_E \frac{u^2(1 - 2v + 2v^2)}{u^2} dudv$$
$$= \iint_E (2v^2 - 2v + 1) \, dudv$$

4 累次積分に直して計算する.
E は正方形領域で, 被積分関数は v のみの関数なので, 積分は2つに分離できる.

$$与式 = \int_1^2 \left\{ \int_0^1 (2v^2 - 2v + 1) \, dv \right\} du$$
$$= \left\{ \int_1^2 1 \, du \right\} \cdot \left\{ \int_0^1 (2v^2 - 2v + 1) \, dv \right\} = \left[u \right]_1^2 \cdot \left[\frac{2}{3} v^3 - v^2 + v \right]_0^1$$
$$= (2-1) \left(\frac{2}{3} - 1 + 1 \right) = \frac{2}{3}$$

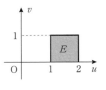

● 演習 4.7

(1) ① 立体を描く.
$x + 2y = 2$ の平面:
xy 平面上の $x + 2y = 2$ の直線を z 軸に平行に動かしてできる平面
放物面 $z = y^2$:
yz 平面上の放物線 $z = y^2$ を x 軸に平行に動かしてできる曲面
以上より, 立体は右図のようになる.

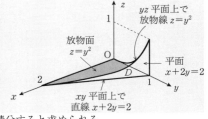

② 体積は曲面 $z = y^2$ を xy 平面の D 上で重積分すると求められる.

$$V = \iint_D y^2 \, dxdy, \quad D = \{(x,y) \mid x + 2y \leq 2, \ x \geq 0, \ y \geq 0\}$$

③ 累次積分に直して値を求める.
D をあらためて図示すると, 右図のような三角形なので

$$V = \int_0^2 \left\{ \int_0^{1 - \frac{1}{2}x} y^2 \, dy \right\} dx = \int_0^2 \left[\frac{1}{3} y^3 \right]_0^{1 - \frac{1}{2}x} dx$$
$$= \frac{1}{3} \int_0^2 \left(1 - \frac{1}{2} x \right)^3 dx \quad \text{(例題 2.19 参照)}$$
$$= \frac{1}{3} \left[\frac{1}{-\frac{1}{2}} \cdot \frac{1}{3+1} \left(1 - \frac{1}{2} x \right)^{3+1} \right]_0^2 = \frac{1}{3} \cdot (-2) \cdot \frac{1}{4} \left[\left(1 - \frac{1}{2} x \right)^4 \right]_0^2$$
$$= -\frac{1}{6} (0^4 - 1^4) = \frac{1}{6}$$

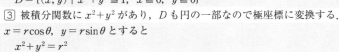

(2) ① 立体を描く.
$x \geq 0, \ y \geq 0, \ z \geq 0$ の部分は右図のような立体となる.

② 右図の立体の体積は曲面 $z = x^2 + y^2$ を xy 平面の D 上で重積分すればよいので, 次式が成立する.

$$\frac{V}{4} = \iint_D (x^2 + y^2) \, dxdy$$
$$D = \{(x,y) \mid x^2 + y^2 \leq 1, \ x \geq 0, \ y \geq 0\}$$

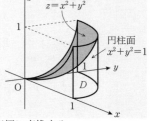

③ 被積分関数に $x^2 + y^2$ があり, D も円の一部なので極座標に変換する.
$x = r\cos\theta, \ y = r\sin\theta$ とすると
$\quad x^2 + y^2 = r^2$
D を (r, θ) でかき直すと

$$E = \left\{(r, \theta) \mid 0 \leq r \leq 1,\ 0 \leq \theta \leq \frac{\pi}{2}\right\}$$

となるので

$$\frac{V}{4} = \iint_E r^2 \cdot r\, dr\, d\theta$$

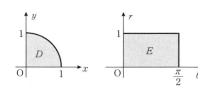

④ 累次積分に直して値を求めると

$$= \int_0^1 \left\{\int_0^{\frac{\pi}{2}} r^3\, dr\right\} d\theta = \left\{\int_0^{\frac{\pi}{2}} d\theta\right\} \cdot \left\{\int_0^1 r^3\, dr\right\} = \left[\theta\right]_0^{\frac{\pi}{2}} \cdot \left[\frac{1}{4} r^4\right]_0^1 = \frac{\pi}{2} \cdot \frac{1}{4} = \frac{\pi}{8}$$

$$V = \frac{\pi}{8} \times 4 = \frac{\pi}{2}$$

● 演習 4.8

(1) ① 図形を描く．

円錐面 $z = \sqrt{x^2 + y^2}$:
　xz 平面上の直線 $z = x\ (x > 0)$ を z 軸を中心に
　1 回転させてできる曲面

平面 $x + y = 1$:
　xy 平面上の直線 $y = 1 - x$ を z 軸に平行に移動
　してできる平面

より，右図のような形である．

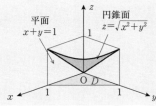

② 図形は曲面 $z = \sqrt{x^2 + y^2}$ の D 上にある部分であるから

$$S = \iint_D \sqrt{1 + \left(\frac{\partial z}{\partial x}\right)^2 + \left(\frac{\partial z}{\partial y}\right)^2}\, dx\, dy, \qquad D = \{(x, y) \mid x + y \leq 1,\ x \geq 0,\ y \geq 0\}$$

$z = \sqrt{x^2 + y^2}$ より

$$\frac{\partial z}{\partial x} = \left(\sqrt{x^2 + y^2}\right)_x = \frac{1}{2\sqrt{x^2 + y^2}} \cdot (x^2 + y^2)_x = \frac{1}{2\sqrt{x^2 + y^2}} (2x + 0) = \frac{x}{\sqrt{x^2 + y^2}}$$

$x,\ y$ は対称なので

$$\frac{\partial z}{\partial y} = \frac{y}{\sqrt{x^2 + y^2}}$$

S の式の $\sqrt{}$ の中を先に求めると

$$1 + \left(\frac{\partial z}{\partial x}\right)^2 + \left(\frac{\partial z}{\partial y}\right)^2 = 1 + \left(\frac{x}{\sqrt{x^2 + y^2}}\right)^2 + \left(\frac{y}{\sqrt{x^2 + y^2}}\right)^2 = 1 + \frac{x^2 + y^2}{x^2 + y^2} = 1 + 1 = 2$$

$$\therefore\quad S = \iint_D \sqrt{2}\, dx\, dy = \sqrt{2} \iint_D dx\, dy$$

③ 累次積分に直して値を求める．

D は右図のような三角形である．

$$S = \sqrt{2} \int_0^1 \left\{\int_0^{1-x} dy\right\} dx = \sqrt{2} \int_0^1 \left[y\right]_0^{1-x} dx = \sqrt{2} \int_0^1 (1 - x)\, dx$$

$$= \sqrt{2} \left[x - \frac{1}{2} x^2\right]_0^1 = \sqrt{2} \left(1 - \frac{1}{2}\right) = \frac{\sqrt{2}}{2}$$

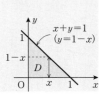

(2) ① $x \geq 0,\ y \geq 0$ の部分の図形を描くと次ページの図のようになる．

② 図形は曲面 $z = \sqrt{4 - (x^2 + y^2)}$ の D 上にある部分なので

$$\frac{S}{4} = \iint_D \sqrt{1+\left(\frac{\partial z}{\partial x}\right)^2 + \left(\frac{\partial z}{\partial y}\right)^2}\, dxdy,$$

$D = \{(x,y) \mid 1 \leq x^2 + y^2 \leq 2,\ x \geq 0,\ y \geq 0\}$

$z = \sqrt{4-(x^2+y^2)}$ より

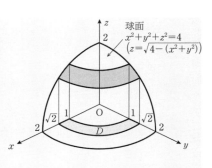

$$\frac{\partial z}{\partial x} = \frac{1}{2\sqrt{4-(x^2+y^2)}} \cdot \{4-(x^2+y^2)\}_x$$

$$= \frac{1}{2\sqrt{4-(x^2+y^2)}}(0-2x-0)$$

$$= \frac{-x}{\sqrt{4-(x^2+y^2)}}$$

x と y は対称なので

$$\frac{\partial z}{\partial y} = \frac{-y}{\sqrt{4-(x^2+y^2)}}$$

$$\therefore\ 1+\left(\frac{\partial z}{\partial x}\right)^2 + \left(\frac{\partial z}{\partial y}\right)^2 = 1 + \left(\frac{-x}{\sqrt{4-(x^2+y^2)}}\right)^2 + \left(\frac{-y}{\sqrt{4-(x^2+y^2)}}\right)^2$$

$$= 1 + \frac{x^2+y^2}{4-(x^2+y^2)} = \frac{4}{4-(x^2+y^2)}$$

$$\therefore\ \frac{S}{4} = \iint_D \sqrt{\frac{4}{4-(x^2+y^2)}}\, dxdy = 2\iint_D \frac{1}{\sqrt{4-(x^2+y^2)}}\, dxdy$$

③ 極座標に変換する．

D は右のような図形なので (r,θ) の領域 E に直すと

$$E = \left\{(r,\theta) \mid 0 \leq \theta \leq \frac{\pi}{2},\ 1 \leq r \leq \sqrt{2}\right\}$$

となり，

$$\frac{S}{4} = 2\iint_E \frac{1}{\sqrt{4-r^2}}\, r\, drd\theta$$

④ 累次積分に直して値を求める．

$$S = 8\int_0^{\frac{\pi}{2}} \left\{\int_1^{\sqrt{2}} \frac{r}{\sqrt{4-r^2}}\, dr\right\} d\theta = 8\left\{\int_0^{\frac{\pi}{2}} d\theta\right\} \cdot \left\{\int_1^{\sqrt{2}} \frac{r}{\sqrt{4-r^2}}\, dr\right\}$$

r の方の積分は $\sqrt{4-r^2} = t$ とおくと

$4 - r^2 = t^2,\quad -2r\,dr = 2t\,dt,\quad r\,dr = -t\,dt$

$r: 1 \longrightarrow \sqrt{2}$ のとき $t: \sqrt{3} \longrightarrow \sqrt{2}$

$$S = 8\Big[\theta\Big]_0^{\frac{\pi}{2}} \cdot \left\{\int_{\sqrt{3}}^{\sqrt{2}} \frac{1}{t}(-t)\,dt\right\} = 8 \cdot \frac{\pi}{2} \cdot \int_{\sqrt{3}}^{\sqrt{2}} (-1)\,dt$$

$$= 4\pi \Big[-t\Big]_{\sqrt{3}}^{\sqrt{2}} = 4\pi(-\sqrt{2}+\sqrt{3}) = 4(\sqrt{3}-\sqrt{2})\pi$$

総合演習 4

問 1 (1) $x = r\cos\theta,\ y = r\sin\theta$ より

$$\frac{\partial x}{\partial r} = \cos\theta,\quad \frac{\partial x}{\partial \theta} = -r\sin\theta,\quad \frac{\partial y}{\partial r} = \sin\theta,\quad \frac{\partial y}{\partial \theta} = r\cos\theta$$

一方，$r = \sqrt{x^2+y^2}$ という関係より

$$\frac{\partial r}{\partial x} = \frac{1}{2\sqrt{x^2+y^2}} \cdot (x^2+y^2)_x = \frac{2x}{2\sqrt{x^2+y^2}} = \frac{x}{\sqrt{x^2+y^2}} = \frac{x}{r} = \frac{r\cos\theta}{r} = \cos\theta$$

$$\therefore \quad \frac{\partial x}{\partial r} = \frac{\partial r}{\partial x}$$

同様にして

$$\frac{\partial r}{\partial y} = \frac{y}{\sqrt{x^2+y^2}} = \frac{y}{r} = \frac{r\sin\theta}{r} = \sin\theta \qquad \therefore \quad \frac{\partial y}{\partial r} = \frac{\partial r}{\partial y}$$

さらに，$\theta = \tan^{-1}\dfrac{y}{x}$ という関係より

$$\frac{\partial \theta}{\partial x} = \frac{1}{1+\left(\dfrac{y}{x}\right)^2} \cdot \left(\frac{y}{x}\right)_x = \frac{1}{1+\dfrac{y^2}{x^2}} \cdot \left(-\frac{y}{x^2}\right) = \frac{-y}{x^2+y^2} \qquad \boxed{(\tan^{-1}x)' = \frac{1}{1+x^2}}$$

$$= \frac{-y}{r^2} = \frac{-r\sin\theta}{r^2} = -\frac{\sin\theta}{r}$$

$$\therefore \quad \frac{\partial x}{\partial \theta} = r^2 \frac{\partial \theta}{\partial x}$$

$$\frac{\partial \theta}{\partial y} = \frac{1}{1+\left(\dfrac{y}{x}\right)^2} \cdot \left(\frac{y}{x}\right)_y = \frac{1}{1+\dfrac{y^2}{x^2}} \left(\frac{1}{x}\right) = \frac{x^2}{x^2+y^2} \cdot \frac{1}{x} = \frac{x}{x^2+y^2}$$

$$= \frac{x}{r^2} = \frac{r\cos\theta}{r^2} = \frac{\cos\theta}{r}$$

$$\therefore \quad \frac{\partial y}{\partial \theta} = r^2 \frac{\partial \theta}{\partial y}$$

(2)　合成関数の微分公式と（1）の結果（または（1）途中結果）を使って

$$\frac{\partial z}{\partial x} = \frac{\partial z}{\partial r}\frac{\partial r}{\partial x} + \frac{\partial z}{\partial \theta}\frac{\partial \theta}{\partial x}$$

$$\quad\quad\quad \downarrow (1) \quad\quad (1)$$

$$= \frac{\partial z}{\partial r}\frac{\partial x}{\partial r} + \frac{\partial z}{\partial \theta} \cdot \frac{1}{r^2}\frac{\partial x}{\partial \theta} = \frac{\partial z}{\partial r}\cos\theta + \frac{\partial z}{\partial \theta} \cdot \frac{1}{r^2}(-r\sin\theta) = \frac{\partial z}{\partial r}\cos\theta - \frac{\partial z}{\partial \theta}\frac{\sin\theta}{r}$$

$$\frac{\partial z}{\partial y} = \frac{\partial z}{\partial r}\frac{\partial r}{\partial y} + \frac{\partial z}{\partial \theta}\frac{\partial \theta}{\partial y}$$

$$\quad\quad\quad \downarrow (1) \quad\quad (1)$$

$$= \frac{\partial z}{\partial r}\frac{\partial y}{\partial r} + \frac{\partial z}{\partial \theta} \cdot \frac{1}{r^2}\frac{\partial y}{\partial \theta} = \frac{\partial z}{\partial r}\sin\theta + \frac{\partial z}{\partial \theta} \cdot \frac{1}{r^2}(r\cos\theta) = \frac{\partial z}{\partial r}\sin\theta + \frac{\partial z}{\partial \theta}\frac{\cos\theta}{r}$$

これらより

$$\left(\frac{\partial z}{\partial x}\right)^2 + \left(\frac{\partial z}{\partial y}\right)^2$$

$$= \left(\frac{\partial z}{\partial r}\cos\theta - \frac{\partial z}{\partial \theta}\frac{\sin\theta}{r}\right)^2 + \left(\frac{\partial z}{\partial r}\sin\theta + \frac{\partial z}{\partial \theta}\frac{\cos\theta}{r}\right)^2$$

$$= \left(\frac{\partial z}{\partial r}\right)^2(\cos^2\theta + \sin^2\theta) + 2\frac{\partial z}{\partial r}\frac{\partial z}{\partial \theta}\left(-\frac{\cos\theta\sin\theta}{r} + \frac{\sin\theta\cos\theta}{r}\right)$$

$$\quad + \left(\frac{\partial z}{\partial \theta}\right)^2\left(\frac{\sin^2\theta}{r^2} + \frac{\cos^2\theta}{r^2}\right)$$

$$= \left(\frac{\partial z}{\partial r}\right)^2 \cdot 1 + 0 + \left(\frac{\partial z}{\partial \theta}\right)^2 \cdot \frac{1}{r^2} = \left(\frac{\partial z}{\partial r}\right)^2 + \frac{1}{r^2}\left(\frac{\partial z}{\partial \theta}\right)^2$$

また，円柱座標への変換の関数行列式をJとすると$|J|=r$なので，変換すると
$$S = \iint_E \sqrt{1+\left(\frac{\partial z}{\partial r}\right)^2 + \frac{1}{r^2}\left(\frac{\partial z}{\partial \theta}\right)^2}\, r\,dr\,d\theta$$
となる．

> 例題 3.12 を用いれば(2)はすぐに示されるが，例題 3.12 の証明は (r,θ) の式から (x,y) の式を導いたのに対し，ここでは (x,y) の式から (r,θ) の式を導いています

問2 原点中心，半径 a の球の方程式は
$$x^2+y^2+z^2=a^2 \qquad (a>0)$$
なので，この方程式を使って体積と表面積を求める．

(1) $x\geqq 0,\ y\geqq 0,\ z\geqq 0$ の部分は右図のようになるので
$$\frac{V}{8} = \iint_D \sqrt{a^2-(x^2+y^2)}\,dx\,dy$$
$$D = \{(x,y)\,|\,x^2+y^2\leqq a^2,\ x\geqq 0,\ y\geqq 0\}$$

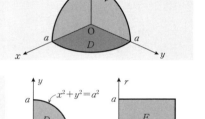

極座標に変換する．
$$x = r\cos\theta,\quad y = r\sin\theta$$
とおくと
$$V = 8\iint_E \sqrt{a^2-r^2}\,r\,dr\,d\theta$$
$$E = \left\{(r,\theta)\,\middle|\,0\leqq r\leqq a,\ 0\leqq \theta\leqq \frac{\pi}{2}\right\}$$

累次積分に直すと
$$V = 8\int_0^{\frac{\pi}{2}}\left\{\int_0^a \sqrt{a^2-r^2}\,r\,dr\right\}d\theta = 8\left\{\int_0^{\frac{\pi}{2}}d\theta\right\}\cdot\left\{\int_0^a \sqrt{a^2-r^2}\,r\,dr\right\}$$

r の積分は $\sqrt{a^2-r^2}=t$ とおくと $a^2-r^2=t^2$
$$-2r\,dr = 2t\,dt,\quad r\,dr = (-t)\,dt,\quad r:0\to a \text{ のとき } t:a\to 0$$
$$V = 8\Big[\theta\Big]_0^{\frac{\pi}{2}}\cdot\left\{\int_a^0 t\cdot(-t)\,dt\right\} = 8\cdot\frac{\pi}{2}\cdot\int_a^0(-t^2)\,dt = 4\pi\left[-\frac{1}{3}t^3\right]_a^0$$
$$= 4\pi\left(-\frac{1}{3}\right)(0^3-a^3) = \frac{4}{3}\pi a^3$$

(2) (1)で求めた曲面積の円柱座標（平面極座標）表示を使ってみると
$$\frac{S}{8} = \iint_E \sqrt{1+\left(\frac{\partial z}{\partial r}\right)^2 + \frac{1}{r^2}\left(\frac{\partial z}{\partial \theta}\right)^2}\, r\,dr\,d\theta,\qquad E = \left\{(r,\theta)\,\middle|\,0\leqq r\leqq a,\ 0\leqq \theta\leqq \frac{\pi}{2}\right\}$$
球面の式を (r,θ) の式にかえると
$$z = \sqrt{a^2-r^2}$$
より
$$\frac{\partial z}{\partial r} = \left(\sqrt{a^2-r^2}\right)_r = \frac{1}{2\sqrt{a^2-r^2}}\cdot(a^2-r^2)_r = \frac{1}{2\sqrt{a^2-r^2}}(-2r) = \frac{-r}{\sqrt{a^2-r^2}}$$
$$\frac{\partial z}{\partial \theta} = \left(\sqrt{a^2-r^2}\right)_\theta = 0$$

$$\therefore S = 8\iint_E \sqrt{1+\left(\frac{-r}{\sqrt{a^2-r^2}}\right)^2 + \frac{1}{r^2}\cdot 0^2}\, r\,drd\theta$$
$$= 8\iint_E \sqrt{1+\frac{r^2}{a^2-r^2}}\, r\,drd\theta = 8\iint_E \sqrt{\frac{a^2}{a^2-r^2}}\, r\,drd\theta = 8\iint_E \frac{a}{\sqrt{a^2-r^2}}\, r\,drd\theta$$

累次積分に直して計算すると
$$= 8\int_0^{\frac{\pi}{2}}\left\{\int_0^a \frac{a}{\sqrt{a^2-r^2}}\, r\,dr\right\}d\theta = 8a\left\{\int_0^{\frac{\pi}{2}} d\theta\right\}\cdot\left\{\int_0^a \frac{1}{\sqrt{a^2-r^2}}\, r\,dr\right\}$$

2つの積分を別々に求めておく.
$$I_1 = \int_0^{\frac{\pi}{2}} d\theta = \left[\theta\right]_0^{\frac{\pi}{2}} = \frac{\pi}{2}$$

$r=a$ で関数は定義されていないので，広義積分になっている

$$I_2 = \int_0^a \frac{1}{\sqrt{a^2-r^2}}\, r\,dr = \lim_{b\to a-0}\int_0^b \frac{1}{\sqrt{a^2-r^2}}\, r\,dr$$

ここで $\sqrt{a^2-r^2}=t$ とおくと
$a^2-r^2=t^2,\quad -2r\,dr=2t\,dt,\quad r\,dr=(-t)\,dt$
$r:0\longrightarrow b$ のとき $t:a\longrightarrow \sqrt{a^2-b^2}$
$$I_2 = \lim_{b\to a-0}\int_a^{\sqrt{a^2-b^2}} \frac{1}{t}(-t)\,dt = \lim_{b\to a-0}\int_a^{\sqrt{a^2-b^2}}(-1)\,dt$$
$$= \lim_{b\to a-0}\left[-t\right]_a^{\sqrt{a^2-b^2}} = \lim_{b\to a-0}\left(-\sqrt{a^2-b^2}+a\right)$$
$$= -0+a = a \quad \cdots\cdots\text{収束}$$

以上より
$$S = 8a\cdot I_1\cdot I_2 = 8a\cdot\frac{\pi}{2}\cdot a = 4\pi a^2$$

問3 はじめに円錐面の方程式をつくらなければいけない．
右図のような円錐面を考える．
xz 平面 $(y=0)$ との交線の方程式は
$$z = \pm\frac{h}{a}x+h,\quad z-h = \pm\frac{h}{a}x,\quad (z-h)^2 = \left(\frac{h}{a}\right)^2 x^2 \quad \cdots\text{Ⓐ}$$
また，zy 平面 $(x=0)$ との交線の方程式は
$z = \pm\frac{h}{a}y+h$ より同様に
$$(z-h)^2 = \left(\frac{h}{a}\right)^2 y^2 \quad \cdots\text{Ⓑ}$$
$y=0$ を代入するとⒶ式，$x=0$ を代入するとⒷ式
となるように円錐面の標準形
$$z^2 = x^2+y^2$$
をもとに，求める方程式をつくると
$$(z-h)^2 = \left(\frac{h}{a}\right)^2 x^2 + \left(\frac{h}{a}\right)^2 y^2,\quad (z-h)^2 = \frac{h^2}{a^2}(x^2+y^2)$$
体積，表面積に利用する円錐は，$0\leqq z\leqq h$ の範囲なので，
変形して次の式を使う．

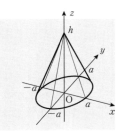

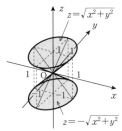

円錐面 $z^2=x^2+y^2$
（標準形）

$$z = h - \frac{h}{a}\sqrt{x^2+y^2} \quad (a>0,\ h>0)$$

(1) $\dfrac{V}{4} = \iint_D \left(h - \dfrac{h}{a}\sqrt{x^2+y^2}\right)dxdy, \quad D = \{(x,y) \mid x^2+y^2 \leq a^2,\ x \geq 0,\ y \geq 0\}$

極座標にかえて

$$V = 4h\iint_E \left(1 - \frac{1}{a}r\right)r\,drd\theta, \quad E = \left\{(r,\theta) \mid 0 \leq r \leq a,\ 0 \leq \theta \leq \frac{\pi}{2}\right\}$$

累次積分にかえて

$$V = 4h\int_0^{\frac{\pi}{2}}\left\{\int_0^a \left(r - \frac{1}{a}r^2\right)dr\right\}d\theta = 4h\left\{\int_0^{\frac{\pi}{2}}d\theta\right\}\cdot\left\{\int_0^a \left(r - \frac{1}{a}r^2\right)dr\right\}$$

$$= 4h\cdot\frac{\pi}{2}\left[\frac{1}{2}r^2 - \frac{1}{3a}r^3\right]_0^a = 2\pi h\left(\frac{1}{2}a^2 - \frac{1}{3a}a^3\right)$$

$$= 2\pi h\left(\frac{1}{2}a^2 - \frac{1}{3}a^2\right) = 2\pi h\cdot\frac{1}{6}a^2 = \frac{1}{3}\pi a^2 h$$

(2) (1)で求めた曲面積の円柱座標（平面極座標）表示を使って求めてみる。
円錐面 z を $r,\ \theta$ で表すと $\sqrt{x^2+y^2} = r$ より

$$z = h - \frac{h}{a}r, \quad \frac{\partial z}{\partial r} = -\frac{h}{a}, \quad \frac{\partial z}{\partial \theta} = 0$$

$$\therefore\ \frac{S}{4} = \iint_E \sqrt{1 + \left(-\frac{h}{a}\right)^2 + \frac{1}{r^2}\cdot 0^2}\, r\,drd\theta, \quad E = \left\{(r,\theta) \mid 0 \leq r \leq a,\ 0 \leq \theta \leq \frac{\pi}{2}\right\}$$

$$S = 4\iint_E \sqrt{1 + \frac{h^2}{a^2}}\, r\,drd\theta$$

累次積分に直して

$$= 4\int_0^{\frac{\pi}{2}}\left\{\int_0^a \sqrt{1 + \frac{h^2}{a^2}}\, r\,dr\right\}d\theta = 4\sqrt{1 + \frac{h^2}{a^2}}\left\{\int_0^{\frac{\pi}{2}}d\theta\right\}\cdot\left\{\int_0^a r\,dr\right\}$$

$$= 4\sqrt{\frac{a^2+h^2}{a^2}}\left[\theta\right]_0^{\frac{\pi}{2}}\cdot\left[\frac{1}{2}r^2\right]_0^a = 4\cdot\frac{\sqrt{a^2+h^2}}{a}\cdot\frac{\pi}{2}\cdot\frac{1}{2}a^2 = \pi a\sqrt{a^2+h^2}$$

これでこの本は終了です
よく頑張りました!

微分積分の力は
かなりついているはずですから
安心して
　微分方程式 や フーリエ解析
　複素解析 …
に進んでください

著者紹介

石村 園子
(いしむら そのこ)

津田塾大学大学院理学研究科修士課程修了
元千葉工業大学教授

主な著書

『改訂版 すぐわかる微分積分』
『改訂版 すぐわかる線形代数』
『すぐわかる微分方程式』
『すぐわかるフーリエ解析』
『すぐわかる代数』
『すぐわかる確率・統計』
『すぐわかる複素解析』
『増補版 金融・証券のためのブラック・ショールズ微分方程式』共著
(以上 東京図書 他多数)

演習 すぐわかる微分積分
(えんしゅう すぐわかるびぶんせきぶん)

| 2015年 5月25日 第1刷発行 | ⓒ Sonoko Ishimura 2015 |
| 2023年 3月10日 第4刷発行 | Printed in Japan |

著者 石村園子
発行所 東京図書株式会社

〒102-0072 東京都千代田区飯田橋 3-11-19
振替 00140-4-13803 電話 03(3288)9461
http://www.tokyo-tosho.co.jp/

ISBN 978-4-489-02209-8

◆◆◆ 親切設計で完全マスター！ ◆◆◆

改訂版 すぐわかる微分積分
改訂版 すぐわかる線形代数

●石村園子 著――――――――――――A5判

じっくりていねいな解説が評判の定番テキスト。無理なく理解が進むよう［定義］→［定理］→［例題］の次には，［例題］をまねるだけの書き込み式［演習］を載せた。学習のポイントはキャラクターたちのつぶやきで，さらに明確に。ロングセラーには理由がある！

改訂版 すぐわかる微分方程式
●石村園子 著――――――――――――A5判

すぐわかる代数
●石村園子 著――――――――――――A5判

すぐわかる確率・統計
●石村園子 著――――――――――――A5判

すぐわかるフーリエ解析
●石村園子 著――――――――――――A5判

すぐわかる複素解析
●石村園子 著――――――――――――A5判